建筑与市政工程施工现场专业人员
岗位培训系列丛书

质量员
电气

中国施工企业管理协会◎编

中国市场出版社
China Market Press

·北 京·

图书在版编目（CIP）数据

质量员. 电气／中国施工企业管理协会编. —北京：
中国市场出版社，2018.1

（建筑与市政工程施工现场专业人员岗位培训系列丛书）

ISBN 978－7－5092－1591－3

Ⅰ. ①质… Ⅱ. ①中… Ⅲ. ①建筑工程–工程质量–
质量管理–岗位培训–教材②电气设备–建筑安装–工程
质量–质量管理–岗位培训–教材 Ⅳ. ①TU712

中国版本图书馆 CIP 数据核字（2017）第 249033 号

质量员 （电气）

ZHILIANG YUAN（DIANQI）

编　　者：	中国施工企业管理协会
责任编辑：	郭　佳
出版发行：	中国市场出版社
社　　址：	北京市西城区月坛北小街 2 号院 3 号楼（100837）
电　　话：	（010）68050425／68022950／68020336
经　　销：	新华书店
印　　刷：	河北鑫兆源印刷有限公司
开　　本：	170mm×240mm　　16 开本
印　　张：22.75	字　数：336 千字
版　　次：2018 年 1 月第 1 版	印　次：2018 年 1 月第 1 次印刷
书　　号：	ISBN 978－7－5092－1591－3
定　　价：	58.00 元

建筑与市政工程施工现场专业人员岗位培训系列丛书

编审委员会

中国疏浚协会

中国建筑装饰协会

中国通信企业协会通信工程建设专业委员会

中国人民解放军工程建设协会

中国建筑工程总公司

中国交通建设股份有限公司

中国新兴（集团）总公司

中国机械工业建设集团有限公司

北京市建筑业联合会

天津市建筑施工行业协会

上海市建筑施工行业协会

上海市市政公路工程行业协会

河北省建筑业协会

内蒙古自治区建筑业协会

山西省建筑业协会

辽宁省建筑业协会

吉林省建筑业协会

黑龙江省建筑业协会

江苏省建筑行业协会

浙江省建筑业行业协会

安徽省建筑业协会

福建省建筑业协会

江西省建筑业协会

山东省建筑业协会

河南省工程建设协会

湖北省建筑业协会

广东省建筑业协会

广西建筑业联合会

广西投资项目建设管理协会

海南省建筑业协会

四川省建筑业协会
云南省建筑业协会
贵州省建筑业协会
陕西省建筑业协会
甘肃省建筑业联合会
宁夏建筑业协会
青海省建筑业协会
新疆建筑业协会
大连市建筑行业协会
青岛市建筑业协会
深圳建筑业协会
广州市建筑业联合会
武汉建筑业协会

| 编写说明 |

随着工程建设行业新技术、新工艺、新材料、新设备不断涌现，施工规范、标准不断更新，迫切要求施工一线人员丰富知识、与时俱进。为满足广大施工一线人员学习和培训需求，全面提高其综合素质和管理水平，我们组织行业内具有较高理论水平和丰富实践经验的专家，编写了"建筑与市政工程施工现场专业人员岗位培训系列丛书"。

本套系列丛书是根据中华人民共和国住房和城乡建设部发布的《建筑与市政工程施工现场专业人员职业标准》（JGJ/T 250—2011，以下简称《职业标准》）相关要求，结合国家现行施工规范和标准进行编写的。覆盖了《职业标准》中涉及的质量员、施工员、安全员、材料员、机械员、资料员、标准员、劳务员等8个岗位。其中，施工员和质量员分土建、市政、装饰装修、电气、水暖、通风空调等6个专业，资料员分土建和机电安装2个专业。该丛书是一套岗位齐全、内容丰富、知识新颖、图文并茂、通俗易懂的教材，具有较强的针对性、指导性和实用性，可以帮助广大施工从业人员系统学习专业知识、专业技能、现场管理，以及新规范、新标准等。

由于时间仓促，加之编写水平有限，不足之处在所难免，恳请广大读者批评指正。交流邮箱：1843177879@qq.com。

中国施工企业管理协会

| 序 |

　　工程质量和施工安全事关人民生命财产安全和社会稳定，是一切工程项目的生命线。施工一线管理人员作为工程项目的直接管理者，担负着确保工程质量和安全施工的重要使命，不断提高其综合素质和管理水平是实现这一使命的根本保障，也是全行业长期面临的一项重要课题。

　　多年来，中国施工企业管理协会一直致力于提高工程质量和安全施工管理水平，并将提高施工一线管理人员的综合素质和管理水平作为重要抓手。通过建立工程创优工作体系、开展人才培训、组织典型工程观摩、组织编写规范和标准、表彰先进等一系列工作，增强施工管理人员责任意识，提升岗位工作技能、创新能力和管理水平，为行业培养了一批综合素质过硬的施工一线管理人才，有力提高了工程施工管理水平。

　　新的历史时期，施工管理理念和管理模式不断创新发展，新技术、新工艺、新材料、新设备的更新换代越来越快，尤其是信息技术在工程项目上的应用，迫切要求施工管理人员不断丰富知识、与时俱进。由中国施工企业管理协会组织编写的"建筑与市政工程施工现场专业人员岗位培训系列丛书"，其主要内容包括岗位职责、专业技能、专业知识、现场管理要点、新规范和新标准的要求，以及新技术、新工艺、新设备、新材料的应用等。本丛书特点突出、内容全面、案例典型、简明实用，具有很强的针对性、指导性和实用性，是高校毕业生走进施工现场的必修课程，是施工现场管理的指导手册，是施工从业人员的良师益友。

我相信，本书的出版将有助于提高一线员工综合素质和现场管理能力，有助于提升建筑企业施工管理水平，有助于工程建设行业弘扬工匠精神，为社会创建更多精品工程。

中国施工企业管理协会会长

曹玉杉

2017 年 10 月

前言

　　本书以质量员（电气）岗位职责、专业技能及专业知识为主线，根据国家现行电气工程施工质量验收规范、标准以及施工资料管理规程，结合电气工程施工的特点，按照电气工程施工工序，详细阐述了各阶段应掌握的专业技能、专业知识和管理要点，涵盖了质量员（电气）应掌握的施工现场通用知识、基础知识、岗位知识，以及新技术、新工艺、新设备、新材料等方面的知识。

　　本书可作为质量员（电气）学习指导用书，也可作为施工企业质量员（电气）岗位培训考核教材。

　　参与本书编写的单位有：中国建筑一局（集团）有限公司、北京城建集团有限责任公司、北京住总集团有限责任公司、中建一局集团第二建筑有限公司和北京住总装饰有限责任公司。

　　本书在编写过程中参考了大量的专业书籍，得到了行业内很多专家的悉心指导和大力支持，在此表示衷心感谢！

　　由于时间仓促，加之编写水平有限，书中难免存在错误和疏漏之处，恳请广大读者批评指正。

本书编写组

1

本书编写组成员

总 负 责 　史新华 　王建林

编写人员 　吴银仓 　朱 　伟 　韩 　冰
　　　　　　曹立刚 　苏 　明 　张建华
　　　　　　江海涛 　李庆珍 　孟繁军

审核人员 　安红印 　廖科成 　赵 　刚
　　　　　　包 　颖

|目录|

1

第一章
岗位职责

电气质量员必须遵纪守法，服从领导，根据施工组织设计编制项目质量计划；全面负责所负项目的质量检查；鉴定和试验工程项目使用的材料是否符合规范和设计规定的要求。

认真做好试验报告和检测记录，做到数据准确、字迹清晰、签证齐全。

对测量原始记录、试验检测报告以及送交监理工程师的签证资料和各项试验资料是否齐全等进行认真审查，并交付监理工程师办理签认手续。负责例外放行物的标识和记录；负责对不合格产品的标识，并对设置情况跟踪验证、记录。参加分项、分部工程检验评定，按规定时间报送工程质量统计报表。

熟悉施工图纸，做好施工前的图纸会审工作；熟悉施工程序、技术规范、质量标准和操作规程；对施工现场能进行有效质量控制，做好施工前质量技术交底工作，能处理施工现场中出现的一般质量问题，做好自己的质量检查工作，做好质量报表工作。

做好工序交接自检工作及工序报检工作。严格按照有关规定做好工程内业资料的整理和上报工作。加强业务学习，努力提高自身修养，确保工程质量。

第一节　质量员工作职责

工作职责是指职业岗位的工作范围和责任。电气质量员作为电气施工的直接管理者，一方面具有行政管理职能，需要管理作业班组；另一方面

1

又是技术质量管理人员,从事施工全过程的质量管理和验收工作。

根据建设部 JGJ/T 250—2011《建筑与市政工程施工现场专业人员职业标准》的规定,对施工现场专业人员工作责任,可按下列规定分为"负责"和"参与"两个层次。

"负责"表示行为实施主体是工作任务的责任人和主要承担人。

"参与"表示行为实施主体是工作任务的次要承担人。

其中,涉及质量员的工作职责要求见表1-1。

表1-1 质量员的工作职责

项次	分类	主要工作职责
1	质量计划准备	(1) 参与进行施工质量策划;
		(2) 参与制定质量管理制度;
2	材料质量控制	(3) 参与材料、设备的采购;
		(4) 负责核查进场材料、设备的质量保证资料,监督进场材料的抽样复验;
		(5) 负责监督、跟踪施工试验,负责计量器具的符合性审查;
3	工序质量控制	(6) 参与施工图会审和施工方案审查;
		(7) 参与制定工序质量控制措施;
		(8) 负责工序质量检查和关键工序、特殊工序的旁站检查,参与交接检验、隐蔽验收、技术复核;
		(9) 负责检验批和分项工程的质量验收、评定,参与分部工程和单位工程的质量验收、评定;
4	质量问题处置	(10) 参与制定质量通病预防和纠正措施;
		(11) 负责监督质量缺陷的处理;
		(12) 参与质量事故的调查、分析和处理;
5	质量资料管理	(13) 负责质量检查的记录,编制质量资料;
		(14) 负责汇总、整理、移交质量资料。

在整个电气专业施工管理过程中,电气质量员的工作职责具体要求如下。

一、参与进行施工质量策划

1. 质量策划的概念

质量策划是质量管理的一部分,是指制定质量目标并规定必要的运行过程和相关资源以实现质量目标。质量策划包括质量管理体系策划、产品实现策划以及过程运行的策划；质量计划通常是质量策划的结果之一。质量策划由项目经理主持，质量员参与。

质量员应根据工程的质量目标，对工程各分项、分部工程的控制指标进行分解，根据设计图纸确定关键工序并明确其质量控制点及控制措施。质量员应配合技术人员及资料员编制分项工程和检验批划分方案等项目细节质量的策划工作。

电气工程质量策划包含施工组织设计、施工方案、创优策划、创优节点做法策划、检验批划分方案。

2. 确定关键工序并明确其质量控制点及控制措施

（1）结构内预留预埋

1）结构内预留预埋的分项工程内容包括：在结构墙体、楼板及后砌隔墙内的配管、稳接线盒、跨接地线的安装，管路出线对应设备电源位置。

2）在结构墙体、楼板内接地装置的焊接；防雷引下线的预埋及焊接；玻璃幕墙等需要与防雷接地连接的金属物体埋件的预埋；防雷引下线在后砌女儿墙内的焊接及敷设到位，确保其在女儿墙的正中间并留够弯曲及焊接的有效长度。

3）材料要求：焊接钢管应壁厚、焊缝均匀，无劈裂、砂眼、棱刺及锈蚀严重等现象；镀锌钢管应采用热镀管，内外镀锌层均匀良好，无表皮剥落、漏镀、黑斑现象。

4）钢管与铁制接线盒的连接：钢管应断口平整，管口光滑，垂直进盒，一孔一管，钢管与接线盒采用双锁母连接固定，锁母应将接线盒夹紧，钢管进入接线盒的长度不应超过5mm，接线盒内出锁母的丝扣为2~3扣，在焊接钢管与接线盒之间焊接跨接地线，跨接地线与焊接钢管的焊接长度应大于跨接地线外径的6倍并应双面焊接，跨接地线应与铁制接线盒焊接2~3点，焊接及点焊应符合焊接要求，不能虚焊、咬肉及将管、盒焊漏。

5）结构墙体内的接线盒固定应采用在接线盒上下方增设附加筋的做法，附加筋再与结构墙体内钢筋绑扎固定牢固（严禁将结构墙体内的接线盒与结构钢筋进行焊接固定)。

6)钢管的连接包括:管箍连接和套管连接。套管的长度应为所连接钢管的1.5~3倍(一般可取2.2倍),管箍应采用通丝管箍管连接。管箍连接和套管连接时,被连接的两段钢管应在中间对齐对紧,管箍连接后应在管箍两端焊接跨接地线,焊接长度为6D,双面焊接;套管连接后应在套管两端满焊,焊接要饱满。焊接应符合焊接要求,无虚焊、咬肉过深等现象。

7)成排开关盒、插座盒的安装:开关盒的安装位置应便于操作,开关边缘距门框距离为200mm,距地面高度为1300mm。在不吊顶的部位,灯头盒与烟感接线盒的距离、强电插座与弱电插座的距离≥500mm,并列安装的相同型号开关插的接线盒高度差应小于1mm,同一面墙上相同型号的开关或插座接线盒高度差不应大于2mm,同一场所内的相同型号开关或插座的高度差不宜大于5mm。各接线盒口应与墙面平齐,接线盒不能发生变形,其垂直度偏差不能大于0.5mm。

(2)安装阶段

1)电气动力、照明工程:成套配电柜、控制柜(屏、台)和动力、照明配电箱(盘)安装;金属软管敷设;桥架安装及桥架内电缆的敷设;开关插座和风扇的安装、灯具安装。

2)防雷接地工程:主要包括接地装置安装;防雷引下线敷设;变配电室接地干线敷设;建筑物等电位连接;接闪器安装。

(3)基础型钢安装

基础型钢安装后,其顶部宜高出抹平地面10mm,手车式成套柜按照产品要求执行。

1)基础型钢应有明显的可靠接地。

2)盘、柜及盘、柜内设备与构件间连接应牢固。主控制盘、继电保护盘和自动装置盘等不宜与基础型钢焊死,端子箱应固定牢固,封闭良好,并应能防潮防尘。

3)基础型钢的安装应符合下表(见表1-2)。

表 1-2　基础型钢的安装

项目	允许偏差	
	mm/m	mm/全长
平直度	小于 1	小于 5
水平度	小于 1	小于 5
位置误差及不平行度		小于 5

（4）盘、柜安装允许偏差

盘、柜安装允许偏差见表 1-3。

表 1-3　盘、柜安装允许偏差

项目	允许偏差/mm
垂直度/每米	小于 1.5
相邻两盘顶部（水平偏差）	小于 2
成列盘顶部（水平偏差）	小于 5
相邻两盘边（盘面误差）	小于 1
成列盘面（盘面误差）	小于 5
盘间接缝	小于 2

1）装置上的门应能灵活启闭，启闭中不得擦漆，不得有明显的抖动。装置的强度及刚度应符合正常运输及工作中的操作与电器动作等要求，并且在短路故障情况下满足动热稳定的要求。紧固件应镀锌或采用其他防锈能力更强的镀层。

2）每台装置及每个抽出式单元均应有铭牌；接线面每个元件的附近应有标志牌，标注与接线图相符的项目代号，标志牌不得固定在元件本体上。

3）用于连接盘柜门上的电器、控制台板等可动部位的导线应符合下列要求：应采用多股软导线，敷设长度应有适当裕度；线束应外套缠绕管等加强绝缘层；与电器连接时端部应绞紧，并应加终端附件或搪锡，不得松散断股；在可动部位两端应用卡子固定。

4）盘柜台箱的接地应牢固良好，装有电器可开启的门应以裸铜软线与接地金属构架可靠连接。

（5）金属软管敷设

钢管与电气设备、器具间的电线保护管宜采用金属软管，金属软管的长度不宜大于 1m，当在潮湿场所（如室外、空调机房、水泵房等场所）敷设时，应采用防液管及配套附件及防水弯头；金属软管不应有退绞、松散，中间不应有接头，与设备器具连接时应采用专用接头，连接处应密封可靠；防液型金属软管的连接处应密封良好；金属软管不得作为电气设备的接地导体。

（6）槽盒安装

1）槽盒应采用热镀锌产品，消防槽盒应采用经防火处理的槽盒；槽盒内外应光滑平整，无扭曲、棱刺，镀锌层无起皮、起泡、划伤等缺陷，采用配套的镀锌配件，不得有影响安装的锌瘤；非镀锌产品应漆层坚固，安装时，每段槽盒（包括非直线段）均应做接地跨接或采用爪型垫紧固。

2）槽盒接缝应平齐紧密，槽盒底部应与支吊架无缝隙并在每个支吊架上均应与支吊架固定牢固。

3）当利用镀锌槽盒做接地线时，应采用专用连接附件及紧固件，螺母应在槽盒的外侧，并有防松措施；槽盒与配电盘柜连接时，应在终端做好分支并与盘柜固定牢固。

4）槽盒终端应做接地线与盘柜地排连接牢固，并在槽盒接地点做出明显的接地标记。

5）槽盒的支吊架间距应为 1 500～3 000mm，布置应均匀，垂直敷设时，固定点间距不宜大于 2m，在进出接线盒、箱、柜、拐角、转角和三通、四通接头 500mm 内应设置均匀的固定点；当槽盒的转弯半径不大于 300mm 时，应在非直线段与直线段结合处 300～600mm 的直线段处设置一个支架，当槽盒的转弯半径大于 300mm 时，除应在非直线段与直线段结合处 300～600mm 的直线段处设置一个支架外，还应在非直线段中部增设一个支、吊架。

6）槽盒内电缆应排列整齐，电缆在槽盒内应进行固定。固定位置：在槽盒垂直段每米一个固定点，在槽盒转弯处应设置固定点，电缆在进盘柜处、槽盒转弯处、直线段每隔 10m、竖井内等地点都应设电缆标牌，电缆牌应标好每根电缆的回路编号、起止点、规格型号等，字迹应清晰正确。

7）敷设电缆的截面积不应超过线槽截面积的 40%，不应交叉、重叠、扭曲，不应有接头，每隔 1.5m 应进行绑扎，绑扎应牢固，强、弱电电缆不应敷设在同一线槽内，敷设在一起时，应有隔板，穿越防火墙处用防火堵料封堵。

（7）开关插座和风扇的安装

1）开关、暗装插座应采用专用接线盒，在厨房、卫生间、大堂等墙面上贴石材瓷砖的地方，开关、插座的面板布置在瓷砖的几何中心，并紧贴墙面，安装端正。开关应切断相线，安装位置应便于操作，开关边缘距门框宜为200mm，距地高度宜为1 300mm，同一建筑物内应选同型号的开关，开关的通段位置应一致。

2）并列安装同型号的开关、插座其高度差宜为1mm，开关插座的垂直度偏差不宜大于0.5mm，同一场所内的开关、插座高度允许偏差不宜大于5mm。

（8）灯具安装

1）成排灯具中心线允许偏差不宜大于5mm；

2）在易燃地点应采取防火隔热措施；

3）灯具与烟感的间距应满足要求，不宜小于500mm。

（9）防雷接地

1）防雷网钢筋应顺直，支架与墙体及支架与防雷网钢筋固定牢固，支架与钢筋应采用顶压式固定，U形卡子与钢筋配套，紧固件采用热镀锌，并配齐防松装置；支架应垂直，防雷网钢筋距女儿墙顶部宜为100mm。

2）支架间距不宜大于1 000mm，并应均匀布置；防雷网钢筋转弯半径不宜小于钢筋10D；防雷引下线与防雷网钢筋及防雷网钢筋之间应采用焊接连接，焊接倍数应大于钢筋直径的6D，并应双面焊接；焊接应牢固无虚焊、夹渣、咬肉、气孔等现象，焊接后除净焊药补刷防锈漆，再刷银粉漆。

3）室内接地干线明敷设：接地干线应水平或垂直敷设，也可以沿建筑物表面平行敷设，但不应有高低起伏及弯曲等情况，水平度及垂直度允许偏差为2/1 000，全长不应超过10mm；水平段支架间距为1m，垂直部分为1 500mm，转弯部分为0.5m；明敷设的接地干线表面应刷黄绿相间的油漆，并应均匀。

4）接地线引向建筑物处应做接地标记。接地标记预埋盒尺寸见华北标的要求，接地标记要正确，线条要均匀清晰，间距要合理，线条颜色为黑色，面板颜色为白色，标记做好后，面板四周应密封好。

3. 划分建筑电气工程各子分部工程所含的分项工程和检验批

建筑电气工程各子分部工程所含的分项工程和检验批见表1-4。

表1-4　建筑电气工程各子分部工程所含的分项工程和检验批

分项工程 \ 子分部工程	1 室外电气安装工程	2 变配电室安装工程	3 供电干线安装工程	4 电气动力安装工程	5 电气照明安装工程	6 自备电源安装工程	7 防雷及接地装置安装工程
1 变压器、箱式变电所安装	●	●					
2 成套配电柜、控制柜（台、箱）和配电箱（盘）安装	●	●		●	●	●	
3 电动机、电加热器及电动执行机构检查接线				●			
4 柴油发电机组安装						●	
5 UPS及EPS安装						●	
6 电气设备试验和试运行			●	●			
7 母线槽安装		●	●				●
8 梯架、托盘和槽盒安装	●	●	●	●	●		
9 导管敷设	●	●	●	●	●		
10 电缆敷设	●	●	●	●	●		
11 导管内穿线和槽盒内敷线	●		●	●	●		
12 塑料护套线直敷布线					●		
13 钢索配线					●		
14 电缆头制作、接线和线路绝缘测试	●	●	●	●	●		
15 普通灯具安装	●				●		
16 专用灯具安装	●				●		
17 开关、插座、风扇安装				●	●		
18 建筑物照明通电试运行	●				●		
19 接地装置安装	●	●				●	●
20 变配电室及电气竖井内接地干线敷设		●	●				
21 避雷引下线及接闪器安装							●
22 建筑物等电位联结							●

注：本表有●符号者为该子分部工程所含的分项工程。

二、参与制定质量管理制度

质量管理制度就是按照质量管理要求建立的、适用于一定范围的质量活动要求，它规定质量管理活动的步骤、方法、职责，且一般应形成文件。

保证建筑电气工程的施工质量，做好电气专业的质量管理工作，利于各个施工阶段的节能降耗，降低成本，提高施工效率。

施工现场应具有健全的质量管理体系和质量管理制度，项目质量管理制度主要有以下方面：

（1）培训上岗制度；

（2）质量否决制度；

（3）成品保护制度；

（4）质量文件记录制度；

（5）工程质量事故报告及调查制度；

（6）工程质量检查及验收制度；

（7）样板引路制度；

（8）自检、互检和专业检查的"三检"制度；

（9）对分包工程质量检查、基础、主体工程验收制度；

（10）单位（子单位）工程竣工检查验收制度；

（11）原材料及设备构件试验、检验制度；

（12）分包工程（劳务）管理制度等。

三、参与材料、设备的采购

（1）材料、设备是工程施工的物质条件，没有材料、设备就无法施工。材料、设备的质量是工程质量的基础，质量不符合要求，工程质量就不能符合标准。所以掌握材料质量、价格、供货能力的信息，选择好供货厂家，就可获得质量好、价格低的材料、设备资源，从而确保工程质量，降低工程造价。这是企业获得良好社会效益和经济效益、提高市场竞争力的重要因素。

（2）材料、设备订货时，首先要参与业主组织的厂方考察，考察厂的生产能力和供货能力，要求厂方应提供质量保证文件，用以表明提供的货物完全符合质量要求。质量保证文件的内容主要包括：供货总说明、产品合格证及技术说明书、质量检验证明、检测与试验者的资质证明、不合格品或质量问题处理的说明及证明、有关图纸及技术资料等。

（3）对于材料、设备的订货、采购，其质量要满足有关标准和设计的要求；交货期应满足施工及安装进度计划的要求。对于设备及大宗材料的采购，应实行招标采购的方式；材料、设备订货时，最好一次订齐并要求厂家备足货源，以免由于分批订货而出现外观和质量的差异。

四、负责核查进场材料、设备的质量保证资料，监督进场材料的抽样复验

核查，是指用一套搜集证据、核对事实的方法来验证缔约各方是否履行合同条约义务的过程；项目电气设备材料进场检验由施工单位材料员、质检员和专业监理工程师平行共同进行，检验共分四个方面进行。

1. 质量证明文件情况

（1）准用证或交易证的编号；

（2）生产厂家提供的质保书、产品合格证及其检验质量文件、进口材料的中文质量文件。

2. 目测情况

目测项目主要是凭经验对建筑材料、构配件和设备进行目测观感检查，如包装运输中是否有损坏，钢筋的锈蚀、油污、石材的色差等，如发现异常应抽样送至有关检测机构作检测。

3. 量测情况

（1）用钢直尺、卷尺、卡尺对材料、构配件进行量测，检查是否符合产品质量和设计要求；

（2）用磅秤量物体的质量，判断是否短斤缺两。

4. 见证抽样复验

建筑电气工程采用的主要材料、半成品、成品、器具等涉及安全、功能的有关产品按照建筑电气工程质量验收规范进行试验、复验。

（1）对国家和地方建设行政主管部门必须进行见证取样复试的材料、构配件，应抽样送有对外检测资质的检测单位进行检测，合格后方可投入使用。

（2）进场检验必须以书面形式做好记录，施工材料员、质量员和监理方专业监理工程师必须签字认可。

五、负责监督、跟踪施工试验，负责计量器具的符合性审查

施工试验是按照设计及国家规范标准要求，在施工过程中所进行的各种检测及测试的统称。施工试验数据是直观反映机电系统功能实现的数据，在施工建造过程中需要加强过程质量控制，以满足施工试验要求。计量器具的准确性直接反应试验数据的真伪，在使用前质量员应对计量器具的符合性进行审查。

1. 电气施工试验主要涉及内容

1）照明全负荷试验；

2）大型灯具牢固性试验；

3）电气设备调试记录；

4）电气工程接地电阻测试；

5）电气绝缘电阻测试；

6）电梯负荷试验；

7）电梯安全装置检查；

8）智能建筑工程系统试运行等一系列施工试验。

在试验测试过程中，质量员需要全程进行监督、跟踪，验证试验数据的真实和准确性。

2. 电气计量测量

施工试验数据的取得，需要使用电气测量仪表进行测量，电气测量仪表属于现场计量器具的管理范畴。为加强施工现场计量监督管理，保证计量准确性，确保生产的正常进行，应做好以下工作：

（1）计量器具使用基本要求

1）贯彻执行国家计量法令以及集团公司计量管理规定，编制本项目的计量管理台账；

2）根据需要提出项目部购置计量标准器具计划；

3）组织开展计量测试，提供计量保证，负责项目部计量数据的收集及监督；

4）积极参加上级单位组织计量人员的培训考核，合格后并持证上岗。

（2）计量台账的建立

为了保证计量器具的准备使用，应建立完善的使用台账：

1）计量设备管理台账；

2）计量设备周期鉴定台账；

3）计量设备配置申请台账；

4）计量设备封存申请台账；

5）计量设备报废申请台账。

（3）计量设备的配置及标识管理

1）项目部应根据有关管理制度和实际情况，选择和配备适当的计量设备。

2）凡项目部所需测量设备统一由计量员负责申请采购，质检员监督审核。

3）各项目部计量员负责对测量设备送检，合格后做好登记和标识等手续。凡未经检定或检定不合格的计量器具，质检人员有权制止使用。

（4）计量器具的周期检定

1）超过计量检定周期的器具应由项目部计量员及时负责送检。

2）检定合格的设备，由计量员填写合格证标签并张贴在设备上。

3）检定不合格的设备，设备调整后应复检，仍不合格者应做报废处理。

（5）计量器量的抽检

1）为保证量具的准确度，使其能够更好地为生产服务，计量人员在检定周期内对使用中的计量器具可以进行不定期的抽查检定。

2）每个周期内，按规定规程抽查计量器具总数的10%，并做好记录。

3）抽查不合格的计量设备应及时收回检修，不得继续使用。

（6）计量设备的日常使用及保养

1）使用部门领用计量设备时，应有严格的审批程序。

2）计量设备在使用时一定要严格按照操作规程，轻拿轻放，严禁磕、砸、摔等，使用后要保持清洁，并保存好合格证。

3）使用部门应保证设备所贴的合格证标签的清晰和完整。

4）要有专人保管、保养、维护，及时清除污物，保持数据准确。

5）搬运设备时，应根据设备特点，采取足够措施保证设备在搬运过程中不被损坏或使其准确度、适用性下降。

6）在设备闲置贮存期间，应采取足够措施保证设备的准确度、适用性不会下降。

六、参与施工图会审和施工方案审查

1. 图纸会审目的

1）审查机电安装工程之间的关系；

2）审查本专业与建筑专业的关系；

3）审查设备专业施工图要点。

2. 电气施工方案的内容

（1）工程概况

1）工程简介；

2）建筑设计概况；

3）机电设计概况。

（2）编制依据

1）合同（或协议）；

2）施工图纸；

3）主要图集、标准、规范。

（3）质量目标

除非另有合同规定，工程质量控制目标应符合国家质量验收标准的规定。

（4）施工进度计划保证措施

1）编制依据；

2）施工阶段目标控制点计划；

3）施工进度计划横道图；

4）劳动力计划；

5）施工进度计划保证措施。

（5）施工部署

1）工程项目组织管理机构；

2）施工区域和流水段划分；

3）施工区域的划分及劳动队伍的组织；

4）各专业施工作业人员进场计划。

（6）机电深化设计组织实施方案

（7）材料设备采购、投入计划

1）总述；

2）材料设备采购、投入计划。

（8）电气工程技术方案

（9）工程质量管理措施

（10）成品保护措施

（11）系统调试、竣工验收

（12）雨季与冬季施工措施

1）雨季施工概况；

2）冬期施工措施。

七、参与制定工序质量控制措施

工序质量是指施工中人、材料、机械、工艺方法和环境等对产品综合起作用的过程的质量，又称过程质量，它最终体现为建筑产品的质量。

工序质量控制就是对工序活动条件，即工序活动投入的质量和工序活动效果的质量，即分项工程质量的控制。在进行工序质量控制时，要重点控制如下几个方面：

1. 工序质量控制计划

确定工序质量控制计划。一方面，要求对不同的工序活动制定专门的保证质量的技术措施，做出物料投入及活动顺序的专门规定；另一方面，要规定质量控制的工作流程和质量检验制度等。

2. 工序活动条件

要控制工序活动条件的质量。工序活动条件主要指影响质量的五大因素，即人、材料、机械设备、方法和环境等。针对工序质量编制各项工序的技术交底，并明确质量验评标准。

3. 关键工序、特殊工序的控制

要参与编制关键工序、特殊工序的控制和质量保证措施，对可能对工程质量产生重要影响的工序或部位要提前编制包含施工组织、施工技术、保证措施等内容的预控措施。

4. 工序质量控制措施中的检查

工序质量控制措施还应包括自检、互检、上下道工序交接检，特别是对隐蔽工程和分项（分部）工程的质量检验等措施。

质量员应参与保证质量的作业指导书和工序质量控制措施的编制，对上述工序质量关键点进行控制，做好工程质量的事前预控，并保证工程质量的最终顺利实现。

八、负责工序质量检查和关键工序、特殊工序的旁站检查，参与交接检验、隐蔽验收技术复核

工程质量形成全过程需要进行工序质量的检查、验收与技术质量复核，做好工序质量检查和关键工序、特殊工序的旁站检查。

1. 工序质量

质量员应负责工序质量的检查，即检查构成工序质量的五大因素——人、材料、机械设备、方法和环境——等各方面质量的情况，以确保由各项因素构成的工序质量符合要求。

2. 关键工序、特殊工序

1）关键工序指施工过程中对工程主要使用功能、安全状况有重要影响的工序。比如：电气低压配电柜的安装、高低压电缆头的制作、变压器安装、封闭母线槽安装、设备接线等。

2）特殊工序指施工过程中对工程主要使用功能不能由后续的检测手段和评价方法加以验证的工序。比如：变压器母线安装、高低压电缆头制

作与接线、暗配管路、管内电缆敷设、防雷接地系统安装等。

3）针对工程质量会产生较大影响的关键部位或薄弱环节、施工技术难度大的部位或环节、对后续施工质量或安全有重要影响的工序或部位、质量标准或质量精度要求高的施工项目、采用新技术新工艺新材料的施工部位或环节等，严格按方案交底实施，质量员必须旁站监督施工过程。

3. 工序检验

1）工序检验是指为防止不合格品流入下道工序，而对各道工序加工的产品及影响产品质量的主要工序要素所进行的检验。其作用是根据检测结果对产品做出判定，即产品质量是否符合规格标准的要求；根据检测结果对工序做出判定，即工序要素是否处于正常的稳定状态，从而决定该工序是否能继续进行生产。

工序检验主要包括实行班组自检、互检、上下道工序交接检，特别是对隐蔽工程和分项（分部）工程的质量检验。隐蔽工程在完成后将无法直观发现其施工质量，因此需要在施工完成后隐蔽之前由质量员进行检查复核，以确保被隐蔽的施工项目满足质量要求。

2）质量员的工作职责就是通过对实体质量的最基本的每道工序质量和验收各个环节进行技术复核，以检验是否满足预定的质量要求。

九、负责检验批和分项工程的质量验收、评定，参与分部工程和单位工程的质量验收评定

检验批是指按同一生产条件或按规定的方式汇总起来供检验用的、由一定数量样本组成的检验体。分项工程是指分部工程的组成部分，是施工图预算中最基本的计算单位，它又是概预算定额的基本计量单位，故也称为工程定额子目或工程细目，它是按照不同的施工方法、不同材料的不同规格等确定的。

1. 建筑电气分部工程的子分部工程

1）变配电室：变压器、箱式变电所安装，成套配电柜、控制柜（屏、台）和动力、照明配电箱（盘）安装，裸母线、封闭母线、插接式母线安装，电缆沟内和电缆竖井内电缆敷设，电缆头制作、接线和线路绝缘测

试，接地装置安装，避雷引下线和变配电室接地干线敷设。

2）供电干线：裸母线、封闭母线、插接式母线安装，电缆桥架安装和桥架内电缆敷设，电缆沟内和电缆竖井内电缆敷设，电线导管、电缆导管和线槽敷设，电线、电缆穿管和线槽敷线，电缆头制作、接线和线路绝缘测试。

3）电气动力：成套配电柜、控制柜（屏、台）和动力、照明配电箱（盘）安装，低压电动机、电加热器及电动执行机构检查接线，低压电气动力设备试验和试运行，电缆桥架安装和桥架内电缆敷设，电线导管、电缆导管和线槽敷设，电线、电缆穿管和线槽敷线，电缆头制作、接线和线路绝缘测试，开关、插座、风扇安装。

4）电气照明安装：成套配电柜、控制柜（屏、台）和动力、照明配电箱（盘）安装，电线导管、电缆导管和线槽敷设，电线、电缆穿管和线槽敷线，槽板配线，钢索配线，电缆头制作、接线和线路绝缘测试，普通灯具安装，专用灯具安装，建筑物景观照明灯、航空障碍标志灯和庭院灯安装，开关、插座、风扇安装，建筑物照明通电试运行。

5）备用和不间断电源安装：成套配电柜、控制柜（屏、台）和动力、照明配电箱（盘）安装，柴油发电机组安装，不间断电源安装，裸母线、封闭母线、插接式母线安装，电线导管、电缆导管和线槽敷设，电线、电缆穿管和线槽敷线，电缆头制作、接线和线路绝缘测试，接地装置安装。

6）防雷及接地安装：接地装置安装，避雷引下线和变配电室接地干线敷设，建筑物等电位联结，接闪器安装。

2. 检验批、分项工程的划分

应符合现行国家标准《建筑工程施工质量验收统一标准》GB 50300（以下简称 GB 50300）、GB 50303 的规定及工程实际情况。分项工程可划分一个或若干个检验批进行验收。

3. 检验批质量验收记录

由施工单位项目质量检查员填写，并填写检查评定结果。专业监理工程师（建设单位项目专业技术负责人）填写验收结论。

1）填写分项工程质量验收记录。

2）填写子分部工程质量验收记录。

3）填写分部工程质量验收记录，记录由施工单位填写，验收结论由监理（建设）单位填写，综合验收结论由参加验收各方共同商定，建设单位填写，填写内容应对工程质量是否符合设计、规范要求及总体质量做出评价。

十、参与制定质量通病预防和纠正措施

建筑工程质量通病是指建筑工程中易发生的、常见的、影响安全和使用功能及外观质量的缺陷。施工项目中有些质量问题，就像"常见病""多发病"一样经常发生，成为质量通病。

质量通病预防和纠正措施由项目技术负责人主持制定，质量员参与。质量员应对质量通病预防和纠正措施的编制提供质量检查标准，并对具体的预防和纠正措施提出意见和建议，以防止这类质量通病的发生，降低质量通病的发生概率。

1. 防雷接地不符合要求

（1）质量通病

1）引下线、均压环、避雷带搭接处有夹渣、焊瘤、虚焊、咬肉、焊缝不饱满等缺陷；

2）焊渣不敲掉、避雷带上的焊接处不刷防锈漆；

3）用螺纹钢代替圆钢作搭接钢筋；

4）直接利用对头焊接的主钢筋作防雷引下线。

（2）预防纠正措施

1）加强对焊工的技能培训，要求做到搭接焊处焊缝饱满、平整均匀，特别是对立焊、仰焊等难度较高的焊接进行培训。

2）增强管理人员和焊工的责任心，及时补焊不合格的焊缝，并及时敲掉焊渣，刷防锈漆。

3）根据《电气装置安装工程接地装置施工及验收规范》规定，避雷引下线的连接为搭接焊接，搭接长度为圆钢直径的6倍，因此，不允许用螺纹钢代替圆钢作搭接钢筋。另外，作为引下线的主钢筋土建如是对头碰

焊的，应在碰焊处按规定补一搭接圆钢。

2. 室外进户管预埋不符合要求

（1）质量通病

1）采用薄壁铜管代替厚壁钢管；

2）预埋深度不够，位置偏差较大；

3）转弯处用电焊烧弯，上墙管与水平进户管网电焊驳接成90°角；

4）进户管与地下室外墙的防水处理不好。

（2）预防纠正措施

1）进户预埋管必须使用厚壁钢管或符合要求的 PVC 管（一般壁厚 PVCφl14 为 4.5mm 以上，φ56 为 3mm）。

2）加强与土建和其他相关专业的协调和配合，明确室外地坪标高，确保预埋管埋深不少于0.7米。

3）加强对承包队伍领导和材料采购员有关法规的教育，监理人员要严格执行材料进场需检验这一规定，堵住漏洞。

4）预埋钢管上墙的弯头必须用弯管机弯曲，不允许焊接和烧焊弯曲。钢管在弯制后，不应有裂缝和显著的凹痕现象，其弯扁程序不宜大于管子外径的10%，弯曲半径不应小于所穿入电缆的最小允许弯曲半径。

5）做好防水处理，请防水专业人员现场指导或由防水专业队做防水处理。

3. 导管（钢管、PVC 管）敷设不符合要求

（1）质量通病

1）导管多层重叠，导致局部高出钢筋的面层。

2）导管2根或2根以上并排紧贴。

3）导管埋墙深度太浅，甚至埋在墙体外的粉层中。管子出现死弯、痛折、凹痕现象。

4）导管进入配电箱，管口在箱内不顺填，露出太长；管口不平整、长短不一；管口不用保护圈；未紧锁固定。

5）预埋 PVC 电线管时不是用塞头堵塞管口，而是用钳夹扁拗弯管口。

（2）预防纠正措施

1）加强对现场施工人员施工过程的质量控制，对工人进行针对性的培训工作；管理人员要熟悉有关规范，从严管理。

2）导管多层重叠一般出现在高层建筑的公共通道中。当塔楼的住宅每层有 6 套以上时，建议土建最好采用公共走廊天花吊顶的装饰方式，这样电专业的大部分进户线可以通过在吊顶之上敷设的槽盒直接进入住户。也可以采用加厚公共走道楼板的方式，使众多的导管得以隐蔽。电气专业施工人员布管时应尽量减少同一点处导管的重叠层数。

3）导层不能并排紧贴，如施工中很难明显分开，可用小水泥块将其隔开。

4）导管埋入砖墙内，离其表面的距离不应小于 15mm，管道敷设要"横平竖直"。

5）导管的弯曲半径（暗埋）不应小于管子外径的 10 倍，管子弯曲要用弯管机或拗棒使弯曲处平整光滑，不出现扁折、凹痕等现象。

6）导管进入配电箱要平整，露出长度为 3 ~ 5mm，管口要用护套并锁紧箱壳。进入落地式配电箱的电线管，管口宜高出配电箱基础面 50 ~ 80mm。

7）预埋 PVC 电线管时，禁止用钳将管口夹扁、拗弯，应用符合管径的 PVC 塞头封盖管口，并用胶布绑扎牢固。

4. 导线的接线、连接质量和色标不符合要求

（1）质量通病

1）多股导线不采用铜接头，直接做成"羊眼圈"状，但又不搪锡；

2）与开关、插座、配电箱的接线端于连接时，一个端子上接几根导线；

3）线头裸露、导线排列不整齐，没有捆绑包扎；

4）导线的三相、零线（N 线）、接地保护线（PE 线）色标不一致，或者混淆。

（2）预防纠正措施

1）加强施工人员对规范的学习和技能的培训工作。

2）多股导线的连接，应用镀锌铜接头压接，尽量不要做"羊眼圈"

状，如做，则应均匀搪锡。

3）在接线柱和接线端子上的导线连接只宜 1 根，如需接两根，中间需加平垫片；不允许 3 根以上的连接。

4）导线编排要横平竖直，剥线头时应保持各线头长度一致，导线插入接线端子后不应有导体裸露；铜接头与导线连接处要用与导线相同颜色的绝缘胶布包扎。

5）材料采购人员一定要按现场需要配足各种颜色的导线。

6）施工人员应清楚分清相线、零线（N 线）、接地保护线（PE 线）的作用与色标的区分，即 A 相—黄色，B 相—绿色，C 相—红色；单相时一般宜用红色；零线（N 线）应用浅蓝色或蓝色；接地保护线（PE 线）必须用黄绿双色导线。

5. 配电箱的安装、配线不符合要求

（1）质量通病

1）箱体与墙体有缝隙，箱体不平直。

2）箱体内的砂浆、杂物未清理干净。

3）箱壳的开孔不符合要求，特别是用电焊或气焊开孔，严重破坏箱体的油漆保护层，破坏箱体的美观。

4）落地的动力箱接地不明显（做在箱底下，不易发现），重复接地导线截面不够。箱体内线头裸露，布线不整齐，导线不留余量。

（2）预防纠正措施

箱体内的线头要统一，不能裸露，布线要整齐美观，绑扎固定，导线要留有一定的余量，一般在箱体内要有 10～5cm 的余量。

6. 开关、插座的盒和面板的安装、接线不符合要求

（1）质量通病

1）线盒预埋太深，标高不一；面板与墙体间有缝隙，面板有胶漆污染，不平直。

2）线盒留有砂浆杂物。

3）开关、插座的相线、零线、PE 保护线有串接现象。

4）开关、插座的导线线头裸露，固定螺栓松动，盒内导线余量不足。

（2）预防纠正措施

1）与土建专业密切配合，准确牢靠固定线盒；当预埋的线盒过深时，应加装一个线盒。

安装面板时要横平竖直，应用水平仪调校水平，保证安装高度的统一。另外，安装面板后要饱满补缝，不允许留有缝隙，做好面板的清洁保护。

2）加强管理监督，确保开关、插座中的相线、零线、PE 保护线不能串接，先清理干净盒内的砂浆。

3）剥线时固定尺寸，保证线头整齐统一，安装后线头不裸露；同时为了牢固压紧导线，单芯线在插入线孔时应拗成双股，用螺丝顶紧、拧紧。

4）开关、插座盒内的导线应留有一定的余量，一般以 100～150mm 为宜；要坚决杜绝不合理的省料贪头。

7. 灯具安装不符合要求

（1）质量通病

1）灯位安装偏位，不在中心点上；

2）成排灯具的水平度、直线度偏差较大；

3）阳台灯底盘铁板搭落、生锈；

4）天花吊顶的筒灯开孔太大，不整齐。

（2）预防措施

1）安装灯具前，应认真找准中心点，及时纠正偏差。

2）成排灯具安装的偏差不应大于 5mm，因此，在施工中需要拉线定位，使灯具在纵向、横向、斜向以及主同低水平均为一直线。

3）日光灯的吊链应相互平直，不得出现八字形，导线引下应与吊链编叉在一起。

4）阳台灯具的底盒铁板厚度≥0.5mm，且油漆表面均匀平滑，能很好地起到防锈的作用。

玻璃罩不能太薄，以免安装时破裂。

5）天花吊顶的筒灯开孔要先定好坐标，除要求平直、整齐和均等外，开孔的大小要符合筒灯的规格，不得太大，以保证筒灯安装时外圈牢固地紧贴吊顶，不露缝隙。

6）施工人员、采购人员要认真执行国家和地方的有关规范。

8. 电缆、母线槽安装不符合要求

（1）质量通病

1）电缆安装后没有统一挂牌，电缆在电缆沟、梯架、托盘、槽盒中敷设杂乱。

2）在竖井中，电缆孔堵封不严密；垂直固定电缆的支架太小、太软，向下倾斜。

3）电缆穿过进户管后没有封堵严密。

4）接线端子（线耳）过大或过小，壁太薄，压接头时破裂。

5）母线槽的插接箱子安装不平直，各段母线太长，不易运输和安装。

（2）预防纠正措施

1）电缆施工队伍之间要协调好，将大小电缆分别排好走向和位置，安装完毕后统一用防潮防腐纸牌挂牌，注明各式各样条电缆的线路编号、型号、规格和起讫点。挂牌位置为：电缆终端头、拐弯处、夹层内、竖井的两端、电缆沟的人手工艺孔等。

2）用麻丝和沥青混合物堵封竖井电缆通过的洞口，有室外进户管到地下室时，管口要作防水处理，这些工作需要和土建专业密切配合，堵封后清理干净现场。

3）购买电缆固定支架、接线端子（线耳）等材料时，要按照规范购买。在压接头时，准确选用相对应的油压钳和对应的套件。

4）母线槽订货时，必须保证每段母线槽不得大于每层楼高；一般不大于3米，以方便楼内搬运和安装。

5）母线槽及配件进场时，要严格按照《电气装置安装工程母线装置施工及验收规范》和合同验货。

6）安装插接箱时，要横平竖直，与母线槽接触可靠、牢固。

9. 室内外电缆沟构筑物和电缆管敷设不符合要求

（1）质量通病

1)电缆沟和砼支架安装不平直,易折断;

2)电缆沟、电缆管排水不畅;

3)电缆过路管埋设深度不够,喇叭口破裂、不规则;

4)钢管防锈防腐漆不均匀,密封性不够,特别是管内的防锈、防腐未做;

5)接地极在电缆沟中不平直、松脱,与过路管的格接不全面、部分管漏焊。

(2)预防纠正措施

1)土建单位在安装砼支架时,应拉线找平、找垂直;其中最上层支架至沟顶距离为150~200mm,最下层支架至沟底距离为50~100mm。应到合格的生产厂家购买合格的砼支架,保证有足够的承托力;钢制支架要做好防锈防腐保证。

2)根据GB 50054—2011《低压配电设计规范》的有关规定,电缆沟底部排水沟坡度不应小于0.5%,并设集水坑,积水直接排入下水道;集水坑的做法参考建筑的有关规范。当集水坑远离雨水井或雨水井的标高高于电缆沟底时,应对相应的排水系统作对应的调整。因此,在室外综合管网图会审时要认真比较各专业的相关标高。

3)喇叭口要求均匀整齐,没有裂纹。电缆管预埋时要保证深度为0.7m以下;如客观条件不能满足,需要管上面作水泥砂浆包封,以确保管道不被压坏。

4)电缆管要用厚壁钢管,内外均应涂刷防腐防锈漆或沥青,漆面要均匀;特别是焊接口处,更需作防锈处理。两根电缆管对接时,内管口应对准,然后加短套管(长度不小于电缆管外径的2.2倍)牢固、密封地焊接。

5)电缆沟中的接地肩钢安装要牢固,一般每隔0.5~1.5m安装一个固定端子,高沟底高度为250~300mm。在通过过路管时,要分别与各条钢管搭接,搭接处作好防腐防锈处理。为了保证每根钢管能与接地极可靠搭接,在埋管时逐一焊接,不允许把管埋完后才焊接。

10. 路灯、草坪灯、庭院灯和地灯的安装不符合要求

（1）质量通病

1）灯杆掉漆、生锈、松动；

2）接地安装不符合要求，甚至没有接地线；

3）灯罩太薄，易破损、脱落；

4）草坪灯、地灯的灯泡瓦数太大，使用时灯罩温度过高，易烫伤人；或者灯罩边角锋利易割伤人。

（2）预防纠正措施

1）选用合格的灯具，要针对各地具体的环境条件，选择合适的灯具及其附件。比如针对沿海潮湿天气，一定要选用较好的防锈灯杆；灯罩无论是塑料或者玻璃，均应具有较强的抗台风强度。

2）草坪灯、地灯一般追求的是点缀效果，在设计及选型时应考虑到大功率的白炽所产生的温度的影响。

3）数据表明，40W 灯泡表面温度可达 563℃，60W 可达 137℃ ~ 180℃，100W 的可达 170℃ ~ 216℃，所以，在低矮和保护罩狭小的地灯、草坪灯安装 60W 以上的灯泡，极易使保护罩温度过高而烫伤人。

4）另外，一些草坪灯为了选型别致，边角太过锋利，也易伤及喜欢触摸的小孩。

5）接地事关人命，路灯、草坪灯、庭院灯和地灯必须有良好的接地；灯杆的接地极必须焊接牢靠，接头处搪锡，路灯电源的 PE 保护线与灯杆接地极连接时必须用弹簧垫片压顶后再拧上螺母。

十一、负责监督质量缺陷的处理

根据我国有关质量、质量管理和质量保证方面的国家标准的定义，凡工程产品质量没有满足某个规定的要求，就称之为质量不合格；而没有满足某个预期的使用要求或合理的期望，则称之为质量缺陷。

1. 线路敷设中存在的质量问题及处理

1）暗配穿线钢管，接口有对焊现象；厚壁钢管（壁厚大于 2mm 的）对焊连接；薄壁钢管（壁厚小于等于 2mm 的）熔焊连接。这些现象都是不允许发生的。

GB 50303—2015 中 12.1.2 强制性条文要求：金属导管严禁对口熔焊连接，镀锌和壁厚小于等于 2mm 的钢导管不得套管熔焊连接。厚壁钢管应加套管焊接，焊缝要求饱满密实。镀锌钢管要求螺纹连接，连接处两端用专用接地卡固定跨接接地线。薄壁钢管有螺纹连接、紧定连接等，接口采取封堵措施。

2）导管敷设深度不符合规范要求。暗配管埋设深度太深不利于与盒、箱连接，有时剔槽太深会影响墙体等建筑物的质量；太浅同样不利于与盒、箱连接，还会使建筑物表面有裂纹，在某些潮湿场所（如实验室等），钢导管的锈蚀会显现在墙面上，所以埋设深度恰当既保护导管又不影响建筑物质量。

GB 50303—2015 中 12.2.3 条要求：暗配的导管，保护层厚度大于15mm，且要应用强度等级不小于 M10 的水泥砂浆抹面保护。开槽要求采用机械开槽，禁止手工开槽。

3）敷设导管时，强、弱电距离不够。这将影响强电，可能干扰弱电系统的正常使用，因此《住宅装饰装修工程施工规范》要求：电源线及插座与电视线及插座的水平距离不应小于 500mm。

4）建筑物电气配线颜色混乱，这样会造成用户分不清用途，易发生危险。

GB 50303—2015 中 14.2.2 条要求：当采用多相供电时，同一建筑物、构筑物的电线绝缘层颜色选择应一致，即保护地线应是黄绿相间色；零线用淡蓝色；相线：A 相为黄色，B 相为绿色，C 相为红色。

2. 梯架、托盘、槽盒安装、支架安装存在的质量问题及处理

1）梯架、托盘、槽盒安装、支架没做可靠接地。GB 50303—2015 中11.1.1 条要求：梯架、托盘和槽盒全长不大于 30m 时，不应少于两处与保护导体可靠连接；全长大于 30m 时，每隔 20~30m 应增加一个连接点，起始端和终点端均应可靠接地。非镀铸梯架、托盘和槽盒本体之间连接板的两端应跨接保护联结导体，保护联结导体的截面积应符合设计要求。镀锌梯架、托盘和槽盒本体之间不跨接保护联结导体时，连接板每端不应少于两个有防松螺帽或防松垫圈的连接固定螺栓。

2）梯架、托盘、槽盒水平安装的支架间距 1.5～3m；垂直安装的支架间距不大于 2m；敷设在竖井内和穿越不同防火分区的梯架、托盘、槽盒，按设计要求位置，有防火隔堵措施。

3）电缆未固定、填充率太高、弯曲半径不足。电缆在梯架、托盘、槽盒内的填充率不应大于 40%（控制电缆小于 50%），电缆垂直敷设时，上端及每隔 1～1.5m 处应固定；水平敷设时，首、尾、转弯及每隔 5～10m 处应固定，电缆梯架、托盘、槽盒转弯处应选择与电缆弯曲半径相适应的配件。

3. 配电箱安装问题及处理

（1）箱体质量存在的问题

1）不按图纸要求选型或选型不当；

2）配电箱箱体铁皮薄，刚度差，造成壳体、门面变形，关闭不严；

3）个别箱内安装的电器（电度表、漏电保护开关、空气开关等）的型号、规格不符合设计要求；

4）无接地、接零汇流排，或接地、接零汇流排规格偏小，不能够满足使用要求；

5）个别配电箱无隔离封堵保护，部分保护板未用绝缘、难燃材料配备。

（2）箱体处理方式

1）要求应严格按设计图纸及有关规范订货。到货后应进行外观检查，检查是否有出厂合格证，铭牌是否正确，附件是否齐全，绝缘件有无缺损、裂纹，涂层是否完整。箱（柜）内电器的型号、规格是否符合设计要求。

2）配电箱铁制箱体应用厚度不小于 2mm 的钢板制成。配电箱内设有接地端子板应与箱体连通，工作零线端子板应与箱体绝缘（用做总配电箱的除外），端子板应用大于箱内最大导线截面积两倍的矩形母线制作（但最小截面积应不小于 60mm²，厚度不小于 3mm）。端子板所用材料为铜制品。

（3）配电箱安装质量存在问题及处理方法

1）箱体开孔与导管管径不匹配，部分铁制箱体用电、气焊割大孔。配电箱制作时应开圆孔。铁箱开孔数量不能少于配线回路，不可用电、气焊割孔。应用开孔器开孔，或者用钻扩孔后再用锉刀锉圆，去毛刺，防止穿线中损伤电气绝缘层。

2）配线管插入箱内长短不一，不顺直。电线管进入配电箱要平整，露出长度为 3～5mm，管口要用护套并锁紧箱壳。入箱管路较多时要把管路固定好防止倾斜。

3）个别配电箱导管入箱位置不规范，而是随意布置，造成盘后接线混乱。引入引出线应有适当余量，以便检修，管内导线引入盘面时应理顺整齐，盘后的导线应成把成束，中间不应有接头，多回路之间的导线不能有交叉错乱现象。

4）个别箱体内工作零线、保护地线未从汇流排接出。GB 50303—2015 中 5.1.12 条要求：照明配电箱（盘）内，应分别设置零线和保护地线汇流排，零线和保护地线经汇流排配出。导线应连接紧固，不伤芯线不断股，垫圈下螺丝两侧压的导线截面积相同，同一端子孔上导线连接不多于 2 根，防松垫圈等零件齐全。

5）导线与电器的连接不符合规范要求，该搪锡的不搪锡，该用端子的不用端子。GB 50303—2015 中 17.2.2 条要求：截面积在 10mm^2 及以下的单股铜芯线直接与设备、器具的端子连接；截面积在 2.5mm^2 及以下的多股铜芯线拧紧搪锡或接续端子后与设备、器具的端子连接；截面积大于 2.5mm^2 的多股铜芯线，除设备自带插接式端子外，接续端子后与设备或器具的端子连接，多股铜芯线与插接式端子连接前，端部拧紧、搪锡。

6）保护地线线径不符合规范要求。《低压配电设计规范》要求：当保护地线（PE 线）所用材质与相线相同时，PE 线最小截面积见表 1-5。

表 1-5 PE 线最小截面积

相线心线截面积 S/mm^2	PE 线最小截面积
S≤16	S
16<S≤35	16
S>35	S/2

7）设在可燃材料上，为防止配电箱产生的火花或高温熔珠、开关及插座出现的打火现象引燃周围的可燃物和避免箱体传热引燃墙面装饰材料，GB 50327—2001 中 4.4.2 条：要求配电箱的壳体和底板宜采用 A 级材料制作，配电箱不得安装在低于 B1 级的装修材料上。开关、插座应安装在 B1 级以上的材料上。

4. 照明器具安装中常见的质量问题及处理

1）个别灯具的型号、规格、安装位置、安装高度不符合设计要求。如厨厕间设计为防水灯，而实际安装多为普通灯。应严格按设计要求进行施工。

2）高度低于 2.4m 的灯具，其金属外壳未做保护接地。GB 50303—2015 中 18.1.6 条要求：除采用安全电压以外，当设计无要求时，敞开式灯具的灯头对地面距离应大于 2.5m。

3）当采用螺口灯头时，相线未接于螺口灯头中间的端子上，而将零线接在该端子上，极易造成人身安全事故。因此住宅装饰装修工程施工规范要求：连接开关、螺口灯具导线时，相线应先接开关，开关引出的相线应接在灯中心的端子上，零线应接在螺纹的端子上。

5. 开关、插座安装中存在的质量问题

1）开关不灵活或接触不良，插座插孔太松或太紧，影响了用户的正常使用。安全插座安全挡板损坏，起不到安全作用。进货时应认真检查，安装时或安装后发现不合格产品应及时更换，并应到有资质的部门进行检测。

2）住宅厨房、厕所内插座有的为普通插座。由于设计、施工的疏忽，给厨厕安装了普通插座，GB 50327—2001 中 16.3.14 条要求：厨房、卫生间应安装防溅插座。开关宜安装在门外开启侧的墙体上。在检查过程中也发现有的防溅插座未加橡胶垫，起不到其应有的作用，因此发现此问题应要求更换或补加橡胶垫。

3）插座接线不符合规范要求。应按 GB 50303—2015 要求接线。

6. 防雷接地系统安装中存在的质量问题及处理

避雷带及接地装置搭接长度不够，且为单面焊。避雷带及接地装置安装要求：

1）扁钢的搭接长度不应小于其宽度的 2 倍，三面施焊，当扁钢宽度不同时，搭接长度以宽的为准。

2）圆钢的搭接长度不应小于其直径的 6 倍，双面施焊，当直径不同时，搭接长度以直径大的为准。

3）圆钢与扁钢连接时，其搭接长度不应小于圆钢直径的 6 倍，双面施焊。

4）扁钢与钢管、扁钢与角钢焊接时，应紧贴 3/4 钢管表面，或紧贴角钢外侧两面，上、下两侧施焊。

5）除埋设在混凝土中的焊接接头外，其他均应有防腐措施。

6）屋面栏杆做接闪器，有的壁厚不符合规范要求，如不锈钢栏杆；有的是钢管接口对焊，不符合规范要求。

《建筑物防雷设计规范》要求：屋顶上永久性金属物宜作为接闪器，但其各部件之间均应连成电气通路，并应符合钢管、钢罐的壁厚不小于 2.5mm，但钢管、钢罐一旦被雷击穿，其介质对周围环境造成危险时，其壁厚不得小于 4mm。

钢管做接闪器，钢管与钢管连接处，按施工工艺要求，管内应设置管外径与连接管内径相吻合的钢管做衬管，衬管长度不应小于管外径的 4 倍，这种方法在工程施工中不好操作，故通常采用钢管对焊并进行跨接，搭接长度按规范施工。钢管避雷带的焊接处，应打磨光滑，无凸起高度，焊接连接处经处理后应涂刷红丹防锈漆和银粉防腐。

明装钢管做避雷带在转角处，应与建筑造型协调，弯曲半径不宜小于管径的 4 倍，严禁使用暖卫专业的冲压弯头进行管的连接，更不应焊成直角。

7）二类防雷建筑物高度超过 45 米的钢筋混凝土结构及钢结构建筑

物、三类防雷建筑物高度超过 60 米的钢筋混凝土结构及钢结构建筑物竖直敷设的金属管道及金属物的顶端未与防雷装置连接，仅低端与接地装置连接。按设计要求完善。

8）出屋面金属物未与防雷接闪器可靠连接。《建筑物防雷设计规范》要求：建筑物顶部的避雷针、避雷带等必须与顶部外露的其他金属物连成一个整体的电气通路，且与避雷引下线连接可靠，其目的是形成等电位，防止静电危害。

7. 卫生间接地保护存在以下问题及处理

1）暗设的导线未穿管保护，直接埋入地坪或墙内。由于卫生间散热器等金属设备位置的变更，应在墙体上开凿敷设穿线管到变更后的位置，以保证其连接可靠，而且满足美观要求。

2）卫生间内插座的 PE 线没接到 LEB 端子板上。按国标图集要求，卫生间内插座的 PE 线应与 LEB 端子板连接，但不能把卫生间以外的插座 PE 线引入。

3）卫生间内消防等总立管没接到 LEB 端子板上。施工人员往往认为立管已与 MEB 连接，不需再接到 LEB 端子板上。卫生间内能够上下贯通的金属物均应接到 LEB 端子板上。

4）等电位联结未做导通性测试：测试用电源可采用空载电压为 4～24V 的直流或交流电源，测试电流不应小于 0.2A，当测得等电位联结端子板与等电位联结范围内的金属管道等金属体末端之间的电阻不超过 3Ω 时，可认为等电位联结是有效的。

以上这些问题，在电气工程施工中常见，这些质量缺陷的处理，由施工员负责，质量员应全程进行监督、跟踪。

十二、参与质量事故的调查、分析和处理

工程项目建设中经常会发生质量问题，为确保工程质量，质检员必须掌握预防、诊断工程质量事故的一些基本规律和方法，以便对出现的质量问题进行及时的分析与处理。

1. 工程质量问题分析

1）质量不合格：根据我国有关质量、质量管理和质量保证方面的国

家标准的定义，凡工程产品质量没有满足某个规定的要求，就称之为质量不合格；而没有满足某个预期的使用要求或合理的期望，则称之为质量缺陷。

2）质量问题：凡是质量不合格的工程，必须进行返修、加固或报废处理，其造成直接经济损失低于 5 000 元的称为质量问题。

3）质量事故：直接经济损失在 5 000 元（含 5 000 元）以上的称为质量事故。

2. 工程质量问题的成因

1）违背建设程序。

2）工程地质勘查原因。

3）未加固处理好地基。

4）设计计算问题。

5）建筑材料及制品不合格。

6）施工和管理问题：不按图施工；不按有关施工验收规范施工；按有关操作规程施工；缺乏基本结构知识，施工蛮干。

7）自然条件影响。

3. 工程质量问题的特点

1）复杂性；

2）严重性；

3）可变性；

4）多发性。

4. 工程质量问题的分类

1）一般质量问题：由于施工质量较差，不构成质量隐患，不存在危及结构安全的因素，造成直接经济损失在 5 000 元以下的为一般质量问题。

2）一般质量事故：凡具备下列条件之一者为一般质量事故：直接经济损失在 5 000 元（含 5 000 元）以上，不满 50 000 元的；影响使用功能和工程结构安全，造成永久质量缺陷的。

3）重大质量事故：凡有下列情况之一者，可列为重大质量事故：建筑物、构筑物或其他主要结构倒塌者；影响建筑设备及其相应系统的使用功能，造成永久性质量缺陷者。

超过标准规定或设计要求的基础严重不均匀沉降、建筑物倾斜、结构开裂或主体结构强度严重不足，影响结构物的寿命，造成不可挽救的永久性质量缺陷或事故的。

直接经济损失在 10 万元以上者。

4）重大质量事故的分级：

一级重大事故。死亡 30 人以上或造成直接经济损失 300 万元以上。

二级重大事故。死亡 10 人以上、29 人以下或直接经济损失 100 万元以上、不满 300 万元。

三级重大事故。死亡 3 人以上、9 人以下或重伤 20 人以上，或直接经济损失 30 万元以上、不满 100 万元。

四级重大事故。死亡 2 人以下或重伤 3 人以上 19 人以下，或直接经济损失 10 万元以上、不满 30 万元。

5）特别重大事故：凡具备国务院发布的《特别重大事故调查程序暂行规定》所列的发生一次死亡 30 人及其以上的，或直接经济损失达 500 万元及其以上的，或其他性质特别严重的，均属特别重大事故。

5. 工程质量问题分析方法

（1）质量问题分析基本步骤

1）进行细致的现场研究，观察记录全部实况，充分了解与掌握引发质量问题的现象和特征。

2）收集调查与问题有关的全部设计和施工资料，分析摸清工程在施工或使用过程中所处的环境。

3）找出可能产生质量问题的所有因素。分析、比较和判断，找出最可能造成质量问题的原因。

4）进行必要的计算分析或模拟实验予以论证确认。

（2）事故调查报告

事故发生后，应及时组织调查处理。调查的主要目的是确定事故的范围、性质、影响和原因等，通过调查为事故的分析与处理提供依据，一定要力求全面、准确、客观。调查结果要整理撰写成事故调查报告。

（3）分析要领

1）确定质量问题的初始点，即所谓原点，它是一系列独立原因集合起来形成的爆发点。因其反映出质量问题的直接原因，从而在分析过程中具有关键性作用。

2）围绕原点对现场各种现象和特征进行分析，区别导致同类质量问题的不同原因，逐步揭示质量问题萌生、发展和最终形成的过程。

综合考虑原因复杂性，确定诱发质量问题的起源，即真正原因。工程质量问题原因分析反映的是一堆模糊不清的事物和现象的客观属性与联系，它的准确性与管理人员的能力学识、经验和态度有极大关系，其结果不是简单的信息描述，而是逻辑推理的产物，可用于工程质量的事前控制。

6. 工程质量事故处理

（1）工程质量事故处理的基本要求

1）处理应达到安全可靠，不留隐患，满足生产、使用要求，施工方便，经济合理的目的。重视消除事故的原因。这不仅是一种处理方向，也是防止事故重演的重要措施。

2）注意综合治理。既要防止原有事故的处理引发新的事故，又要注意处理方法的综合运用。

3）正确确定处理范围。除了直接处理事故发生的部位外，还应检查事故对相邻区域及整个结构的影响，以正确确定处理范围。

4）正确选择处理事故的时间和方法。

5）加强事故处理的检查验收工作。从施工准备到竣工，均应根据有关规范的规定和设计要求的质量标准进行检查验收。

6）认真复查事故的实际情况。在事故处理中若发现事故情况与调查报告中所述的内容差异较大时，应停止施工，待查清问题的实质，采取相应的措施后再继续施工。

7）确保事故处理期的安全。

（2）工程质量事故处理的依据

1）质量事故状况。质量事故发生后，施工单位有责任就所发生的质量事故进行周密的调查、研究掌握情况，并在此基础上写出事故调查报告，对有关质量事故的实际情况做详尽的说明，报告内容包括：质量事故发生的时间、地点，工程项目名称及工程的概况，发生质量事故的部位，参加工程建设的各单位名称；质量事故状况的描述；质量事故现场勘察笔录，事故现场证物照片、录像，质量事故的证据资料，质量事故的调查笔录；质量事故的发展变化情况（是否继续扩大其范围、是否已经稳定）。

2）事故调查组获得的第一手材料，以及调查组所提供的工程质量事故调查报告。该材料主要用来和施工单位所提供的情况进行对照、核实。

3）有关合同和合同文件。所涉及的合同文件有：工程承包合同、设计委托合同、设备与器材购销合同、监理合同及分包工程合同等。有关合同和合同文件在处理质量事故中的作用，是对施工过程中有关各方是否按照合同约定的有关条款实施其活动，界定其质量责任的重要依据。

4）有关的技术文件和档案有关的设计文件。与施工有关的技术文件和档案资料包括施工组织设计或施工方案、施工计划；施工记录、施工日志等，根据这些记录可以查对发生质量事故的工程施工时的情况，可以追溯和探寻出事故的可能原因；有关建筑材料的质量证明文件资料；现场制备材料的质量证明资料；质量事故发生后，对事故状况的观测记录、试验记录或试验、检测报告等；其他有关资料。

7. 工程质量事故的处理程序

1）工程质量事故发生后，总监理工程师应签发《工程暂停令》，并要求停止进行质量缺陷部位和与其有关联部位及下道工序施工，应要求施工单位采取必要的措施，防止事故扩大并保护好现场。同时，要求质量事故发生单位迅速按类别和等级向相应的主管部门上报，并于24小时内写出书面报告。质量事故报告的内容包括：工程概况，重点介绍事故有关部分的工程情况，即事故情况：事故发生的时间、性质、现状及发展变化的情况；是否需要采取临时应急防护措施；事故调查中的数据、资料；事故原因的初步判断；事故涉及人员与主要责任者的情况等。

2）监理工程师在事故调查组展开工作后，应积极协助，客观地提供相应证据，若监理方无责任，监理工程师可应邀参加调查组，参与事故调查；若监理方有责任，则应予以回避，但应配合调查组工作。

3）当监理工程师接到质量事故调查组提出的技术处理意见后，可组织相关单位研究，责成相关单位完成技术处理方案，并予以审核签认。质量事故技术处理方案，一般应委托原设计单位提出；由其他单位提供的技术处理方案，应经原设计单位同意签认。技术处理方案的制订，应征求建设单位的意见。技术处理方案必须依据充分，查清质量事故的部位和全部原因。必要时，应委托法定工程质量检测单位进行质量鉴定或请专家论证，以确保技术处理方案可靠、可行，保证结构的安全和使用功能。

4）技术处理方案核签后，监理工程师应要求施工单位给出详细的施工设计方案，必要时应编制监理实施细则，对工程质量事故技术处理施工质量进行监理，技术处理过程中的关键部位和关键工序应旁站，并会同设计、建设等有关单位共同检查认可。

5）对施工单位完工自检后的报验结果，组织有关各方进行检查验收，必要时应进行处理结果鉴定。要求事故单位整理编写质量事故处理报告，并审核签认，组织将有关技术资料归档。

6）签发《工程复工令》，恢复正常施工。

8. 工程质量事故处理方案及资料

1）工程质量事故处理方案，应当在正确分析和判断质量事故原因的基础上进行。对工程质量事故，通常可以根据质量问题的情况，给出以下四类不同性质的处理方案。

修补处理：这是最常采用的一类处理方案。通常当工程的某些部分的质量虽达到规定的规范、标准或设计要求，却存在一定的缺陷，但经过修补后还可达到要求，且不影响使用功能或外观要求时，可以做出进行修补处理的决定。

返工处理：在工程质量未达到规定的标准或要求，有明显的严重质量问题，对结构的使用和安全有重大影响，而又无法通过修补的办法纠正所出现的缺陷情况下，可以做出返工处理的决定。

限制使用：在工程质量事故按修补方案处理无法保证达到规定的使用要求和安全指标，而又无法返工处理的情况下，可以做出诸如结构卸荷或减荷以及限制使用的决定。

不做处理：某些工程质量事故虽然不符合规定的要求或标准，但如其情况不严重，对工程或结构的使用及安全影响不大，经过分析、论证和慎重考虑后，也可做出不做专门处理的决定。可以不做处理的情况一般有：不影响结构安全和使用要求者；有些不严重的质量问题，经过后续工序可以弥补的；出现的质量问题，经复核验算，仍能满足设计要求者。

2）工程质量事故处理资料：与事故有关的施工图；与施工有关的资料。

3）事故调查分析报告，包括：事故情况——出现事故的时间、地点；事故的描述；事故观测记录；事故发展变化规律；事故是否已经稳定等。事故性质——应区分属于结构性问题还是一般性缺陷；是表面性的还是实质性的；是否需要及时处理；是否需要采取防护性措施。事故原因——应阐明所造成事故的重要原因。事故评估——阐明事故对建筑功能、使用要求、结构受力性能及施工安全有何影响，并应附有实测、验算数据和试验资料。事故涉及人员及主要责任者的情况。设计、施工、使用单位对事故的意见和要求等。

9. 工程质量事故性质的确定方法

1）了解和检查：是指对有缺陷的工程进行现场情况、施工过程、施工设备和全部基础资料的了解和检查，主要包括调查、检查质量试验检测报告、施工日志、施工工艺流程、施工机械情况以及气候情况等。

2）检测与试验：通过检查和了解可以发现一些表面的问题，得出初步结论，但往往需要进一步的检测与试验来加以验证。检测与试验，主要是检验该缺陷工程的有关技术指标，以便准确找出产生缺陷的原因。检测和试验的结果将作为确定缺陷性质的主要依据。

3）专门调研：有些质量问题，仅仅通过以上两种方法仍不能确定，只能采用参考的检测方法；为了得到这样的参考依据并对其进行分析，往往有必要组织有关方面的专家或专题调查组，提出检测方案，对所得到的一系列参考依据和指标进行综合分析研究，找出产生缺陷的原因，确定缺陷的性质。这种专题研究，对缺陷问题的妥善解决有很大作用，因此经常被采用。

10. 工程质量事故处理决策的辅助方法

1）实验验证：即对某些有严重质量缺陷的项目，可采取合同规定的常规试验以外的试验方法进行验证，以便确定缺陷的严重程度。

2）定期观测：有些工程，在发现其质量缺陷时，其状态可能尚未达到稳定，仍会继续发展，在这种情况下，一般不宜过早做出决定，可以对其进行一段时间的观测，然后再根据情况做出决定。

3）专家论证：对于某些工程缺陷，可能涉及的技术领域比较广泛，则可采取专家论证的方法。采用这种办法时，应事先做好充分准备，尽早为专家提供尽可能详尽的情况和资料，以便使专家能够进行较充分的、全面和细致的分析、研究，提出切实的意见与建议。实践证明，采取这种方法，对重大质量问题的处理十分有益。

11. 工程质量事故处理的鉴定验收

工程事故处理结论的内容有以下几种：

1）事故已排除，可以继续施工；

2）隐患已经消除，结构安全可靠；

3）经修补处理后，完全满足使用要求；

4）基本满足使用要求，但附有限制条件，如限制使用荷载、限制使用条件等；

5）对耐久性影响的结论；

6）对建筑外观影响的结论；

7）对事故责任的结论等。

此外，对一时难以做出结论的事故，还应进一步提出观测检查的要求。

十三、负责质量检查的记录、编制质量资料

各项质量检查记录和质量资料，是判断所做工程是否合格、是否符合设计规范要求的主要资料；是承包人进行工程计量支付的主要依据；是进行工程中间交工、竣工验收和评定质量等级的主要资料；是进行竣工决算、审计部门进行审计核查的基础资料；是发生事故后分析事故原因、追查事故责任人的主要法律依据；是承包人、监理是否按照合同要求履行合同义务的主要依据。

质量员负责施工过程中的质量检查资料的记录，还要根据相关规范要求参与完整施工过程中的相关质量资料编写，并对资料的真实性、完整

性、时效性、符合性负责。

验收建筑电气工程时，应核查下列各项质量控制资料，且检查分项工程质量验收记录和分部（子分部）质量验收记录，各分部（子分部）、分项工程均由专职质量员及技术负责人员评定签字、盖章；分项工程的质量，按保证项目、基本项目和允许偏差项目进行评定。分项工程中"保证项目"项必须达到标准要求，"基本项目"项应达到标准要求，"允许偏差"项反应实测实量结果。

1. 建筑电气工程质量控制资料

1）建筑电气工程施工图设计文件和图纸会审记录及洽商记录；

2）主要设备、器具、材料的合格证和进场验收记录；

3）隐蔽工程记录；

4）电气设备交接试验记录；

5）接地电阻、绝缘电阻测试记录；

6）空载试运行和负荷试运行记录；

7）建筑照明通电试运行记录；

8）工序交接合格等施工安装记录。

2. 汇总、整理、移交质量资料

建筑电气工程各项过程检验施工完成后，质量员要按照相关规范的要求，汇总施工过程中的质量资料，并移交给资料员。

（1）检验批验收

各分项工程检验批在班组自检的基础上，由质量检查员在下道工序施工前进行验收，填写验收记录并经监理工程师（建设单位项目专业技术人员）确认。

（2）分项工程验收

分项工程质量验收记录，应按下列要求填写：

1）分项工程检验批质量验收记录表中"主控项目"的质量情况，应简明扼要地说明该项目实际达到的质量情况，填写质保书编号和试验报告编号，避免填写"符合规范要求""符合质量要求"等到空洞无物的笼统结论。

2）一般项目的质量情况，有具体数据的就填写数据；无数据的，填写实际情况。当分项工程检查时发现不合格者必须进行处理，否则不得进行下道工序的施工。

3)施工单位检查评定结果栏目由项目专业质量检查员填写。监理
(建设)单位验收结论栏由监理工程师在核查资料、现场实测旁站后填写。
未实行监理的工程由建设单位项目专业技术负责人在核查资料、现场实测
旁站后填写。

(3)分部工程验收

分部(子分部)工程质量应由总监理工程师(建设单位项目负责人)
组织施工单位项目负责人和技术、质量负责人等进行验收;必要时,可邀
请设计单位参加验收。

(4)隐蔽工程验收与试验记录

1)隐蔽工程完工后,按相应《施工质量验收规范》规定的内容进行
检查验收,签证要齐全。

2)各项试验与测试记录,必须按相应的《施工质量验收》及有关标
准进行,表中各项数据真实无误,注明测试依据,签证要齐全。

(5)工程质量的验收

1)分部(子分部)工程所含分项工程质量均应验收合格。

2)质量控制资料应完整。

3)有关安全和功能项目的抽查结果应符合规范的规定。

4)观感质量的验收应符合要求。

5)工程完工后,施工单位应自行组织有关人员进行检查评定,并向
总承包单位提交工程验收报告。

6)建筑工程质量管理资料的收集整理应与工程施工同步进行,未经
验收进行下道工序的应重新进行检测。

(6)质量资料整理移交

1)整理。各种材料合格证和试验(检测)报告编为一卷。

2)编码。上述质量资料收集整理好后,统一用数字号码机按顺序排
页码。

3)装订。资料收集齐全并经审核合格后,按目录顺序装订成册。

4)移交。整理后的质量资料定期或不定期地向资料员进行移交并做
好移交目录。

第二节　质量员应具备的专业技能

专业技能是指通过学习训练掌握的，运用相关知识完成专业工作任务的能力。

质量员是施工项目的质量监督管理人员。其主要工作内容是在项目质量总监（项目总工程师）领导下，深入施工现场，对工程项目施工的全过程进行质量监督、复核、把关以确保工程满足质量要求。在施工过程中，质量员的质量管理工作，需要协同施工监理，对工程施工的过程质量进行验收，从质量计划准备、材料质量控制、工序质量控制、质量问题处置和质量资料管理方面进行全过程的监督和验收，协助项目资料人员做好工程的资料收集、保管和归档，对现场施工的质量和成本负有重要责任。因此，质量员应具备一定的专业技能，才能胜任岗位要求。

根据建设部 JGJ/T 250—2011《建筑与市政工程施工现场专业人员职业标准》的规定，作为一名质量员应具备的主要专业技能如下。

一、能够参与编制施工项目质量计划

施工项目质量计划是指确定施工项目的质量目标和如何达到这些质量目标所规定必要的作业过程、专门的质量措施和资源等工作。

1. 编制依据

1）工程承包合同、设计文件。

2）施工企业的《质量手册》及相应的程序文件。

3）施工操作规程及作业指导书。

4）各专业工程施工质量验收规范。

5）《建筑法》、《建设工程质量管理条例》、环境保护条例及法规。

6）安全施工管理条例等。

2. 项目概况

1）项目简介，内容如表1–6所示。

2）建筑设计概况。

3）机电设计概况。

表 1-6　项目简介

序号	项目	内容
1	工程名称	
2	工程地址	
3	建设单位	
4	设计单位	
5	监理单位	
6	施工总承包单位	
7	施工主要分包单位	
8	资金来源	
9	合同承包范围	
10	结算方式	
11	合同工期	
12	合同质量目标	

3. 质量目标

1）合同范围内的全部工程的所有使用功能符合设计（或更改）图纸要求。

2）分项、分部、单位工程质量达到既定的施工质量验收统一标准，合格率 100%。

3）所有的设备安装、调试符合有关验收规范。

4. 组织机构

建立施工质量管理组织，成立以项目经理为组长，技术负责人为副组长，专职质量员、技术员、施工员为成员的工程质量领导小组。负责研究制定工程项目质量计划，完善各种质量控制制度。负责质量事故的调查处理，落实工程项目质量计划，检查督促质量保证措施的实施。定期召开质量管理工作会议，分析、研究、制定改进措施。

1）安排专人负责施工质量检测和核验记录，并认真做好施工记录和隐蔽工程验收签证记录，整理完善各项施工技术资料，确保施工质量符合要求。

2）组织经常性的工程质量知识教育，提高工人的操作技术水平，在施工到关键部位时，由技术负责人和专职质量员到现场进行指挥和技术指导。

3）施工现场工程质量管理严格按照施工规范要求层层落实，保证每道工序的施工质量符合验收标准。坚持做到每个分项、分部工程施工质量自检自查，严格执行"三检"制度；不符合要求的不处理好决不进行下道工序的施工，实行"质量一票否决"制。

4）隐蔽工程完工前，经自检合格后报监理公司查验，经监理工程师查验合格后及时办理隐蔽工程验收签证，方可进入下道工序的施工。

5）严格把好材料质量关，不合格的材料不准使用，不合格的产品不准进入施工现场。工程施工前及时做好工程所需的材料复试，材料没有检验证明，不得进入隐蔽工程的施工。

6）工程质量控制资料分类整理保管好，随时接受检查。

7）对违反工程质量管理制度的人，按不同程度给予批评处理和罚款教育，并追究其责任。对发生事故的当事人和责任人，按上级有关规定程序追究其责任并做出处理。

5. 质量控制及管理组织协调系统

1）质量否决制：坚持质量一票否决制，管理人员所负责质量方面出了问题，扣发奖金；施工分项没有达到规定标准，不予拨付工程款、工程量不得确认；质量没把握，不得继续施工。

2）坚持样板制：所有工序施工前，必须先做样板，经有关人员验收合格后，方可进行工序的大面积施工。

3）坚持三检制：班组要设自检员，施工队设专检人员，每道工序都要坚持自检、互检、交接检，否则不得进行下道工序。

4）坚持方案先行制：每项工作必须有实用有效的书面技术措施，否则不得施工。

5）坚持审核制：每一项工作至少一个人进行审核，特别对技术措施及施工实施，必须多道把关、双重保险。

6）坚持标准化制：对工作做法、日常工作程序要制定标准，做到事事有标准、人人按标准。

7）坚持质量目标管理制：根据本工程质量目标，制定分部、分项工程质量目标，确保质量总目标顺利实现。

在施工全过程中，严格按照经业主及监理单位批准的施工方案进行质量管理，在施工过程中发现质量问题，坚决依照监理通知，按工艺标准、规范规定予以整改。

6. 必要的质量控制手段，施工过程，服务、检验和试验程序等

（1）配电箱内保护导体的最小截面积和检验方法

配电箱内保护导体的最小截面积和检验方法见表1-7。

表1-7　配电箱内保护导体的最小截面积和检验方法

相线的截面积	相应保护导体的最小截面积	检查方法
S≤16	S	尺量、目测
16<S≤35	16	尺量、目测
35<S≤400	S/2	尺量、目测
400<S≤800	200	尺量、目测
S>800	S/4	尺量、目测

注：S指柜（屏、台、箱、盘）电源进线相线截面积。

（2）防雷引下线的检验方法

防雷引下线使用镀锌扁钢截面为40mm×4mm，镀锌圆钢直径为10mm，利用基础内主筋的，直径不得小于16mm。检验方法：现场实量，检测其焊接质量。

搭接处长度扁钢大于扁钢宽度的2倍，三面施焊；圆钢搭接处长度大于圆钢直径的6倍，双面施焊。检验方法：现场实量，检测其焊接质量。

（3）总等电位连接和局部等电位连接检验方法

总等电位连接和局部等电位连接检验方法见表1-8。

表1-8　总等电位连接和局部等电位连接检验方法

材料	截面/mm^2		检测方法
	干线	支线	目测尺量
铜	16	6	目测尺量
钢	50	16	目测尺量

（4）检验与试验

1）过程检验和试验按项目检验计划规定执行。

2）过程检验和试验的责任人为责任工程师，质量检查员负责监督。

3）施工过程的质量检验，质量检查员负责分项工程质量检验，项目技术负责人进行监督检查。

4）施工试验按规范要求进行试验，由责任工程师编制详细的施工试验方案。

5）检验、试验要经过审查、批准，并做好记录，检查和试验检验不合格的过程不得放行。

6）过程检验和试验记录应及时上报监理公司，经批准后方能进行下道工序。

7）检验和试验记录：所有检验和试验均应有正式记录，经相关负责人签字并注明检验日期，由专职人员整理归档。

（5）检验、测量和试验设备控制

1）检验设备的控制责任人为责任工程师。试验设备和计量设备的控制责任人为公司技术部。施工班组提供的检测设备需检验合格，经标识后方可使用。

2）未经校准的检验、测量和试验设备不得使用，不合格的检测设备应及时采取措施予以更换。

3）建立台账：对检验、测量和试验设备的检测及发放要做出管理台账，由专人统一管理。

（6）不合格品控制

各类物资、半成品、工程设备、施工过程在使用和施工前均应检查合格标志后记录，防止使用不合格材料、半成品或使不合格过程转入下道工序。

（7）交付

1）项目工程管理的交付必须在分项工程质量评定合格，并经监理签发分部工程认可书后进行。

2）分项工程交付必须在分项工程质量评定合格，经监理验收后进行。

3）分部工程交付必须在分部工程质量评定合格，并经监理签发分部工程认可书后进行。

4）对工程交付中出现的问题，由项目经理部负责整改，达到合格标准后，记录并报公司项目管理部。

5）工程交付资料由项目资料员负责收集、汇总，交付记录报公司技术部。

6）施工过程中的材料、半成品和设备交付，执行材料、工程设备管理办法的规定。

7. 确定关键工序和特殊过程及作业的指导书

（1）导管敷设

1）配管超过下列长度，中间加装接线盒且两个接线盒间距离要符合以下要求：

30m 无弯曲；20m 一个弯；15m 二个弯；8m 三个弯。

2）配管弯曲时，弯曲半径不小于管外径的 8 倍。只有一个弯时不可小于管外径的 6 倍，埋在地下或混凝土内不小于管外径的 10 倍。

3）暗配管路直角弯不得超过 3 个，明配不得超过 4 个。

4）进入配电箱内的管的长度为 5mm。

5）埋入墙内或混凝土内的管离表面净厚不许小于 15mm。

6）穿线钢管的连接禁止采用对焊连接，直径大于 40mm 可采用套管连接，套管长度为管外径的 3 倍。

7）管子的弯曲处不得有变色、承插口偏心及凹陷、裂缝等现象。

8）先敷管后穿线。

（2）电缆敷设

1）在充分熟悉图纸的基础上弄清每根电缆的型号、规格、编号、走向及穿管的位置和大约长度等。放缆时先放长的截面大的干线，再放短的截面小的。为避免混乱，每放完一根电缆即挂好标志牌。

2）从芯线端头量出长度为接线端子的深度，另加 5mm 并在芯线上涂凡士林，将芯线插入接线端子，压接模具规格要与接线端子规格一致。压接后挂锡焊接并清除助焊剂等，并用塑料彩带绑扎好，无遗漏。

3）电缆检查：产品的技术文件齐全；电缆型号、规格、长度符合设计及订货要求；附件齐全电缆外观无损伤，绝缘良好；电缆封端严密电缆应使用绝缘摇表测试合格。

4）电缆连接时操作要点：削绝缘层时，不得损伤线芯；电缆连接的缠绕回数必须正确、紧密，大于5圈，与铜的连接应加焊锡，焊锡均匀饱满。

5）质量标准：电缆的品种规格、质量符合设计要求。电缆严禁有保护层断裂和表面划伤等缺陷；电缆端子与器件的连接紧密牢固；电缆经过绝缘测试合格后，方可通电试验，并做好各种有关记录。

（3）配电箱（柜）安装

1）配电箱（柜）高度要一致，高低差不得大于3mm。

2）配电箱（柜）、开关箱的安装应牢固、整齐、横平、竖直，接地可靠。

3）盘面应平整，周边间隙应均匀，贴脸要平整。

4）箱内设备要垂直安装，上端接电源，下端接负荷。相序要一致。面对配电箱，从左侧起，排列相序为L1—黄色、L2—绿色、L3—红色及N线—蓝色、PE线—黄绿相间色。

5）整理好的导线应一线一孔穿过盘面——对应与器具或端子等连接，盘面上接线应整齐美观、安全可靠，同一端子上导线不得超过两根，螺钉固定有平垫圈、弹簧垫圈。

6）箱（柜）内配线顺直且整齐、美观。

7）配电箱面板四周边缘应紧贴墙面，不能缩进抹灰层内，也不得突出抹灰层外。

8）配电箱（柜）中各回路有明确的标识并且箱（柜）门后有系统图。

（4）照明器具安装

1）同一室内成排灯具要成一线，其中心偏差不得大于5mm，室内单灯灯位在室内正中心。

2）灯具配件齐全，无机械损伤、变形、油漆脱落、灯罩破裂等。

3）安装灯头线不许有接头，在引入处不得受机械力，应做灯头线扣；灯头线应挂锡，挂锡后往灯头螺丝连接顺时针方向弯钩，用螺丝压紧。

4）采用螺口灯头时，相线接在中心触点上，零线接在螺纹端子上。

5）器具的型号、规格必须符合设计要求。

6）器具安装牢固端正，位置正确，器具与建筑表面无缝隙。

7）灯具及其控制开关工作正常，接线正确；器具表面清洁，灯具内外干净明亮。

8）导线与器具连接，不伤线芯，连接紧密牢固；防松垫圈等配件齐全；导线进入器具的绝缘保护良好，在器具、盒（箱）内的余量适当，吊链灯的引下线整齐美观。

9）嵌入式安装的灯具，灯具应固定在专设的框架上，电源线不得贴近灯具外壳，穿金属软管保护，灯线留有余量，长度不得超过1.2米，固定灯罩的边框边缘紧贴在棚面或墙面上。

8. 与施工阶段相适应的检验、试验、测量、验证要求

1）规定材料在什么条件、什么时间必须进行检验、试验、复验以验证是否符合质量和设计要求，不清楚时要进行取样试验或复验。当企业和现场条件不能满足所需各项试验要求时，要有委托上级试验或外单位试验的方案和措施，当有合同要求的专业试验时，应规定有关的试验方案和措施。

2）对于需要进行状态检验和试验的内容，必须规定每个检验试验点所需检验、试验的特性、所采用程序、验收准则、必需的专用工具、技术人员资格、标识方式、记录等要求。

当有业主亲自参加见证或试验的过程或部位时，要规定该过程或部位的所在地，见证或试验时间，如何按规定进行检验试验，前后接口部位的要求等内容。

3）当有当地政府部门要求进行或亲临的试验、检验过程或部位时，要规定该过程或部位在何处、何时、如何按规定由第三方进行检验和试验。

4）对于施工安全设施、用电设施、施工机械设备安装、使用、拆卸等，要规定专门安全技术方案、措施、使用的检查验收标准等内容。

5）要编制分项、分部、单位工程和项目检查验收、交付验评的方案，作为交验时进行控制的依据。

6）检验、试验、测量设备的过程控制：设备的标识方法；设备校准的方法；标明、记录设备准状态的方法；明确哪些记录需要保存，以便一旦发现设备失准时，确定以前的测试结果是否有效。

7）总等电位连接和局部等电位连接检验方法：过程检验和试验按项目检验计划规定执行；过程检验和试验的责任人为责任工程师，质量检查员负责监督。施工过程的质量检验，质量检查员负责分项工程质量检验，项目技术负责人进行监督检查。

施工试验按规范要求进行试验，由责任工程师编制详细的施工试验方案。检验、试验要经过审查、批准，并做好记录，检查和试验检验不合格的过程不得放行。过程检验和试验记录应及时上报监理公司，经批准后方能进行下道工序。检验和试验记录：所有检验和试验均应有正式记录，经相关负责人签字并注明检验日期，由专职人员整理归档，见表1-9。

表1-9　总等电位连接和局部等电位连接检验方法

材料	截面积/mm²		检测方法
	干线	支线	目测尺量
铜	16	6	目测尺量
钢	50	16	目测尺量

9. 更改和完善质量计划的程序

1）建立分项（工序）样板制。即在分项（工序）施工前，由项目专业责任人，依据施工方案和技术交底、现行的国家规范、标准要求，组织施工队伍的责任班长进行分项（工序）样板施工。为保证分项（工序）质量，在施工前项目部先制订工序施工时的难点、重点，下发到施工队伍班组长手中，让他们做到心中有数，有重点地进行交底、检查、控制，从而减少质量问题产生的可能性。

2）建立"施工部位挂牌"制。要求施工队伍在每个施工部位挂牌，注明施工责任人、部位名称、质量监督人、班组长姓名、施工质量状况等，对质量情况予以曝光，以督促各责任人严把质量关。同时，对连续发生质量问题的，无论问题大小，都将给予处罚，直至清退出场。

3）加强技术交底和质量教育。技术交底：每项工程施工前，施工员必须对班组进行书面技术交底，并及时检查落实情况。必须做到交底不明确不上岗，不签证不上岗。质量教育：定期和不定期开展质量教育活动，组织学习质量规范，提高所有参建人员的质量意识。同时，建立奖罚制度，实现全员质量管理。

4）质量检查和验收制度。各专业设立专职质检员，施行层层把关，上道工序未经质检员验收合格，不得进行下道工序施工。加强班组自检、互检和交接检，力求把质量缺陷消灭在萌芽状态。质量检验严格执行三级验收制度。

5）实行隐蔽验收和技术复核制度。施工中，被下道工序覆盖的分部分项工程均需进行隐蔽验收。隐蔽验收由项目技术负责人组织隐蔽工程验收工作，经监理验收通过并办理好隐蔽验收记录，才能进入下道工序施工。技术复核：由项目技术负责人负责组织进行技术复核工作。

6）实行质量奖优罚劣制度。遵循"谁施工、谁负责"的原则，对各专业班组进行全面质量管理和跟踪管理。凡在施工操作中违反操作规程的班组，必须立即停工整改，直至符合施工规范要求。凡各专业班组在施工过程中，按图纸和施工规范施工，质量优良且达到优质，将按规定进行奖励。质量奖励的最终目的是提高全体职工的质量意识和创优质工程的积极性，最终实现质量目标。

7）工程技术资料管理制度。在现场按标准专门设置 1 个资料档案室，收集、积累各种原始资料，分类、分册归档整理。以便于查询及资料保管。

资料管理按下列要求执行：

总承包方在施工全过程中积累的原始记录和资料，均按规定要求填写、汇总。

总承包方设专职资料员，定期收集各横向部门、各分包单位提供的各类表格和资料，按目录汇总、审核、装订，供监理和市质监门检查。

各分包单位应每天记录好本单位在现场施工时所发生的工作量、人工、机械使用、施工部位、材料设备进出场、质量问题、产生原因、补救办法及天气情况等内容，并隔天交给总承包方。总承包方汇总施工日记。

8）工程回访保修制度：工程竣工后，和业主保持联系，每半年回访一次，并按建设部新颁发的文件要求做好保修工作。

二、能够评价材料、设备质量

材料、设备质量是工程实体质量的基础和前提条件，不合格或有缺陷的材料、设备不可能生产出合格的产品，因此，质量员必须具备合格判定能力，根据材料、设备的产品的合格证、性能检测报告、外观、重量、尺寸等资料和物理性能，对材料和设备的质量进行评价判断。

1）主要设备、材料、成品和半成品进场检验结论应有记录，确认符合 GB 50303—2015 规范规定，才能在施工中使用。

2）有异议应送有资质试验室进行抽样检测，试验室应出具检验报告，确认符合 GB 50303—2015 规范和相应技术规定，才能在施工中使用。

3）依法定程序批准进入市场的新电气设备、器具和材料进场验收，除符合 GB 50303—2015 规范规定外，尚应提供安装、使用、维修和试验要求等技术文件。

4）进口电气设备、器具和材料进场验收，除符合 GB 50303—2015 规范规定外，尚应提供商检证明和中文的质量合格证明文件、规格、型号、性能检测报告以及中文的安装、使用、维修和试验要求等技术文件。

5）经批准的免检产品或认定的名牌产品，当进场验收时，宜不做抽样检测。

6）变压器、箱式变电所、高压电器及电瓷制品应查验合格证和随带技术文件，变压器有出厂试验记录；外观检查：有铭牌，附件齐全，绝缘件无缺损、裂纹，充油部分不渗漏，充气高压设备气压指示正常，涂层完整。

7）高低压成套配电柜、蓄电池柜、不间断电源柜、控制柜及动力、照明配电箱应查验合格证和随带技术文件，实行生产许可证和安全认证制度的产品，有许可证编号和安全认证标志。不间断电源柜有出厂试验记录。外观检查：有铭牌，柜内元器件无损坏、接线无脱落脱焊，蓄电池柜内电池壳体无碎裂、漏液，充油、充气设备无泄漏，涂层完整，无明显碰撞凹陷。

8）柴油发电机组，依据装箱单，核对主机、附件、专用工具、备品备件和随带技术文件，检查合格证和出厂试运行记录，发电机及其控制柜有出厂试验记录。外观检查：有铭牌，机身无缺件，涂层完整。

9）电动机、电加热器、电动执行机构和低压开关设备等查验合格证和随带技术文件，实行生产许可证和安全认证制度的产品，有许可证编号和安全认证标志。外观检查：有铭牌，附件齐全，电气接线端子完好，设备器件无缺损，涂层完整。

10）照明灯具及成套灯具应查验合格证，新型气体放电灯具有随带技术文件。外观检查：灯具涂层完整，无损伤，附件齐全。防爆灯具铭牌上有防爆标志和防爆合格证号，普通灯具有安全认证标志。对成套灯具的绝缘电阻、内部接线等性能进行现场抽样检测。灯具的绝缘电阻值不小于 $2M\Omega$，内部接线为铜芯绝缘电线，芯线截面积不小于 $0.5mm^2$，橡胶或聚氯乙烯（PVC）绝缘电线的绝缘层厚度不小于 0.6mm。对游泳池和类似场所灯具（水下灯及防水灯具）的密闭和绝缘性能有异议时，按批抽样送有资质的试验室检测。

11）开关、插座、接线盒和风扇及其附件应查验合格证，防爆产品有防爆标志和防爆合格证号，实行安全认证制度的产品有安全认证标志。外观检查：开关、插座的面板及接线盒盒体完整、无碎裂、零件齐全，风扇无损坏，涂层完整，调速器等附件适配。

对开关、插座的电气和机械性能进行现场抽样检测。检测规定：不同极性带电部件间的电气间隙和爬电距离不小于 3mm，绝缘电阻值不小于 $5M\Omega$。用自攻锁紧螺钉或自切螺钉安装的，螺钉与软塑固定件旋合长度不小于 8mm，软塑固定件在经受 10 次拧紧退出试验后，无松动或掉渣，螺钉及螺纹无损坏现象。金属间相旋合的螺钉螺母，拧紧后完全退出，反复 5 次仍能正常使用。对开关、插座、接线盒及其面板等塑料绝缘材料阻燃性能有异议时，按批抽样送有资质的试验室检测。

12）电线、电缆应按批查验合格证，合格证有生产许可证编号，按《额定电压 450/750V 及以下聚氯乙烯绝缘电缆》GB 5023.1～5023.7 标准生产的产品有安全认证标志。外观检查：包装完好，抽检的电线绝缘层完整无损，厚度均匀。

电缆无压扁、扭曲，铠装不松卷。耐热、阻燃的电线、电缆外护层有明显标识和制造厂标。按制造标准，现场抽样检测绝缘层厚度和圆形线芯的直径；线芯直径误差不大于标称直径的1%。常用的 BV 型绝缘电线的绝缘层厚度不小于本规范的规定。对电线、电缆绝缘性能、导电性能和阻燃性能有异议时，按批抽样送有资的试验室检测。

13）导管应按批查验合格证。外观检查：钢导管无压扁、内壁光滑。非镀锌钢导管无严重锈蚀，按制造标准油漆出厂的油漆完整；镀锌钢导管镀层覆盖完整、表面无锈斑；绝缘导管及配件不碎裂、表面有阻燃标记和制造厂标。按制造标准现场抽样检测导管的管径、壁厚及均匀度。对绝缘导管及配件的阻燃性能有异议时，按批抽样送有资质的试验室检测。

14）型钢和电焊条应按批查验合格证和材质证明书；有异议时，按批抽样送有资质的试验室检测。外观检查：型钢表面无严重锈蚀，无过度扭曲、弯折变形；电焊条包装完整，拆包抽检，焊条尾部无锈斑。

15）镀锌制品（支架、横担、接地极、避雷用型钢等）和外线金具应按批查验合格证或镀锌厂出具的镀锌质量证明书。外观检查：镀锌层覆盖完整、表面无锈斑，金具配件齐全，无砂眼。对镀锌质量有异议时，按批抽样送有资质的试验室检测。

16）梯架、托盘、槽盒应查验合格证。外观检查：部件齐全，表面光滑、不变形；梯架、托盘、槽盒涂层完整，无锈蚀；玻璃钢制桥架色泽均匀，无破损碎裂；铝合金桥架涂层完整，无扭曲变形，不压扁，表面不划伤。

17）母线槽、裸导线应查验合格证和随带安装技术文件。外观检查：母线槽：外观良好，防潮密封良好，各段编号标志清晰，附件齐全，外壳不变形；螺栓搭接面平整、镀层覆盖完整、无起皮和麻面；静触头无缺损、表面光滑、镀层完整；测量厚度和宽度符合制造标准。裸导线：外观良好，表面无明显损伤，不松股、扭折和断股（线），测量线径符合制造标准。

18）电缆头部件及接线端子应查验合格证。外观检查：部件齐全，表面无裂纹和气孔，随带的袋装涂料或填料不泄漏。

19）钢制灯柱应按批查验合格证。外观检查：涂层完整，根部接线盒盒盖紧固件和内置熔断器、开关等器件齐全，盒盖密封垫片完整。钢柱内设有专用接地螺栓，地脚螺孔位置按提供的附图尺寸，允许偏差为±2mm。

20）钢筋混凝土电杆和其他混凝土制品应按批查验合格证。外观检查：表面平整，无缺角露筋，每个制品表面有合格印记；钢筋混凝土电杆表面光滑，无纵向、横向裂纹，杆身平直，弯曲不大于杆长的1/1 000。

三、能够判断施工试验结果

工程质量检测试验是确认工程质量的一个重要手段，试验结果和报告是判断工程质量的一个重要依据，电气质量员应能够根据标准、规范要求，判断试验的结果是否达到合格标准。

建筑电气工程施工过程的试验包括：

1）接地电阻测试：主要包括设备、系统的防雷接地、保护接地、工作接地、防静电接地以及设计有要求的接地电阻测试，此项工作应在接地装置敷设完毕回填土之前进行。

2）绝缘电阻测试：主要包括电气设备和动力、照明线路及其他必须摇测绝缘电阻的测试，对线路的绝缘摇测应分两次进行，第一次在穿线和接焊包完成后，在管内穿线分项质量评定时进行；第二次在灯具、设备安装前再进行一次线路绝缘摇测，照明线路绝缘阻值应大于 $0.5 M\Omega$，动力线路绝缘电阻应大于 $1 M\Omega$。

3）通电安全检查：电气器具安装完成后，按层、按部位（户）进行通电检查，要求全数检查、如实填写，通电检查开关断火线，相线接螺口灯座的灯芯，插座左零右火上接保护零线。

4）电气设备空载试运行：成套配电（控制）柜、台、箱、盘的运行电压、电流应正常，各种仪表指示正常。电动机应试通电，检查转向和机械转动有无异常情况，对照电气设备的铭牌标示值是否超标，以判定试运行是否正常，电动机空载试运行时要记录其电流、电压和温升以及噪声是否有异常撞击声响，可空载试运行电动机，时间一般为 2 小时，记录空载电流，且检查机身和轴承的温升。

5）建筑物照明通电试运行：公用建筑照明系统通电连续试运行时间为 24 小时，民用住宅照明系统通电连续试运行时间为 8 小时，所有照明灯具均应开启，且每 2 小时记录一次。

6）大型照明灯具承载试验记录：大型灯具（设计要求作承载试验的）

在预埋螺栓、吊钩、吊杆或吊顶上嵌入式安装专用骨架灯物体上安装时，应全数按 2 倍于灯具的重量作承载试验。

7）高压部分试验记录：应由有相应资格的单位进行试验并记录。

8）漏电开关模拟试验：动力和照明工程的漏电保护装置应全数使用漏电开关检测仪作模拟动作试验，应符合设计要求的额定值。

9）电度表检定记录：电度表在安装前送有相应检定资格的单位全数检定，应有记录（表格由检定单位提供）。

10）大容量电气线路结点测温记录：大容量（630A 及以上）导线、母线连接处或开关，在设计计算负荷运行情况下应作温度抽测记录，采用红外线摇测温度仪进行测量，温升值稳定且不大于设计值。

11）避雷带支架拉力测试：避雷带支架应按照总数量的 30% 检测，10m 之内测 3 点，不足 3m 的全部检测，检测时使用弹簧秤。

四、能够识读施工图

施工图是施工的重要依据，能够看懂施工图，是开展质量检验工作的前提。看懂图纸要求，才能够按照图纸的设计意图结合规范要求去监督实施过程的符合性，所以识读施工图是对工程技术质量人员的最基本要求。

1. 熟悉电气图例符号及符号所代表的内容

常用的电气工程图例及文字符号可参见国家颁布的《电气图形符号标准》。

2. 看图顺序

针对一套电气施工图，一般应先按以下顺序阅读，然后再对某部分内容进行重点识读。

1）看标题栏及图纸目录：了解工程名称、项目内容、设计日期及图纸内容、数量等。

2）看设计说明：了解工程概况、设计依据等，了解图纸中未能表达清楚的各有关事项。

3）看系统图：解系统基本组成，主要电气设备、元件之间的连接关系以及它们的规格、型号、参数等，掌握该系统的组成概况。

4）看平面布置图：如照明平面图、防雷接地平面图等。了解电气设备的规格、型号、数量及线路的起始点、敷设部位、敷设方式和导线根数等。平面图的阅读可按照以下顺序进行：电源进线总配电箱干线支线分配电箱电气设备。

5）看电路图：了解系统中电气设备的电气自动控制原理，以指导设备安装调试工作。

6）看安装接线图：了解电气设备的布置与接线。

7）看安装大样图：了解电气设备的具体安装方法、安装部件的具体尺寸等。

8）看设备材料表：了解工程中所使用的设备、材料的型号、规格和数量。

9）通过对图纸说明、图纸目录、配电系统图、配电平面图、大样图等的识读，全方位了解设计意图，并形成施工依据。

五、能够确定施工质量控制点

质量控制点是指对本工程质量的性能、安全、寿命、可靠性等有严重影响的关键部位或对下道工序有严重影响的关键工序，这些点的质量得到了有效控制，工程质量就有了保证。

质量控制点的确定是质量管控的一道重要程序，质量员应具备能够确定施工质量控制点的能力。

1. 施工前的准备工作

1）在工程项目的设计阶段，由电气设计人员对土建设计提出技术要求，例如，开关柜的基础型钢预埋、电气设备和线路的固定件预埋，这些要求应在土建结构施工图中得到反映。

2）土建施工前，电气安装人员应会同土建施工技术人员共同审核土建和电气施工图纸，以防遗漏和发生差错。电气工人应该学会看懂建筑施工图纸，了解土建施工进度计划和施工方法，尤其是梁、柱、地面、屋面的做法和相互间的连接方式，并仔细地校核自己准备采用的电气安装方法能否和这一项目的土建施工相适应。

3）施工前，还必须加工制作和备齐土建施工阶段中的预埋件、预埋管道和零配件。

2. 基础阶段

1）在基础工程施工时，应及时配合土建做好强、弱电专业的进户电缆穿墙管及止水挡板的预留预埋工作。这一方面要求电专业应赶在土建做墙体防水处理之前完成，避免电气工程破坏防水层造成墙体今后渗漏。要求格外注意预留的轴线，标高、位置、尺寸、数量用材规格等方面是否符合图纸要求。进户电缆穿墙管和预留预埋是不允许返工修理的，返工后土建二次做防水处理很困难，所以电专业施工人员应特别留意与土建的配合。

2）按管理尺寸大于 300mm 的孔洞一般在土建图纸上标明，由土建负责留，这时电气工长应主动与土建工长联系，并核对图纸，保证土建施工时不会遗漏。配合土建施工进度，及时做好尺寸小于 300mm、土建施工图纸上未标明的预留孔洞及需在底板和基础垫层内暗配的管线及稳盒的施工。对需要预埋的铁件、吊卡、木砖、吊杆基础螺栓及配电柜基础型钢等预埋件，电气施工人员应配合土建，提前做好准备，土建施工到位及时埋入，不得遗漏。

3）根据图纸要求，做好基础底板中的接地措施，如需利用基础主筋作接地装置时，要将选定的柱子内的主筋在基础根部散开与底筋焊接，并做好颜色标记，引上留出测接地电阻的干线及测试点，比如还需砸接地极时，在条件许可的情况下，尽量利用土建开挖基础沟槽时，把接地极和接地干线做好。

3. 结构阶段

1）根据土建浇筑砼的进度要求及流水作业的顺序，逐层逐段地做好电管暗敷工作，这是整个电气安装工程的关键工序，做不好不仅影响土建施工进度与质量，而且也影响整个电气安装工程的后续工序的质量与进度，应引起足够的重视。

2）现浇砼楼板内配管时，在底层钢筋绑扎完后，上层钢筋未绑扎前，根据施工图尺寸位置配合土建施工，注意不要踩坏钢筋。土建浇筑砼时，电工应留人看守，以免振捣时损坏配管或使得灯头盒移位。遇有管路损坏时，应及时修复。

3）对于土建结构图上已标明的预埋件（如电梯井道内的轨道支架预

埋铁等以及尺寸大于 300mm 的预留孔洞）应由土建负责施工，但电气工长也随时检查以防遗漏。对于要求专业自己施工的预留孔洞及预埋的铁件、吊卡吊杆、木砖、木箱盒等，电气施工人员应配合土建施工，提前做好准备，土建施工一到位就及时埋设到位。

4）配合土建结构施工进度，及时做好各层的防雷引下线焊接工作，如利用柱子主筋作防雷引下线应按图纸要求将各处主筋的两根钢筋用红漆做好标记。继续在每层对该柱子的主筋绑扎接头按工艺要求作焊接处理，一直到高层的顶端，再用 Φ12 镀锌圆钢与柱子主筋焊接引出女儿墙与屋面防雷网连接。

4. 装修阶段

1）在土建工程砌筑隔断墙之前应与土建工长和放线员将水平线及隔墙线核实一遍，因为电气人员将按此线确定管路预埋的位置及各种灯具、开关插座的位置、标高。在土建抹灰之前，电气施工人员应按内墙上弹出的水平 50 线、墙面线（冲筋）将所有电气工程的预留洞按设计和规范要求查对核实一遍，符合要求后将箱盒稳定好。

2）将全部暗配管路也检查一遍，然后扫通管路，穿上带线，堵好管盒。抹灰时，配合土建做好配电箱的贴门脸及箱盒的收口，箱盒处抹灰收口应光滑平整，不允许留大敞口。做好防侧雷的均压线与金属门窗、玻璃幕墙铝框架的接地连接。

3）配合土建安装轻质隔板与外墙保温板，在隔墙板与保温板内接管与稳盒时，应使用开口锯，尽量不开横向长距离槽口，而且应保证开槽尺寸准确合适。

4）电气施工人员应积极主动和土建人员联系，等待喷浆或涂料刷完后进行照明器具安装，安装时电气施工人员一定要保护好土建成品，防止墙面弄脏碰坏。

5）当电气器具已安装完毕后，土建修补喷浆或墙面时，一定要保护好电气器具，防止器具污染。

六、能够参与编写质量控制措施等质量控制文件，实施质量交底

质量员在施工过程前参与编写质量控制措施，确定关键工序并明

确质量控制点及其控制措施。其中，影响施工质量的因素包括与施工质量有关的人员、施工机具、建筑材料、构配件和设备、施工方法和环境因素等。

编写后的质量控制措施应对相关人员进行书面交底，关键控制措施必要时还需进行现场交底。

1. 原材料与设备问题

1）在安装过程中，使用不合格产品的现象时有发生，有些安装材料甚至没有任何检测报告、技术说明书以及生产许可证等相关文件资料，原材料质量水平得不到保证。

2）没按设计要求选用材料，熔点偏低、绝缘性偏差、导电阻率较大、安全系数不高及机械性能较差等机电设备在电气安装施工中使用，大大降低了电气安装施工安全可靠性。

3）施工用动力电缆的耐压低、耐温低，抗腐蚀性等不满足安装施工相关规范要求。

4）没有按照电气安装规范要求进行线缆敷设处理，电缆中内部接头较多，线芯与绝缘层间的严密性较差，漏电安全隐患较高。

5）电气照明、动力、接线盒、插座箱等安装质量水平不高，外观效果较差，有的甚至出现几何尺寸与设计或相关规范标准不匹配、钢板厚度不够等问题。

2. 电线保护管的敷设不合理

1）使用保护管不满足设计要求，利用薄壁管替换厚壁管、小管径管代替大管径管、黑铁代替镀锌钢管，大大降低了保护管的安全防护性能。

2）未按照规范要求进行穿线保护管制作，有的穿线保护管存在弯曲半径过小问题，存在弯皱、弯瘪，甚至出现"死弯"等问题，电缆在穿管敷设时，由于保护管质量较差导致线缆被破坏。对于一些转弯管，施工人员嫌麻烦在安装时未按照相关技术规范要求设置相应接线过渡盒。

3）有的施工人员不太重视施工规范，如在金属管焊接过程中，尚未清理金属管口部位存在的毛刺，就直接进行对口焊接，这样大大降低了金属管焊接质量水平。

4）钢管与建筑接地系统连接不牢固。

5）明、暗管敷设过程中，未按照要求对预露部位进行处理，导致钢管外露长度不符合相关安装施工要求，有的未按照施工规范要求在钢管中预留套丝等。电线保护管安装施工不符合相关规范要求，给整个建筑电气系统留下较多安全隐患。

3. 建筑电气安装工程质量控制要点

1）加强建筑各专业间的配合力度：电气安装工程中很多内容均涉及预埋问题，因此，在建筑工程施工建设过程中，应加强电气专业内部间的配合工作，要根据各系统的功能需求，合理规划电线电缆的走向和布置。同时，应加强与土建、金属结构等相关专业的紧密配合，做好建筑电气系统各类管件预埋、电缆孔洞预留、电缆沟道开设等工作。在保证各建筑电气系统功能得到正常发挥的基础上，采取合理有效的优化规划措施，避免相关专业间的冲突问题，减少返工问题出现。

2）防雷接地系统安装质量控制：在建筑物内部需要将供电干线、机电设备金属外壳、供水供风管网、建筑物金属构件等与建筑主结构钢筋进行有机互联，构成一个完整的防雷接地防护网。使用正常不带电，但当其绝缘发生下降或破坏时，可能存在带电危害的金属体外壳、穿线保护钢管、机电设备外壳，以及梯架、托盘、槽盒等均需要通过完好的接地设置，与建筑接地网进行互联。

在对建筑电气系统接地体搭接焊接安装施工过程中，要严格按照建筑电气安装施工规范进行，确保镀锌接地扁钢焊接长度不小于其宽度的两倍，同时施三面完善焊接技术，确保接地体与建筑接地网间有牢固电气连接。对于镀锌圆钢焊接时，其焊接长度应为圆钢直径的六倍以上，同时施双面焊接技术。

接地干线在安装施工过程中，应保证至少有两点以上不同部位与建筑按地主网进行有效互联。在进行配电柜箱等设备安装施工过程中，应预留60×6及以上镀锌扁钢作为配电室主接地线的分支节点，同时通过接地体将配电室主接网与以建筑物基础接地网为核心构成的防雷接地网进行有机互联，并采取合理的焊接技术处理措施，确保建筑电气系统各部分具备完善可靠的防雷接地性能，防止建筑电气系统在运行过程中出现漏电危害事故。

3）电线电缆及导管敷设：电线电缆暗敷管线其外表面距墙面、地面深度宜保持在 20mm 左右，管线敷设过程中应尽量避免出现交叉问题，成排管线安装敷设过程中应保留一定间距，禁止采用成捆敷设安装。

对于现浇混凝土墙、板、柱、梁内的电线电缆保护管线应敷设在两层钢筋之间，确保墙面、地面沿管子方向不会出现裂缝等问题，避免暗敷设管线对建筑结构的影响。电线电缆在敷设安装过程中，尤其在电缆竖井和桥架内进行敷设安装时，应按照供电线路所属部位进行整齐排列，并提前进行电缆走向规划，尽量避免安装施工过程中出现电线电缆大量交叉打架问题发生。

在电线电缆安装敷设过程中，为了避免出现漏敷、错敷等问题，要认真进行记录安装信息，并实施动态跟踪检查，以提高电线电缆安装敷设质量水平。

4）配电箱、柜安装：配管进配电柜、配电箱、配电盒时，应顺直且将所有管口整齐排列，进箱柜长度宜槽车在 3~5mm 左右，进行管间应留有适当的间距。配电箱柜体如需开孔时，应采用钻孔器进行开孔，杜绝采用气割或电焊吹孔进行开孔。

直径小于 40mm 钢管必须套丝用锁扣连接到配电箱体内部，对于直径大于 40mm 的钢管则可采取与箱体进行点焊牢固连接，PVC 管则必须采用锁紧"纳子"与箱体连接部位进行固定处理。配电箱、柜在安装施工过程中，必须保证平整、稳固性，安装过程中要严格控制配电箱、柜的垂直度误差，即：当配电箱柜体高度 ≤50cm 时，其垂直度误差应有效控制在 1.5mm 范围内。

当配电箱柜体高度>50cm 时，其垂直度误差应有效控制在 3mm 范围内。安装施工人员在配电箱、柜安装施工完毕后，应按照箱柜安装施工规范清除箱、柜体内存在的铁屑、杂物等安装废弃物，确保箱、柜体内外具备干净整洁效果，严格按照安全文明施工相关技术规范标准，进行配电箱、柜等电气设备的安装施工。

七、能够进行工程质量检查、验收、评定

1. 工程质量检查及验收的依据

1）工程质量检查是按照国家《建筑工程施工质量验收统一标准》和相关质量验收规范，用规定的方法和手段，对检验批、分项、分部（子分部）和单位（子单位）工程进行质量检测，确定质量是否符合要求。

2）每个单位工程施工前，要根据 GB 50300—2001《建筑工程质量验收统一标准》第 4 条，划分子单位工程，分部、子分部、分项与验收批，从而编制检查与验收计划。

3）在工程项目施工中，必须认真执行以下质量检查制度：原材料、半成品和各种加工预制品的检查制度。订货时应依据质量标准和设计要求签订合同，必要时应先鉴定样品，鉴定合格的样品应予封存，作为进场验收的依据。必须保证材料、半成品和各项加工预制品符合质量标准和设计要求（参考试验检验制度）。

2. 自检、交接检和专业检查的"三检"制度

1）自检：生产者必须对自己的操作质量负责，操作过程中必须严格遵守操作规程，按相应的分项工程质量检验评定标准进行自检，达到质量标准和质量控制目标后，报专业工程师（施工员）。

2）专业检查：由主管工程师组织专业工程师（施工员）、质检工程师（质量检查员）对分项、检验批进行检查。

3）交接检查：上道工序完成后，主管工程师组织专业工程师（施工员）、质检工程师（质量检查员）、班组长对分部工程、重要分项工程进行交接检查，一般分项的交接由专业工程师（施工员）组织班组长进行交接检查，由交方填写"工序交接检查记录"，经双方认真检查达到质量标准并签字后才准进行下道工序。

后道工序必须对已完成品进行保护，如有损坏、污染、丢失等问题时，由施工后道工序的单位承担后果。工序交接检查时必须通过监理工程师监督认可。

4）所有检验批必须作为一道工序，提请专检人员进行质量检验评定。未经检验、评定的项目，不得进行下道工序，违者应按规定对其实行处

罚。对无自检记录或记录不符合要求者，不予进行专检。检验应由主管工程师、专业工程师（施工员）、班组长等共同参加，质检工程师（质量检查员）评定。

3. 样板引路制度

1）熟悉施工图纸及规范要求，掌握施工工艺；

2）选择科学管理及技术过硬的班组，做到专人专职；

3）装饰分项样板必须由建设公司或公司技术主管部门认可、确定后方可应用到工程中；

4）按标准对样板进行验收；

5）与班组签订责任合同，按样板要求对该分项进行质量控制；

6）样板房应选择在该单位工程有代表的部位，突出该工程的难点及特色；

7）按建筑装饰要求做样板，确保该工艺在单位工程中的应用；

8）完善施工工艺，对工序要进行标准化操作，提高工序的操作水平、操作质量。

4. 建筑工程质量验收程序和组织制度

1）检验批工程和分项工程的验收，在项目部自检符合有关标准规定后，上报监理（建设）单位。监理工程师（建设单位项目技术人员）组织验收时，主管工程师、专业施工员、专业质量检查员、分包项目经理、施工班组长参加。

2）分部（子分部）工程的验收，在项目部自检符合有关标准规定后，书面报监理（建设）单位。总监理工程师（建设单位项目负责人）组织验收时，施工单位的项目经理、主管工程师、专业质量检查员、分包单位负责人、分包技术人员参加。

5. 总包单位对分包单位工程质量检查制度

1）单位工程当由几个分包单位施工时其总包单位应对工程质量全面负责。

2）分包单位对所承包的工程项目应按《建筑工程施工质量验收统一标准》检查评定，总包单位派人参加。分包工程完成后，应将工程有关资料交总包单位。

3）总包单位有责任监督和帮助各分包单位搞好工程质量，并应做好审查分包单位的施工方案、隐蔽工程检查，把好材料和设备的质量关，施工过程中的操作质量巡视检查，分部、分项、检验批和关键工程质量监督，技术管理和技术档案资料收集，质量事故的调查与处理等质量检查工作。

八、能够识别质量缺陷，并进行分析和处理

常见质量缺陷及预防措施如下。

1. 室内布线

（1）质量缺陷

1）管路暗敷处出现规则裂缝；

2）金属管未做跨接接地线或者不论材质一律焊接跨接接地线；

3）镀锌管直接采用套管熔焊连接，套管连接不牢；

4）金属软管脱落，未跨接接地。

（2）预防措施

1）管路保护层的厚度应大于15mm，且抹面水泥砂浆强度应大于M10，成排管道处应支模并浇砼或贴钢丝网粉刷。

2）非镀锌导管采用螺纹连接时，连接处两端应使用专用接地同定跨接接地线。

3）镀锌管厚小于2mm的钢导管不得用套管熔焊连接，套管与紧螺钉应配套并经强度和电气连续性试验。

4）金属软管必须用专用接头固定，并跨接接地。

2. 配电箱（柜）

（1）质量缺陷

1）箱体电焊开孔、开长孔、管直入箱体，箱体锈蚀、变形、垃圾多；

2）箱内 PE（PEN）线、零线采用绞接连接，同一端子压多根导线；

3）梯间暗配电箱外壳破损，配电箱回路、功能不清，箱内布线零乱，导线没有余量。

（2）预防措施

1）配电箱应用专用工具开孔，管入箱体应采用锁母或成品接头，开

孔处应密封。

2）箱内应设"地排"或"零排"，同一端子导线不超过两根，中间应加垫片。

3）梯间暗配电箱距地不低于1.4m，配电箱应标明回路编号。

3. 灯具、开关、插座及风扇的安装

（1）质量缺陷

1）灯具、吊扇的挂钩直径不足，扇叶距地高度不足；

2）插座接线混乱，使用类型不合适；

3）开关切断零线，开启方向不一。

（2）预防措施

1）灯具、吊扇挂钩的直径不小于8mm，扇叶距地高度不小于2.5m。

2）单相两、三孔插座面对插座"左零右火"，单相三孔插座及三相四、五孔插座的上孔与PE（PEN）线相连，潮湿场所采用密封型并带保护地线触头的保护型插座，安装高度不低于1.5m，安装高度低于1.4m应采用安全插座。

3）开关应切断相线，同一场所开关分合方向应一致。

4. 防雷接地

1）防雷接地、工作保护接地的扁钢搭接不得呈T形，严禁直接对焊，应采用搭接焊，其搭接长度为扁钢宽度的2倍（圆钢为直径的6倍），焊接长度不应少于3个棱边，其中上下两个长边必焊。接地体（角钢）与扁钢焊接时，应将扁钢弯成直角形与角钢焊接，凡接触部位两侧均要焊接。焊接工作应由专业焊工操作，焊接表面应平整、光滑，无咬肉、爽渣、焊瘤等缺陷，有渣应及时清除，并刷二次防锈漆（埋地刷二次沥青漆）。

2）屋面避雷带的支持件距离应均匀，间距一般不大于1m，允许偏差20mm，在直角转弯称的两个支撑件间距一般为处应对250～300mm，避雷带高度在150mm为宜。

3）防雷接地断线卡应为40mm×4mm与25mm×4mm镀锌扁钢搭接，搭接长度100mm，其中两螺栓距为50mm，上下螺栓孔端边各为25mm，钻孔为11，镀锌螺栓为M10×15mm，镀锌垫圈弹簧垫圈齐全，扁钢在钢管保护管口的两边应点焊，管口应密封。

利用基础钢筋引入地下而不设接地装置的，可不设断线，但应有测量接地电阻的测量点，测量点的标高如无规定时，宜为 500mm（地面至测量点中心）。

5. 金属线管保护地线和防腐缺陷的防治

（1）质量缺陷

金属线管保护地线截面不够，焊接面太小，达不到标准。煨管及焊接处刷防腐油有遗漏，焦渣层内敷管未用水泥浆保护，土层内敷管混凝土保护层做得不彻底。

（2）预防措施

1）金属线管连接地线在管接头两端应用 4mm 镀锌铁丝或 6mm 以上的钢筋焊接。干线管焊接地线的截面积应达到管内所穿相线截面积的 1/2，支线时为 1/3，地线焊接长度要求达到连接线直径的 6 倍以上。

2）金属线管刷防腐漆（油），除了直接埋设在混凝土层内的可免刷外，其他部位均应涂刷，地线的各焊接处也应涂刷。直接埋在土壤内的金属线管，管壁厚度须是 3mm 以上的厚壁钢管，并将管壁四周浇筑在素混凝土保护层内。浇筑时，一定要用混凝土预制块或钉钢筋楔将管子垫起，使管子四周至少有 5cm 的混凝土保护层，金属管埋在焦渣层内时必须做水泥砂浆保护层。

3）发现接地线截面积不够大的，按规定进行重焊。

4）线管煨弯及焊接处发现漏刷防腐油的部位，用樟丹或沥青油二道进行补刷。

5）发现土层内线管无保护层或保护层厚度不够的部位，补浇捣 100# 素混凝土保护层。

6. 开关、插座的盒和面板的安装

（1）质量缺陷

线盒预埋太深，标高不一；面板与墙体间有缝隙，面板有胶漆污染，不平直；线盒留有砂浆杂物；开关、插座的相线、零线、PE 保护线有串接现象；开关、插座的导线线头裸露，固定螺栓松动，盒内导线余量不足。

（2）预防措施

与土建专业密切配合，准确牢靠固定线盒：当预埋的线盒过深时，应加装一个线盒。安装面板时要横平竖直，应用水平仪调校水平，保证安装高度的统一。另外，安装面板后要饱满补缝，不允许留有缝隙，做好面板的清洁保护。加强管理监督，确保开关、插座中的相线、零线、PE保护线不能串接，先清理干净盒内的砂浆。剥线时固定尺寸，保证线头整齐统一，安装后线头不裸露；同时为了牢固压紧导线，单芯线在插入线孔时应拗成双股，用螺丝顶紧、拧紧。开关、插座盒内的导线应留有一定的余量，一般以 100~150mm 为宜，要杜绝不合理的省料贪头。

九、能够参与调查、分析质量事故，提出处理意见

1. 质量事故分类

（1）一般质量事故

1）直接经济损失在 5 000 元（含 5 000 元）以上，不满 50 000 元的；

2）影响使用功能和工程结构安全，造成永久质量缺陷的。

（2）重大质量事故

1）建筑物、构筑物或其他主要结构倒塌者；

2）影响建筑设备及其相应系统的使用功能，造成永久性质量缺陷者；

3）超过标准规定或设计要求的基础严重不均匀沉降、建筑物倾斜、结构开裂或主体结构强度严重不足，影响结构物的寿命，造成不可挽救的永久性质量缺陷或事故的；

4）直接经济损失在 10 万元以上者。

（3）重大质量事故的分级

1）一级重大事故。死亡 30 人以上或造成直接经济损失 300 万元以上。

2）二级重大事故。死亡 10 人以上、29 人以下或直接经济损失 100 万元以上、不满 300 万元。

3）三级重大事故。死亡 3 人以上、9 人以下或重伤 20 人以上，或直接经济损失 30 万元以上、不满 100 万元。

4）四级重大事故。死亡 2 人以下或重伤 3 人以上 19 人以下，或直接经济损失 10 万元以上、不满 30 万元。

（4）特别重大事故

凡具备国务院发布的《特别重大事故调查程序暂行规定》所列的发生一次死亡 30 人及其以上的，或直接经济损失达 500 万元及其以上的，或其他性质特别严重的，均属特别重大事故。

2. 质量事故的成因

1）违背建设程序。

2）工程地质勘查原因。

3）设计计算问题。

4）建筑材料及制品不合格。

5）施工和管理问题：不熟悉图纸、图纸未经会审，仓促施工；未经监理、设计同意，擅自修改图纸；不按图施工；不按有关施工验收规范和操作规程施工。

6）自然条件影响

3. 质量事故的特点

1）复杂性：工程质量事故的复杂性，主要表现在引发质量缺陷的因素复杂，从而增加了对质量缺陷的性质、危害的分析、判断和处理的复杂性。

2）严重性：项目质量事故，轻者影响施工顺利进行，拖延工期，增加工程费用；重者则会给工程留下隐患，影响安全使用或不能使用。

3）可变性：许多工程质量事故，会随着时间不断发生变化。

4）多发性：工程项目中有些质量事故，就像"常见病""多发病"一样经常发生，从而成为质量通病。另有一些同类型的质量事故，也往往一再发生，因此，吸取多发性事故的教训，认真总结经验，是避免事故重复发生的有效措施。

4. 质量事故的分析方法

由于影响工程质量事故的因素众多，一个工程质量问题的实际发生，既可能由于设计计算和施工图纸中存在错误，还可能由于施工中出现不合格或质量问题，还可能由于使用不当，或者由于设计、施工甚至使用、管理、社会体制等多种原因的复合作用。

要分析究竟是哪种原因所引起的，必须对质量问题的特征表现，以及其在施工中和使用中所处的实际情况和条件进行具体分析。对工程质量问题进行分析时经常用到的方法是成因分析方法，其基本步骤和要领可概括如下：

（1）基本步骤

1）细致的现场研究，观察记录全部实况，充分了解与掌握引发质量事故的现象和特征。

2）收集调查与问题有关的全部设计和施工资料，分析摸清工程在施工或使用过程中所处的环境。

3）找出产生质量事故的所有因素。分析、比较和判断，找出最可能造成质量事故的原因。

4）进行必要的计算分析或模拟实验予以论证确认。

（2）事故调查报告

事故发生后，应及时组织调查处理。调查的主要目的是要确定事故的范围、性质、影响和原因等，通过调查为事故的分析与处理提供依据，一定要力求全面、准确、客观。调查结果要整理撰写成事故调查报告，其内容包括：

1）工程概况，重点介绍事故有关部分的工程情况。

2）事故情况，事故发生的时间、性质、现状及发展变化的情况。

3）是否需要采取临时应急防护措施。

4）事故调查中的数据、资料。

5）事故原因的初步判断。

6）事故涉及人员与主要责任者的情况等。

（3）事故分析的基本原理

1）确定质量问题的初始点，即所谓原点，它是一系列独立原因集合起来形成的爆发点。因其反映出质量问题的直接原因，从而在分析过程中具有关键性作用。

2）围绕原点对现场各种现象和特征进行分析，区别导致同类质量问题的不同原因，逐步揭示质量问题萌生、发展和最终形成的过程。

3）综合考虑原因复杂性，确定诱发质量问题的起源，即真正原因。工程质量问题原因分析反映的是一堆模糊不清的事物和现象的客观属性与联系，其准确性与管理人员的能力学识、经验和态度有极大关系，其结果不是简单的信息描述，而是逻辑推理的产物，可用于工程质量的事前控制。

5. 工程质量事故处理

（1）建筑工程质量事故处理的基本要求

1）处理应达到安全可靠，不留隐患，满足生产、使用要求，施工方便，经济合理的目的。

2）重视消除事故的原因。这不仅是一种处理方向，也是防止事故重演的重要措施。

3）注意综合治理。既要防止原有事故的处理引发新的事故，又要注意处理方法的综合运用。

4）正确确定处理范围。除了直接处理事故发生的部位外，还应检查事故对相邻区域及整个结构的影响，以正确确定处理范围。

5）正确选择处理事故的时间和方法。发现质量事故后，一般均应及时分析处理；但并非所有质量事故的处理都是越早越好。处理方法的选择，应根据质量事故的特点，综合考虑安全可靠、技术可行、经济合理、施工方便等因素，经分析比较，择优选定。

6）加强事故处理的检查验收工作。从施工准备到竣工，均应根据有关规范的规定和设计要求的质量标准进行检查验收。

7）认真复查事故的实际情况。在事故处理中若发现事故情况与调查报告中所述的内容差异较大时，应停止施工，待查清问题的实质、采取相应的措施后再继续施工。

8）确保事故处理期的安全。事故现场中不安全因素较多，应事先采取可靠的安全技术措施和防护措施，并严格检查、执行。

（2）工程质量事故发生的原因及事后处理

1）质量事故状况。要查明质量事故的原因和确定处理对策，首先要掌握质量事故的实际情况。有关质量事故状况的资料主要来自以下几个方面：

施工单位的质量事故调查报告。质量事故发生后，施工单位有责任就所发生的质量事故进行周密的调查、研究掌握情况，并在此基础上写出事故调查报告，对有关质量事故的实际情况做详尽的说明。其内容包括质量事故发生的时间、地点，工程项目名称及工程的概况，发生质量事故的部位，参加工程建设的各单位名称。

质量事故状况的描述。如分布状态及范围，发生事故的类型，缺陷程度及直接经济损失，是否造成人身伤亡及伤亡人员；质量事故现场勘察笔录，事故现场证物照片、录像，质量事故的证据资料，质量事故的调查笔录；质量事故的发展变化情况是否继续扩大其范围、是否已经稳定；事故调查组研究所获得的第一手材料，以及调查组所提供的工程质量事故调查报告。该材料主要用来和施工单位所提供的情况进行对照、核实。

2）有关合同和合同文件。包括所涉及的工程承包合同、设计委托合同、设备与器材购销合同、监理合同及分包工程合同等。有关合同和合同文件在处理质量事故中的作用，是对施工过程中有关各方是否按照合同约定的有关条款实施其活动，界定其质量责任的重要依据。

3）有关的技术文件和档案。包括有关的设计文件；与施工有关的技术文件和档案资料，如施工组织设计或施工方案、施工计划；施工记录、施工日志等。根据这些记录可以查对发生质量事故的工程施工时的情况；借助这些资料可以追溯和探寻出事故的可能原因。有关建筑材料的质量证明文件资料，如材料进场的批次，出厂日期、出厂合格证书，进场验收或检验报告、施工单位按标准规定进行抽检、有见证取样的试验报告等；现场制备材料的质量证明资料；质量事故发生后，对事故状况的观测记录、试验记录或试验、检测报告等；其他有关资料。

4）有关的建设法规。包括设计、施工、监理单位资质管理方面的法规，属于这类法规的如1986年国家计委颁发的《关于全国工程勘察、设计单位资格认证管理暂行办法》、《工程勘察和工程设计单位资格管理办法》、《建设工程勘察和设计单位资质管理规定》、《建筑业企业资质管理规定》、《建筑企业资质等级标准》以及《工程建设监理单位资质管理试行办法》等。

建筑市场方面的法规，主要涉及工程发包、承包活动，以及国家对建筑市场的管理活动。属于这类法规文件的有《工程建设施工招标投标管理办法》、《建筑工程总分包实施办法》、《建设工程施工合同管理办法》、《建设工程勘察设计市场管理规定》、《关于禁止在工程建设中垄断市场和肢解发包工程的通知》、《建筑市场管理规定》以及《工程项目建设管理单位管理暂行办法》和《工程建设若干违法违纪行为处罚办法》等。

建筑施工方面的法规，主要涉及有关施工技术管理、建设工程质量监督管理、建筑安全生产管理和施工机械设备管理、工程监理等方面的法律规定，它们都与现场施工密切相关，与工程施工质量有密切关系或直接关系。属于这类法规文件的有《关于施工管理若干规定》《建设工程质量检测工作规定》《建设行政处罚程序暂行规定》《工程建设重大事故报告和调查程序规定》《建设工程质量监督管理规定》《建筑安全生产监督管理规定》《建设工程施工现场管理规定》《建设工程质量管理办法》，以及近年来发布的一系列有关建设监理方面的法规文件。

十、能够编制、收集、整理质量资料

质量员应能够编制、收集、整理质量资料。

能够编制质量控制体系、质量例会、质量分析会、样板验收记录等质量管理资料；

能够根据现场检查的实际数据填写编制现场检查验收原始记录；

能够根据质量验收规范的主控项目和一般项目要求，能够根据工程量、流水段、楼层等的划分，确定检验批容量和最小及实际抽样数量，能够根据《建筑工程施工质量验收统一标准》（GB 50300—2013）的要求对检验批进行编码，能够编制检验批质量验收记录；

能够根据质量验收规范，根据分项工程数量、检验批数量、检验批容量、检验批部位及检验批检查结果，编制分项工程质量验收记录。

1. 原材料的质量证明文件、复验报告

1）原材料、构配件、设备等的质量证明文件包括：出厂质量证明文件（质量合格证明文件或检验/试验报告、产品生产许可证、产品合格证、产品监督检验报告等），对列入国家强制商检目录或建设单位有特殊要求的进口物资还应有进口商检证明文件。

2）进口物资应有安装、试验、使用、维修等中文技术文件。对国家和地方所规定的特种设备和材料应附有有关文件和法定检测单位的检测证明。

3）合同或其他文件约定，在工程物资订货或进场之前须履行工程物资选样审批手续时，施工单位应填写《工程物资选样送审表》，报请监理单位审定。材料、配件进场后，由施工单位进行检验，需进行抽样的材料、构配件按规定比例进行抽检，并填写《材料报验单》。对进场后的产品，按检测规程的要求进行复试，填写产品复试记录/报告。施工过程中所做的见证取样应填写《见证记录》。工程完工后由施工单位对所做的见证试验进行汇总，填写《见证试验汇总表》。

2. 隐蔽工程的质量检查验收记录

国家现行标准有明确规定隐蔽工程检测项目的设计文件和合同要求时，应进行隐蔽工程验收并填写隐蔽工程验收记录、形成验收文件，验收合格方可继续施工。

3. 检验批、分项工程验收记录

（1）检验批检查验收记录

1）检验批完成后，施工单位首先自行检查验收，填写检验批、分项工程的检查验收记录，确认符合设计文件、相关验收规范的规定，然后向监理工程师提交申请，由监理工程师予以检查、确认。

2）检验批的质量验收记录由施工项目专业质量检查员按规范要求填写，监理工程师组织项目专业质量检查员等进行验收。

（2）分项工程的验收记录

分项工程验收记录由施工项目专业质量检查员检查填写，监理工程师组织项目专业技术负责人等进行验收。

4. 分部工程、单体工程的验收记录

（1）分部工程质量验收记录

分部工程质量验收记录由施工项目专业质量检查员按规范要求填写，总监理工程师组织施工项目经理和有关勘察、设计单位项目负责人等进行验收。

（2）单位工程质量验收记录

单位工程质量验收记录由单位工程质量评定记录、单位工程质量竣工验收记录、单位工程质量控制资料核查表、单位工程安全和功能检查资料核查及主要功能抽查记录、单位工程观感质量检查记录组成。验收记录由施工单位按规范要求填写,验收结论由监理单位填写。

5. 质量记录表格的填写要求

1)质量记录表格的填写保持与工程进度同步,填写项目齐全,数据真实。保证项目、检验项目、允许偏差项目填写可靠,能反映工程安装的真实面貌,严禁弄虚作假。

2)项目有特殊质量要求的,还要对重要工序、重要部位进行录像和拍照,整理照片不少于24张,录像资料一盘。

3)各种安装调试记录准确无误,隐蔽工程记录必须标明具体隐蔽位置、隐蔽方式。

6. 工程质量的安装表格引用

1)建筑电气工程施工质量验收规范——GB 50303—2015。

2)火灾自动报警系统施工及验收规范——GB 50166—2010。

3)智能建筑工程质量验收规范——GB 50339—2013 中规定的相应表格,并报送监理单位或建设单位审批。

4)质量员在工程施工过程中,将质量管理和质量验收工作的过程,按照相关规范要求,做好质量资料的编制、收集和整理工作。

5)定期或不定期地将收集到的质量控制资料、质量管理资料和质量验收资料整理后及时移交给资料员并做好移交资料记录。

第三节 质量员应具备的专业知识

专业知识是指完成专业工作应具备的通用知识、基础知识和岗位知识。

通用知识是指在建筑工程施工现场从事专业技术管理工作,应具备的相关法律法规及专业技术与管理知识。

基础知识是与职业岗位工作相关的专业基础理论和技术知识。

岗位知识是与职业岗位工作相关的专业标准、工作程序、工作方法和岗位要求。

建筑工程施工现场专业人员教育培训的目标要求，专业知识的认知目标要求分为"了解"、"熟悉"和"掌握"三个层次。

"掌握"是最高水平要求，包括能记忆所列知识，并能对所列知识加以叙述和概括，同时能运用知识分析和解决实际问题。

"熟悉"是次高水平要求，包括能记忆所列知识，并能对所列知识加以叙述和概括。

"了解"是最低水平要求，其内涵是对所列知识有一定的认识和记忆。

根据建设部 JGJ/T 250—2011《建筑与市政工程施工现场专业人员职业标准》的规定，电气质量员应掌握的主要专业知识见表 1–10。

表 1–10 质量员应具备的专业知识

项次	分类	专业知识
1	通用知识	1）熟悉国家工程建设相关法律法规 2）熟悉工程材料的基本知识 3）掌握施工图识读、绘制的基本知识 4）熟悉工程施工工艺和方法 5）熟悉工程项目管理的基本知识
2	基础知识	6）熟悉相关专业力学知识 7）熟悉建筑构造、建筑结构和建筑设备的基本知识 8）熟悉施工测量的基本知识 9）掌握抽样统计分析的基本知识
3	岗位知识	10）熟悉与本岗位相关的标准和管理规定 11）掌握工程质量管理的基本知识 12）掌握施工质量计划的内容和编制方法 13）熟悉工程质量控制的方法 14）了解施工试验的内容、方法和判定标准 15）掌握工程质量问题的分析、预防及处理方法

一、熟悉国家工程建设相关法律法规

1. 质量员应熟悉的法律

质量员应熟悉的法律包括：《中华人民共和国建筑法》（以下简称《建筑法》）《中华人民共和国安全生产法》《中华人民共和国环境保护法》

《中华人民共和国大气污染防治法》《中华人民共和国标准化法》《中华人民共和国产品质量法》《中华人民共和国消防法》《中华人民共和国固体废物污染环境防治法》。上述法律,需熟悉现行有效版本,重点关注与建筑电气施工质量相关的部分。

2. 质量员应熟悉的行政法规

质量员应熟悉的法规包括:《建设工程质量管理条例》《建设工程安全生产管理条例》《中华人民共和国工业产品生产许可证管理条例》《生产安全事故报告和调查处理条例》《放射性废物安全管理条例》《无障碍环境建设条例》《中华人民共和国文物保护实施条例》《中华人民共和国特种行业管理条例》《民用爆炸物品安全管理条例》等。上述行政法规,需熟悉现行有效版本,重点关注与建筑电气施工质量相关的内容。

3. 应熟悉住建部与质量相关的规定和文件

质量员应熟悉《房屋建筑和市政基础设施工程施工图设计文件审查管理办法》、《房屋建筑和市政基础设施工程质量监督管理规定》、《关于做好房屋建筑和市政基础设施工程质量事故报告和调查处理工作的通知》(建质〔2010〕111号)、《房屋建筑和市政基础设施工程竣工验收规定》、《关于修改〈房屋建筑工程和市政基础设施工程竣工验收备案管理暂行办法〉的决定》和《房屋建筑工程质量保修办法》等。

4. 应熟悉工程所在地省市的质量管理规定和文件

各省市的住房和城乡建设厅、住房和城乡建设委员会会根据各地的实际情况出台各自的质量监督、管理规定和文件,质量员应熟悉掌握工程所在地政府主管部门的相关文件。

二、熟悉工程材料的基本知识

1. 开关类

(1) 开关标志

1) 额定电流;

2) 额定电压;

3) 电源性质的符号;

4) 制造厂或销售商的名称、商标或识别标志;

5）型号（可以是产品目录编号）；

6）小间隙结构的符号（有此结构时）；

7）防有害进水保护等级（有此等级时）。

（2）认证的要点

1）生产厂家的生产许可证；

2）产品合格证；

3）由中国电工产品认证委员会签发的电工产品认证合格证书（CCEE 认证）；

4）应有国家指定检测部门出具的"定型试验"检验报告（带 CMA 标示），并查看是否在有效期内；

5）认真检查各项资料是否符合国家标准的要求。

（3）实物检查

1）开关上是否按国标要求具有正确的标志；

2）开关的开启、关断是否灵活；

3）铜片是否太薄，弹性是否适度；

4）认真办理开关验收手续。

2. 线缆类

（1）线缆的标志

1）电缆应有制造厂名、产品型号和额定电压的连续标志（一个完整标志的末端与下一个标志的始端之间的距离：护套应不超过 500mm；绝缘应不超过 200mm）。厂名标志可以是标志识别或者是制造厂名或商标的重复标示。

2）导体温度超过 70℃时使用的电缆，其识别标志可用型号或用最高导体温度表示。

3）产品表示方法用产品应用型号、规格和标准号表示。规格包括额定电压、芯数和导体标称截面等。电缆包装上应附有表示产品型号、规格、标准号、厂名和产地的标签或标志。

（2）认证要点

1）材质证明资料必须齐全；

2）生产厂家的生产许可证；

3）产品合格证；

4）由中国电工产品认证委员会签发的电工产品认证合格证书（CCEE认证），注意证书编号是否与合格证上标明的一致；

5）应有国家指定检测部门出具的"定型试验"检验报告（带 CMA 标示），并查看是否在有效期内；

6）认真检查各项资料是否符合国家标准的要求

（3）实物检查

1）电缆、电线的外皮应有制造厂名、产品型号和额定电压的连续标志，所有标志应字迹清楚。

2）电线外皮还应有安全认证标示（长城标志）及认证合格证书编号，并核对是否与提交的证书号相一致。

3）电缆、电线的包装是否符合国家标准要求，产品标签应标明型号、规格、标准号、厂名和产地。规格包括额定电压、芯数和导体标称截面等，标准号包括国家标准号和中国电工产品认证合格证书编号。

4）用游标卡尺测量导体直径，是否符合标称值。

5）电线电缆护套层、绝缘层是否均匀。

6）认真办理材料验收手续。

3. 配电板（箱）类

（1）标志和铭牌

1）标志，所使用的图形和符号应符合相应的国家标准。

2）铭牌，每台成套设备应配备一至数个铭牌。铭牌应坚固、耐久，其位置应该是在成套设备安装好后易于看见的地方，而且字迹要清楚。内容包括：制造厂名或名称；型号或标识号或其他标识，据此可以从制造厂里得到有关资料；电流类型；额定工作范围；额定绝缘电压；辅助电流额定电压；工作范围；每条电路的额定电压；短路强度；防护等级，如果高于 IP2XC，则按照 IEC529；对人身的防护措施；户内使用条件，户外使用条件或特殊使用条件；为成套设备所设计的系统接地形式；外形尺寸，其顺序为高度、宽度（或长度）、深度；内部隔离形式；配电板的额定电流；功能单元的电气连接形式。

（2）认证要点

1）材料证明资料必须齐全；

2）生产厂家的生产许可证；

3）两部认可定点厂的证书复印件。

（3）实物验收

1）产品外观质量、几何尺寸、油漆饰面。

2）箱、柜内元件质量、认证标志、安装固定情况、接线正确性、牢固性；外接端子质量、外接导线预留空间、箱柜内配线规格与颜色、电气间隙及爬电距离等。

3）检查是否存在通病：柜内保护导体颜色不符合规定；支撑固定导体的绝缘子（瓷瓶）外表釉面有裂纹或缺损；柜下部接线端子距地高度小于350mm，致使与电缆导线连接用的有效空间过小；装有超安全电压的电气设备柜门、盖、覆板未与保护电路可靠连接；电流互感器配线使用1.5mm^{2}导线，路径小于规定；多股铜线不使用端子压接导线，也不烫锡处理；柜箱冲压外形尺寸偏差过大，不正不方，外饰面损伤；柜箱内接线不牢靠；柜箱内或门上安装的仪表不牢固，间距不均匀；柜箱门内无回路系统图；应有安全认证的器件，没有长城认证标志。

（4）检查设备铭牌和有关资料

1）制造厂厂名、商标；

2）型号；

3）制造年月；

4）出厂编号；

5）符合标准号；

6）电流类型；

7）额定频率；

8）额定工作电压；

9）使用范围；

10）工作范围；

11）防护等级；

12）外形尺寸及安装尺寸；

13）重量；

14）检查随机文件，包括使用说明书、文件资料清单、原理图、接线图、产品合格证、装箱清单。

4. 灯具类

（1）灯具的标志

1）带有电气—机械连接系统的灯具，在底板上应标出电气连接的额定电流。

2）造厂的名称和注册商标（如有的话）。额定电压；可移式Ⅲ类灯具必须在灯具外表上标出额定电压，额定最高环境温度，25℃的除外。若是Ⅱ类灯具，其符号为Ⅱ；若是Ⅲ类灯具，其符号为Ⅱ。

3）标出合适的防尘、防固体异物和防水等级的 IP 数字，若需要时附加符号。

适用于直接安装在普通可燃物质表面的灯具 F

普通 IP20 无符号

防滴 IPX1！

防淋 IPX3 ⊡

防溅 IPX4 ⚠

防喷 IPX5 ⚠ ⚠

水密（浸没）IPX7！！

防尘 IP5X##

尘密 IP6X ⊕

普通灯具上 IP20 可不标。

（2）质量认证要点

材质证明资料必须齐全，包括：

1）生产厂家的生产许可证；

2）产品合格证；

3）由中国电工产品认证委员会签发的电工产品认证合格证书（CCEE 认证），注意证书编号是否与合格证上标明的一致；

4）应有国家指定检测部门出具的"定型试验"检验报告（带 CMA 标示），并查看是否在有效期内；

5）凡是消防电子产品的应急灯、疏散指示灯等，均应提供国家消防

电子产品质量监督检验中心等国家指定检测部门签发的"消防电子产品检验报告";

6）认真检查各项资料是否符合国家标准。

（3）实物检查

1）灯具上的标记是否符合国家标准的规定，标记应清晰，耐久性应符合规定。贴标不易脱落和不卷曲。

2）固定式灯具与电源的连接应提供接线端子（或其他的接合器），且在灯具内部应有足够的空间容纳该接线端子座。

3）内部接线应采用标称截面不小于 $0.5mm^2$ 的适当大小和型号的导线，且多股铜线接头必须烫锡。

4）有接地要求的灯具，必须设有专用接地螺钉。

5）灯罩、隔板应无扭曲变形，配件是否齐全，外观油漆有无脱落现象。

6）管型荧光灯镇流器噪声功率级不得大于35dB（A）。

7）认真办理灯具验收手续。

5. 插座类

（1）插座标志和符号

1）额定电流；

2）额定电压；

3）电源性质的符号；

4）制造厂或销售商的名称、商标或识别标志；

5）型号（可以是产品目录编号）；

6）小间隙结构的符号（有此结构时）；

7）防有害进水保护等级（有此等级时）。

（2）质量认证要点

质证明资料必须齐全，包括：

1）生产厂家的生产许可证；

2）产品合格证；

3）由中国电工产品认证委员会签发的电工产品认证合格证书（CCEE认证），注意证书编号是否与合格证上标明的一致；

4）应有国家指定检测部门出具的"定型试验"检验报告（带 CMA 标示），并查看是否在有效期内；

5）认真检查各项资料是否符合国家标准要求。

（3）实物检查

1）插座上是否按国标要求具有正确的标志。

2）插座插接点的间隙是否紧密。

3）铜片是否太薄，弹性是否适度。

4）认真办理插座验收手续。

6. 梯架、托盘、槽盒与母线槽

1）梯架、托盘、槽盒与母线槽所用的原材钢板的材质是否符合订货合同的要求，有无用热轧板代替冷轧板。

2）选用的钢板钢材的厚度与所加工的梯架、托盘、槽盒与母线槽的规格是否相适应。

3）成品的几何尺寸是否规范、外形是否扭曲变形。

4）表面是否光滑，色泽是否均匀，镀锌层是否脱落。

5）焊缝、焊点是否夹渣，是否有裂纹，焊药是否未清除。

6）表面防腐层厚度是否不足，附着力如何。

7）接头螺栓孔径、孔距是否规范。

8）有孔托盘通风孔冲压外及板材剪切部位，是否有飞边及毛刺。

9）母线槽倒流排中间接头焊接质量是否低劣，用卡尺测量导体规格是否符合订货及标准规定。

10）附件是否齐全。

11）母线槽有无铭牌，或铭牌给定内容是否齐全。

12）汇流母线槽供货时是否随机装带出厂试验报告。

13）验证法定检测单位出具的检验报告（带有 CMA 标志），是否在有效期内。

7. 导管

1）钢导管及金属盒等材质应符合国家有关规范要求，镀锌层完整无损，并有产品合格证；凡所使用的阻燃型（PVC）塑料管，其材质均应具有阻燃、耐冲击性能，其氧指数不应低于 27% 的阻燃指标，应有检定检验报告单和产品出厂合格证，并有材料进场检验记录。

2）焊接钢管需预先除锈刷防腐漆，现浇混凝土内敷设时，应除锈，内壁做防腐，外壁可不刷防腐漆。

3）电缆导管的弯曲半径应大于等于导管直径的 10 倍，弯扁度小于等于导管直径的 1/10。

4）明配管应排列整齐，固定点间距均匀，安装牢固，在终端、弯头中点或明装箱盒等边缘距离 150 ~ 500mm 范围内设有管卡。

5）室内外进入落地式柜、台、箱、盘内的导管管口，应高出其基础面 50 ~ 80mm。

6）室外埋地敷设的电缆导管，埋深不应小于 0.7m。壁厚小于等于 2mm 的钢电线导管不应埋设于室外土壤内。

7）防暴导管安装牢固顺直，镀锌层锈蚀或脱落处做防腐处理，连接处涂以电力复合脂或导电性防锈脂。

三、掌握施工图识读、绘制的基本知识

1. 图幅

图纸幅面是指图纸宽度与长度组成的图面。绘制图样时，应采用规定的图纸基本幅面尺寸，尺寸单位为 mm。基本幅面代号有 A0、A1、A2、A3、A4 五种。

2. 图框

会签栏是建筑图纸上用来表明信息的一种标签栏，其尺寸一般应为 100mm×20mm，栏内应填写会签人员所代表的专业、姓名、日期（年、月、日）；一个会签栏不够时，可以另加一个，两个会签栏应该并列。不需要会签的图纸可以不设会签栏。

3. 标题栏

建筑图纸中的标题栏会根据工程的需要选择确定其尺寸（长边为 180mm，短边为 40mm、30mm、50mm）、格式及分区。涉外工程的标题栏内，各项主要内容的中文下方应附有译文，设计单位的上方或左方，应加"中华人民共和国"字样。

4. 绘图比例、线型

1）比例：大部分电气图都是采用图形符号绘制的（如系统图、电路图等），是不按比例的。但位置图即施工平面图、电气构件详图一般是按比例绘制的，且多用缩小比例绘制。通常用的缩小比例系数为：1∶10、1∶20、1∶50、1∶100、1∶200、1∶500。最常用比例为1∶100，即图纸上图线长度为1，其实际长度为100。

2）线型：图线的宽度一般为有0.25mm、0.35mm、0.5mm、0.7mm、1.0mm、1.4mm六种。但在同一张图上，一般只选用两种宽度的图线，并且粗线为细线的2倍。一般粗线多用于表示一次线路、母线等，细线多用于表示二次线路、控制线等。

3）字体：图面上的字体有汉字、字母和数字等。根据图纸幅面的大小，字体的高度有1.8mm、2.5mm、3.5mm、5mm、7mm、10mm、14mm、20mm八种。

5. 标高及方位

（1）标高

标高表示建筑物某一部位相对于基准面（标高的零点）的竖向高度，是竖向定位的依据。

1）标高分类。标高按基准面选取的不同分为绝对标高和相对标高。

绝对标高：是以一个国家或地区统一规定的基准面作为零点的标高，我国规定以青岛附近黄海的平均海平面作为标高的零点；所计算的标高称为绝对标高。

相对标高：以建筑物室内首层主要地面高度为零作为标高的起点，所计算的标高称为相对标高。

2）标高符号。见图1-1。

标高标注的注意事项：总平面图室外整平地面标高符号为涂黑的等腰直角三角形，标高数字注写在符号的右侧、上方或右上方；底层平面图中室内主要地面的零点标高写为+0.000。低于零点标高的为负标高，标高数字前加"-"号，如-0.450。高于零点标高的为正标高，标高数字前可省略"+"号，如3.000。

标高的单位：米。

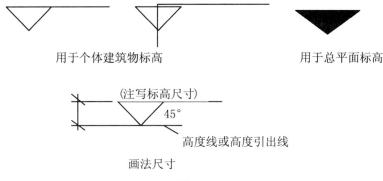

用于个体建筑物标高　　　　　　　用于总平面标高

（注写标高尺寸）

45°

高度线或高度引出线

画法尺寸

图 1-1

（2）方位

电力、照明和电信平面布置图等类图纸一般是按上北下南、左西右东表示电气设备或建筑物、构筑物的位置和朝向，但在许多情况下，都用方位标记表示其方向。方位标记见图 1-2。其箭头方向表示正北方向（N）。

北

图 1-2

6. 定位轴线

用以确定主要结构位置的线，如确定建筑的开间或柱距、进深或跨度的线称为定位轴线。

编号基本原则：

1）平面图上定位轴线的编号，宜标注在图样的下方与左侧。横向编号应用阿拉伯数字，从左至右顺序编写；竖向编号应用大写拉丁字母，从下至上顺序编写。

2）拉丁字母的 U、O、Z 不得用做轴线编号。如字母数量不够使用，可增用双字母或单字母加数字注脚，如 AA、BA …… YA 或 A1、B1

……Y1。

7. 详图

详图可画在同一张图上，也可画在另外的图上，这就需要用一标志将它们联系起来。

标注在总图位置上的标记称详图索引标志。

标注在详图位置上的标记称详图标志。

四、熟悉工程施工工艺和方法

1. 暗配管流程

暗配管敷设工艺流程见图1-3。

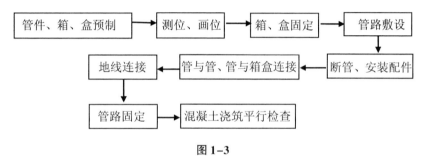

图 1-3

2. 暗管敷设

（1）管件、箱盒预制

根据设计图，预先加工好各种盒、箱，方便顶板固定线盒时使用。操作方法：分别准备不同高低的线盒，将线盒上需要用到的敲落孔打掉后与各种规格管接头（箱、盒连接器）进行连接工作，线盒内管接头位置内安装PVC管堵，最后对这些线盒内部填锯末后用宽胶带进行封堵。

（2）测位画位

根据设计图纸确定箱盒轴线位置，在模板支完后，画出盒箱的位置，以土建弹出的水平线、轴线为基准，挂线找平找正，标出箱、盒的实际位置。成排、成列的箱盒位置，应挂通线或十字线。

（3）箱盒固定

待土建底板钢筋完成后，安排工人进行线盒安放及固定工作。把线盒按照事先已画好的线盒位置分别进行线盒安放并用"十字固定法"进行固定。

（4）管路敷设

（5）操作方法

线管采取拉线的方法量出两盒距离。

（6）断管安装配件

（7）管与管、管与箱盒连接

各类箱盒的连接均应采用其配套的专用附件接头。

（8）地线连接

（9）管路固定

1）敷设在钢筋混凝土中的管路，应与钢筋绑扎牢固。

2）砖墙或砌体墙剔槽敷设的管路每隔不大于1m间距，用铁丝或铁钉固定。

3）吊顶内或护墙板内管路，每隔不大于1m的间距，应采用专用卡子固定。在与接线箱、盒连接处，固定点间距不应大于300mm。

4）预制板（圆孔板）上的管路，可采用板孔用钉子、铁丝固定后再用水泥砂浆保护。

（10）混凝土浇筑平行检查

混凝土浇筑时，人员及设备较多，会造成线盒的破坏。在浇筑过程中，应平行进行检查看护工作，这样可以及时有效防止管与线盒的脱落，线盒跑位等现象的发生。

3. 明配管流程

明配管敷设工艺流程见图1-4。

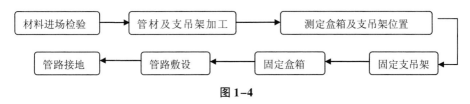

图1-4

4. 明管敷设

（1）管材加工

1）管道切割：选用钢锯或砂轮切割机切管，切管的长度要测量准确，管子断口处应平齐不歪斜，将管口上的毛刺用半圆锉处理光滑，再将管内的铁屑处理干净。

2）管道套丝：采用套丝板、套管机，根据钢管外径选择相应的板牙，将管子用台虎钳或压力钳固定，再把绞板套在管端，先慢慢用力，套上扣后再均匀用力，套扣过程中应及时用毛刷涂抹机油，保证丝扣完整不断扣、乱扣。用套管机套丝时，应注意随套随冷却。管径在 25mm 及以上时，应分三板套成。

3）管道弯曲：管径大于 32mm 的钢管须采用液压煨管机弯制，管径 25mm 以下的钢管采用手动煨管机弯制。钢管弯曲处不能出现凹凸和裂缝。

（2）支吊架制作与固定

支架、吊架的材料应符合招标文件及设计要求，其规格及加工尺寸应符合设计图及标准图集规定。固定点的间距应均匀，固定点与终端、转弯中点、电气器具或接线盒边缘的距离为 300mm，固定点之间的最大距离应满足规范要求。

（3）管路敷设

敷设要求：

1）施工过程中要尽量减少弯头，电气管路敷设时有下列情况时须加装接线盒：直线段超过 30m；有一个转弯且超过 20m；有两个转弯且超过 15m；有 3 个转弯且超过 8m。

2）钢管进出线盒处，用锁紧螺母固定牢固。多根管子进入配电箱时，应排列整齐，进入箱内的管口高度一致。

3）管卡及接线盒的跨接地线侧向安装便于检查地线及压接螺母松紧。跨接电线为 4mm² 黄绿色电线，线头涮锡后压接在接地槽口处。跨接线所有接点不得有断头。

5. 管内穿线

管内穿线工艺流程见图 1-5。

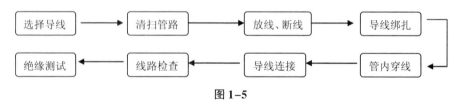

图 1-5

施工准备见表1-11。

表1-11　管内穿线施工准备

项目	内容
材料要求	1）绝缘导线：导线的型号、规格须符合设计要求，并有产品出厂合格证； 2）镀锌铁丝或钢丝：应顺直无死弯、扭结等现象，并具有相应的机械拉力； 3）导线连接器：应根据导线截面和导线的根数选择相应型号的加强型导线连接器。
主要机具	放线架、电工工具、万用表、兆欧表等。

（1）选择导线

1）应根据设计图及规范规定选择导线，各种功能导线以颜色区分清楚。

2）放线前应根据施工图对导线的规格、型号进行核对，并用对应电压等级的兆欧表进行通断测试。

3）剪断导线时，导线的预留长度应按规范要求进行预留。

4）导线绑扎。当导线根数较少时，可将导线前端的绝缘层削去，然后将线芯与带线绑扎牢固，使绑扎处形成一个平滑的锥形过渡部位。当导线根数较多或导线截面较大时，可将导线前端绝缘层削去，然后将线芯错位排列在带线上，用绑线绑扎牢固，不要将线头做得太大，应使绑扎接头处形成一个平滑的锥形接头，减少穿管时的阻力，以便于穿线。

（2）管内穿线

1）电线管在穿线前，应首先检查各个管口的护口，保证护口齐全完整。

2）当管路较长或转弯较多时，在穿线前向管内吹入适量的滑石粉。穿线时，两端的工人应配合协调一致。

（3）导线连接

1）导线接头不能增加电阻值，不能降低原机械强度及原绝缘强度。导线连接有几种备选方式：搪锡方式、螺旋接线钮拧接和接线帽压接。

2)穿线后，应按规范及质量验收评标准进行自检互检，不符合规定时应立即纠正，检查导线的规格和根数，检查无误后再进行绝缘测试。

6. 梯架、托盘、槽盒安装

梯架、托盘、槽盒主要集中在变配电所、配电间、公共走道、强电机房内，安装前进行深化设计，使梯架、托盘、槽盒合理地布置。对于层高较高处可以使用非标准长度梯架、托盘、槽盒，尽量使用厂家提供的弯头三通等附件，避免现场加工。

工艺流程见图1-6。

图1-6

施工准备见表1-12。

表1-12 梯架、托盘、槽盒安装施工准备

材料要求	梯架、托盘、槽盒加工制作； 梯架、托盘、槽盒的直通、弯头、三通等附件，内外应光滑无棱刺，无扭曲、翘边、变形现象等，并有产品合格证。
主要机具	电工工具、活动扳手、手电钻、电锤等。
作业条件	墙面及地面的粉刷基本完成。

（1）弹线定位

根据深化设计图中桥梯架、托盘、槽盒的分布进行弹线定位。

（2）支吊架制作安装

支架、吊架的材料应符合招标文件及设计要求，其规格及加工尺寸应符合设计图及标准图集规定。安装支架时应按照深化设计图确定安装的部位。支架的整体外观应成排成线，长短一致，支架的间距应符合规范要求。

（3）梯架、托盘、槽盒安装

梯架、托盘、槽盒安装应平直整齐，连接处牢固可靠，接口应平直、严密。桥架末端进行封堵。

（4）梯架、托盘、槽盒水平安装

为确保电缆的顺利敷设，水平安装梯架、托盘、槽盒的顶部距梁底最小距离为100mm。

（5）梯架、托盘、槽盒竖直安装

垂直梯架主要集中在强电井内且比较密集。梯架中部的支撑为角钢支架，角钢支架两侧垂直安装在墙体上，垂直梯架、托盘、槽盒主要集中在电气竖井内，垂直安装的支架间距不应大于2m，固定支架不应安装在固定电缆的横担上，且每隔3~5层应设承重支架。

（6）梯架、托盘、槽盒防火封堵

梯架、托盘、槽盒安装穿越防火分区或楼板时用防火堵料封堵。应可靠接地且梯架、托盘、槽盒应具有可靠的电气连通性。梯架、托盘、槽盒及其支架和引入或引出的金属电缆导管必须接地可靠。

7. 配电箱（柜）安装

工艺流程见图1-7。

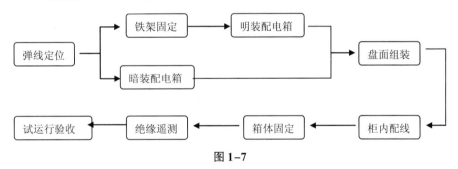

图1-7

（1）施工准备

熟悉施工图纸及技术资料，弄清设计意图及设计内容，对图中选用的配电箱（柜）等材料进行统计，并注意图纸中提出的施工要求，熟悉电气工程的技术规范。

具体要求见表1-13。

表 1-13　配电箱（柜）安装施工准备

材料要求	配电箱规格型号符件符合设计要求，内部器件连接牢固，无破损。外壳完好，无掉漆、变形等现象。应有出厂合格证、生产许可证、CCC 认证、试验记录等。配电箱的试验报告必须符合规范规定，配电箱内部器件位置正确、固定牢固，部件完整，操动部分灵活、准确。支架、连杆和传动轴等固定连接牢靠，油漆完整。螺栓、螺丝、胀管螺栓、螺母、垫圈等应采用镀锌件。
主要机具	手电钻、电锤、电焊机、测试检验工具、送电运行安全用具等

（2）配电箱（柜）二次回路配线

二次配线必须排列整齐，并绑扎成束，在活动部位应用长钉固定，盘面引出或引入的导线应留有适当余度，二次回路的切换接头或机械、电气联锁装置的动作正确、可靠。

（3）箱（柜）内的元器件接线

箱（柜）内二次线排列整齐，回路编号清晰、齐全，每个端子螺丝上接线不超过两根。配电箱及支架接地、零线敷设连接紧密、牢固。

（4）配电箱明装

在混凝土墙上采用金属膨胀螺栓固定配电箱时应根据弹线定位的要求找出准确的固定点位置，用电钻或冲击钻在固定点位置钻孔，其孔径应刚好将金属膨胀螺栓的胀管部分埋入墙内，且孔洞平直不得歪斜。

（5）配电柜安装

1）配电柜基础制作安装：基础型钢应按配电柜实际尺寸下料制作，长度及宽度应与柜体底部框架相适配，型钢应先调直，不得扭曲变形。配电柜安装在整体槽钢基础上，安装前要进行整体槽钢焊接制作、防腐及安装调整。配电柜安装所用连接螺栓均为镀锌螺栓。

2）配电柜安装：配电柜在基础型钢上安装，基础型钢在安装找平过程中，需用垫片的地方，最多不能超过三片。

8. 电缆敷设

工艺流程见图 1-8。

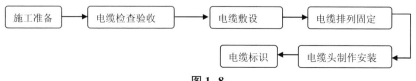

图 1-8

施工准备见表1-14。

表1-14　电缆敷设施工准备

项目	内容
材料准备	电缆进场后，必须对电缆进行详细的检查验收，检查电缆的外观、规格型号、电压等级、长度、合格证、耐热阻燃的标识，并现场抽样检测绝缘层厚度和圆形线芯的直径。使用2500V兆欧表、万用表测量电缆的导体电阻与绝缘电阻；并进行耐压试验。各种规格的电线缆，要有产品合格证和"CCC"认证
主要机具	电缆放线架、卷扬机、电缆滑轮、压接钳、手持扩音喇叭、通信联络工具等。
作业条件	检查桥架安装是否完成及其支架的承重情况，并清理桥架内的杂物。清理电缆敷设沿途的障碍，为放电缆创造好的外部条件。

（1）电缆敷设

电缆在敷设前必须按验收程序进行电缆的相关检测工作。电缆再进场后及时报监理与业主方，组织现场取样复检，复检合格后才可进行放缆工作。

（2）电缆头制作

所有接线端子均采用紧压铜端子，端子与电缆线芯截面相匹配，铜端子的压接采用手动式液压压接钳，同时电缆要做好回路标注和相色标记。电缆终端制作好后与配电柜连接前要进行绝缘测试。

9. 灯具安装

工艺流程见图1-9。

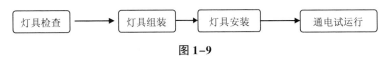

图1-9

施工准备见表1-15。

表1-15　灯具安装施工准备

材料要求	所有灯具应通过CCC认证，并具有产品合格证。
主要机具	台钻、电钻、电锤、射钉枪、兆欧表、万用表等。
作业条件	顶棚、墙面的抹灰工作、室内粗装及地面清理工作均已结束；对灯具安装有影响的模板、脚手架已拆除。

（1）灯具检查

灯具进场后，必须对灯具进行严格检查验收。

（2）灯具组装

将灯具的灯体和灯架进行组装，根据灯具的接线图，将灯具的电源线
及控制线正确连接，灯具内的导线应在端子板上压接牢固。

（3）灯具安装

在安装前，应熟悉灯具的形式及连接构造，以便确定支架安装的位置
和嵌入开口位置的大小。灯罩的边框应压住罩面板或遮盖面板的板缝，并
应与顶棚面板贴紧。以下是常见灯具的安装：

1）荧光灯、筒灯嵌入安装：吊顶内嵌入安装的灯具应根据装修吊顶
平面图中灯具分布的位置，以及不同的吊顶形式来确定灯具外形与吊顶板
的接口样式。在装修安装吊顶龙骨的同时安装灯具的支吊架；在吊顶天花
板安装的同时安装灯具。须单独在吊顶板几何中心开孔安装的灯具，提前
向装修单位提供不同区域灯具的开孔尺寸，并安排专人配合。待吊顶天花
板及其他器具初步安装完毕后，配合装修施工人员调整灯具，达到整体美
观的效果。

2）管吊式荧光灯安装：根据灯具的安装高度，采用相应长度的金属
吊杆，将灯具与吊杆和法兰连接牢固，依顺序将灯具的导线从金属管内引
出，压在灯头盒的接线端子上。依据灯具安装的位置，采用胀栓将灯具吊
杆的法兰盘固定在顶板上，然后安装灯具的附件。

3）壁灯安装：将灯具的底托放在墙面上，四周留出对称的余量，以
灯具的安装孔为准，采用电锤在墙体上开好出线孔和安装孔。将灯具的灯
头线从出线孔中甩出，将电源线直接压在灯具的接线端子上，将余线塞入
盒内。灯具外框贴紧墙面，采用自攻螺丝固定灯具，最后配好光源和
灯罩。

4）疏散指示灯安装：在疏散指示灯订货前应对厂家进行技术交底，
包括统计安全指示灯的面板样式、面板上箭头方向等，避免供货出错。疏
散指示灯具照明线路采用额定电压为 0.75kV 的铜芯耐火绝缘线。

（4）通电试运行

灯具通电试运行须在灯具安装完毕，且各照明支路的绝缘电阻测试合格后进行。照明线路通电后应仔细检查和巡视，检查灯具的控制是否灵活、准确。开关位置应与控制灯位相对应，如果发现问题必须先断电，然后查找原因进行调整。

10. 开关、插座安装

工艺流程见图1-10。

图1-10

施工准备见表1-16。

表1-16　开关、插座安装施工准备

材料要求	开关、插座的规格型号符合设计要求，有产品合格证和CCC认证。面板应具有足够的强度，面板应平整，无变形现象，面层完好无脱落。
主要机具	手锤、錾子、剥线钳、尖嘴钳等。
作业条件	各种管路、盒子修理完毕，线路的绝缘电阻达到设计值。室内地面工程、墙面工程基本完成、门窗安装完毕。

（1）清理

开关插座安装前，须用錾子轻轻地将盒内残存的灰块剔掉，同时将其他杂物一并清出盒外，再用湿布将盒内的灰土擦净。

（2）接线

1）同一场所安装的开关切断方向一致、操作灵活，单相插座安装必须按照"左零右相，上接地"的规定接线。同一场所插座的三相接线应一致。

2）开关插座安装完成后，应做通电试运行前的检查，然后进行绝缘测试，并做好记录，作为送电试运行的参考依据。送电后，检查控制插座的漏电开关是否正常，并采用专用的测试器具检查插座的相线和零线是否接错，若有不正确，做好记录，待断电后逐个调整。

11. 防雷与接地工程

工艺流程见图 1-11。

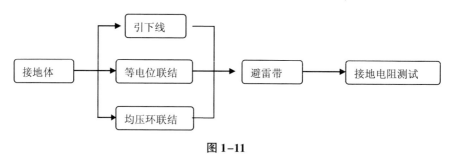

图 1-11

1）接闪器：由接闪带和接闪网组成，防直击雷。在建筑女儿墙上设置直径 10mm 单根热镀锌圆钢作为接闪带，在屋面暗柱网暗敷小于 10×10 的镀锌圆钢（直径 10mm）作为接闪网。

2）凡突出屋面的所有金属构件，如金属通风管、屋顶风机、金属屋架等均应与接闪器可靠焊接。

3）引下线：利用建筑物竖向通长钢柱、剪力墙和混凝土柱内通长主筋作为引下线，引下线上端与接闪器焊接，下端与建筑物基础底梁及基础底板轴线上的上下两层钢筋内的两根主筋焊接。B1 层钢柱与 B2 层混凝土柱内对角各 8 根主筋焊接，形成电气导通。

4）在一、三、五、顶层靠建筑外墙引下线（隔柱）处预埋 100×100×8 镀锌钢板，作为玻璃幕墙或外挂石材的防雷接地联结预留接点，位置同圈梁高度，预埋的镀锌扁钢与就近引下线进行电气连通。

5）层层沿建筑物外墙设置均压环，均压环均与该层外墙上的所有金属门窗、金属构件、防雷引下线做电气联接，形成等电位。

6）接地极：利用建筑物结构基础底板轴线上的上下两层主筋中的两根通长焊接，形成的基础接地网并具备连接室外人工接地装置的外接点。

7）建筑物四角的外墙引下线在距室外地面上 0.5m 处设测试卡子。在测试点处，外墙上结构钢筋混凝土中的两根对角主钢筋（直径大于 16mm），在 -1.5m 处采用 40×4 镀锌扁钢焊出，焊 100×100×5 预埋钢板，作为室外接地体的预留焊接点。

8）当结构基础采用塑料、橡胶等绝缘材料做外防水时，应在高出地下水位 0.5m 处，将引下线引出防水层做预留室外接地用或将接地极与抗拔桩内两根通长主筋进行焊接。

施工准备见表 1-17。

表 1-17　防雷与接地工程施工准备

材料要求	采用的镀锌圆钢、扁钢等材料应符合设计规定。产品应有材质检验证明及产品出厂合格证。
主要机具	电焊机、手锤、钢锯、电锤、冲击钻、气焊工具等。
作业条件	楼内接地连接引入部位安装完毕，穿墙的保护管已预埋，土建抹灰完毕。接地体与引下线须做完。备调直场地和垂直运输条件。

12. 等电位联结

（1）等电位干线联结

1）建筑物等电位联结干线应从与接地装置有不少于两处直接连接的接地干线或总等电位箱引出，等电位联结干线或局部等电位箱间的连接线形成环形网路，环形网路应就近与等电位联结干线或局部等电位箱连接。支线间不应串联连接。

等电位联结的干线线路最小允许截面应符合表 1-18。

表 1-18　等电位联结的干线线路最小允许截面

材料	截面/mm²	
	干线	支线
钢	50	16

2）等电位联结的可接近裸露导体或其他金属部件、构件与支线连接应可靠、熔焊、钎焊或机械紧固应导通正常。

3）所有进出建筑物的金属管道及电缆须与等电位联结系统连接。

（2）防雷接地安装

1）按照设计要求设置断接卡子或测试点，采用暗装，同时加盖，并做好接地标记。

2）施工过程中被利用来做引下线的主筋必须做有明显的标记，焊接符合施工规范要求。

3）根据要求主筋引上屋面，接地线甩出屋面 0.5m，便于避雷网连接。

4）所有的焊接处焊缝应饱满，并有足够的机械强度，不得有夹渣、咬肉、裂纹、虚焊、气孔缺陷。焊接处的药皮敲净。接地装置顶面埋设深度不应小于 0.6m，间距不应小于 5m。

5）除埋设在混凝土中的焊接接头外，均要求做防腐处理。

（3）接地干线及接闪器安装

1）接地干线安装：接地干线穿墙时，必须加阻燃塑料套管保护，跨越伸缩缝时，应做煨弯补偿；接地干线距地面不小于 300mm，距墙面不小于 10mm，支持件系统采用绝缘子固定，支持件间的水平直线距离不大于 1m，垂直部分为 1.5m，转弯距离为 0.3m；接地干线敷设应平直，水平度及垂直度允许偏差 2/1 000mm，但全长不得超过 10mm。

2）屋面避雷带安装：避雷带平直、牢固，不应有高低起伏和弯曲现象，避雷带水平固定间距不大于 1m（砼支座不大于 1.5m），转角处固定间距不大于 0.25m，各间距布置均匀，美观整齐。

3）接地系统中的所有焊接点（在混凝土中的除外）均要求进行防腐处理。接地电阻值符合设计要求。测试：接地电阻必须符合设计要求。

五、熟悉工程项目管理的基本知识

建筑电气工程项目管理就是由一支项目团队执行一定的规程、运用一定的工具和技术、做出一定的经济分析、按照一定的流程来完成既定电气安装任务的全过程。

1. 电气工程的项目管理

（1）项目进度管理

1）合理配置人力、物力资源，材料供应及时到位，优先考虑关键工序。

2）使用先进的施工技术及安装调试设备，确保关键设备的安装进度及安装质量。

3）确保整个工程安全施工，消除进度阻碍因素。

4）加强施工过程质量管理，确保质量，避免返工。

5）开展 QC 小组活动，集思广益，采取新工艺、新技术、新措施来节约时间。

6）及时按实际调整进度计划，必要时考虑大序交叉进行。

7）精神文明与物质文明相结合，奖勤罚懒，促进施工人员的积极性。

（2）电气工程的质量管理

1）建立完善的质量管理组织机构：明确各级质量管理部门人员的职责。本工程特殊工艺的关键工序的质量保证技术措施，并明确专项现场负责人，设立质量控制点。

2）严格把好材料检验质量关，包括自采购材料、半成品、甲方提供的设备的材料。严格施工过程质量控制，并以施工记录和检验记录来体现，使施工质量外于良好的受控状态。

3）搞好中间验收，上道工序必须验收合格后才能实施下一工序。做好工程竣工总验收、工程移交后的质量跟踪与反馈工作，竭诚为建设单位服务。建立质量奖惩制度。接受监理公司的质量、安全、进度等的监督管理。

（3）成本控制措施

1）设置精干的施工管理机构，配备精炼的技术员和施工人员，做到一专多能。严格控制材料质量，不让质量低劣的产品进入施工现场。按材料表领用材料，降低材料损耗率。严格工序质量检验制度，杜绝质量事故发生，避免返工、返修。

2）实行项目成本目标考核，奖惩分明。加强机械设备维护、管理，避免意外损耗。采用新工艺、新技术、新措施来降低成本。控制好管理费用和消费资金。合理安排施工进度，做到人员与工期的最佳配合。抓好安全施工管理，防患于未然。

（4）电气工程项目安全管理

贯彻"安全第一、预防为主"的安全生产方针。安全工作是企业的生命，也是最终完成项目目标的保证。电气工程项目的安全管理离不开加强检查监督、强化基础工作、落实安全责任三个环节，贯穿在从签订施工合同、进行施工组织设计、现场平面设置等施工准备工作阶段，直至工程竣工验收活动全过程。

2. 项目主体施工阶段的质量管理

确保混凝土内管线预埋到位准确，缩短工期，使施工科学地进行。本阶段常见工程质量通病主要有防雷接地不符合要求、室外进户管预埋不符合要求，必须在施工过程中注意消除。

1）在预埋时，要根据本工程的特点，派专人负责与土建单位协调，根据土建浇注混凝土的进度要求及流水作业的顺序，逐层逐段按设计施工图进行预留和预埋工作，按施工图坐标位置要求土建标出结构的标高线和水平轴线，按照设计坐标、标高位置进行施工，以利管道敷设到位。浇注混凝土时，盒（箱）都应采用防堵措施，留人看管，以防振捣混凝土时损坏配管或使得开关盒移位。遇有管路损坏时，应及时修复。

2）对需要预埋的铁件、吊卡、木砖、吊杆基础螺栓及配电柜基础型钢等预埋件，电气施工人员应配合土建提前做好预备，土建施工到位及时埋入，不得遗漏。

3）基础施工阶段电气工程专业应赶在土建做墙体防水处理之前完成，避免电气施工破坏防水层造成墙体今后渗漏。

4）均压环、避雷带、防雷引下线等焊接长度及质量是否满足规范及设计要求，是否漏焊要仔细检查，特别是结构转换层，由于柱子主筋调整，防雷引下线容易错焊、漏焊，必须认真检查，确保工程质量。

5）装修施工抹灰之前，电气施工人员在内墙上弹出的水平线和墙面线，将所有电气工程中的预留孔洞、暗配管路按设计和规范要求核实一遍，符合要求后将箱盒稳定好，然后扫通管路，穿好带线，堵好管盒。并配合土建做好配电箱的贴门脸及箱盒的收口，抹灰收口应光滑平整。

3. 设备安装阶段管理

施工前必须组织技术管理人员对电气设计图纸和相关技术文件，进行充分的消化吸收，分系统建立质量控制点，并明确控制内容、主控责任人，制订作业指导书，给批准后实施。

1）加强施工工艺质量的控制，明确工艺流程对质量的要求和工艺加工对施工操作技术的要求，做到施工工艺质量控制标准化、规范化、制度化。

2）注意施工细节的完善和控制，特别注意线管的弯曲半径与线缆匹配、导线进入盒箱内应有适当余量、线管穿越墙地面进导管内的封堵、线管桥架穿越防火分区的防火封堵、线缆穿入穿出配电箱的封堵、线缆穿入穿出配电箱或线管时护线套的安装、电缆标志牌的正确挂设等。

3）及时检验工序活动效果的质量：严格执行"三检"制，对质量状况进行综合统计与分析，及时掌握质量动态。一旦发现质量问题，随即研究处理，自始至终使工序活动效果的质量满足规范和标准的要求。

4）实行质量监督和否决制度：严格按计要求或施工规范操作，对不符合要求的行为，坚决行使质量否决权。

六、电气质检员应掌握的基础知识

1. 法律法规基本知识

1）《建筑法》：第一条、第十条、第十四条、第十五条、第五十四条、第五十五条、第五十八条、第五十九条、第六十条、第六十一条、第六十二条、第六十三条、第六十九条、第七十条、第七十三条、第七十四条、第七十五条和第八十条。

2）《建设工程质量管理条例》：第一条、第二条、第三条、第十条、第十四条、第十五条、第十六条、第二十五条、第二十六条、第二十七条、第二十八条、第二十九条、第三十条、第三十一条、第三十二条、第三十三条、第三十九条、第四十条、第四十一条、第五十六条、第六十四条、第六十五条、第六十六条、第六十九条、第七十条和第七十三条。

3）《安全生产许可证条例》：第一条、第二条、第六条、第九条和第十九条。

2. 专业基础知识

（1）建筑工程质量与质量管理

1）建筑工程质量基本要求；

2）质量检验与质量管理的关系；

3）产品质量与工作质量；

4）产品质量的经济原则；

5）影响工程质量的主要因素。

（2）全面质量管理的基本概念

1）质量管理的发展阶段和全面质量管理的形成；

2）全面质量管理的基本含义及其工作步骤；

3）全面质量的基本观点，即广义工程质量、为用户服务、全面管理、预防为主和用数据说话的观点；

4）全面质量管理的方针、目标和规划、领导。

（3）全面质量管理的基础工作

1）建筑企业经营管理和生产技术的标准化、规范化、系列化工作和计量化工作；

2）质量信息和情报工作；

3）质量管理责任制和质量立法；

4）质量管理咨询和诊断；

5）质量管理教育工作。

（4）全面质量管理的工作体系

1）质量保证体系的基本概念；

2）质量保证体系的基本内容；

3）质量保证体系的运转基本形式；

4）质量保证体系的建立。

（5）全面质量管理的数理统计方法

1）数理统计的基本知识；

2）数理统计的任务和步骤；

3）数据、数据种类及基本要求；

4）随机事件和模糊事件；

5）母体与子样频数与概率正态分布；

6）排列图、因果图、直方图、散布图、相关图、管理图、过程决策程序图等；

7）工序能力指数；

8）抽样检验。

（6）建筑工程质量管理的主要内容

1）质量检验和评定；

2）质量等级评定；

3）质量监督；

4）工程验收；

5）质量事故的分类调查、处理及统计。

3. 专业实务知识

1）了解电力系统的组成、额定电压规定及变压器运行方式。

2）了解建筑供电电力负荷级别的划分原则及其各级对供电要求的规定。

3）掌握建筑供电系统电力负荷的计算方法及用电设备容量与导线的配置。

4）了解35千伏变电所构成。

5）掌握建筑供配电线路接线方式。

6）掌握12千伏变电所电力变压器容量及型号的选择。

7）了解机电保护装置在供电系统中的主要任务和对其基本要求。

8）了解高低压备用电源自动投入装置的基本形式和基本要求。

9）掌握交流低压备用电源自投自复的原理接线图和工作原理。

10）相序、文字、颜色的表示方法。

11）熟悉系统图、平面图及设计的要求。

12）接地的验收及施工工艺要求等电位工艺的验收要求、防雷接地要求。

13）材料设备的进场验收要求与内容。

14）电气工程隐检内容、验收标准。

15）配管的工序工艺要求明配、暗配、吊顶内的配管和验收标准。

16）导线穿线的要求、连接、焊接工艺要求。

17）灯具、插座、开关安装的标准、工艺要求及质量标准。

18）分线盒配电箱内留线的长度的标准。

19）母线槽的种类及安装要求接头的处理、工艺标准。

20）配电箱、柜、电缆、线路、电机、灯具试验电压。

21）梯架、托盘、槽盒的安装要求及质量标准。

22）各种电气皿具、设备、调试、试验的验收标准。

23）电气绝缘的绝缘等级分类。

24）标准导线的电压等级的规定。

25）对进口设备、验收要求及规范要求。

26）对电气施工人员的要求。

七、熟悉与本岗位相关的标准和管理规定

（1）熟悉与本岗位相关的标准

电气质检员质量员应熟悉与本岗位相关的标准。如《建筑工程施工质量验收统一标准》GB 50300—2013、相关质量验收规范、建筑工程施工质量评价标准等，了解施工规范和技术规范，其中与电气施工相关的标准规范见表1-19。

表 1-19　建筑电气工程相关标准

序号	标准名称	编号	备注
1	《建筑电气工程施工质量验收规范》	GB 50303—2015	
2	《建筑安装工程质量检验评定统一标准》	GB 50300—2013	
3	《防空地下室电气设备安装》	07FD 02	
4	《漏电保护器安装及运行》	GB 13955—2005	
5	《供配电系统设计规范》	GB 50052—2009	
6	《低压配电设计规范》	GB 50054—2011	
7	《电力工程电缆设计规范》	GB 500217—2007	
8	《电气装置安装工程电缆线路施工及验收规范》	GB 50168—2006	
9	《电气装置安装工程母线装置施工及验收规范》	GB 50149—2010	
10	《电气装置安装工程电缆线路施工及验收规范》	GB 50168—2006	
11	《电气装置安装工程盘、柜及二次回路结线施工及验收规范》	GB 50171—2012	
12	《电气装置安装工程电气设备交接试验标准》	GB 50150—2006	
13	《建设工程质量管理条例》	国务院令 279 号	
14	《建筑安全生产监督管理规定》	建设部令第 13 号	
15	《建设工程施工现场管理规定》	建设部令第 15 号	
16	《突发公共卫生事件应急条例》	国务院令第 376 号	

（2）熟悉工程所在地的地方法规及部门规章

质量员应熟悉相关部门的部门规章，如《建筑工程施工许可管理办法》《房屋建筑和市政基础设施工程施工分包管理办法》《房屋建筑和市政基础设施工程竣工验收备案管理办法》《房屋建筑和市政基础设施工程质量监督管理规定》《房屋建筑和市政基础设施工程施工图设计文件审查管理办法》《房屋建筑工程质量保修办法》《城市建设档案管理规定》《建设工程质量检测管理办法》等。

此外，质量员还应熟悉工程所在地的地方法规及地方部门规章。

八、掌握工程质量管理的基本知识

施工质量管理：是指工程项目在施工安装和施工验收阶段，指挥和控制工程施工组织关于质量的相互协调活动，使工程项目施工围绕着使产品质量满足不断更新的质量要求，而展开的策划、组织、实施、检查、监督和审核等所有管理活动的总和。

质量员应掌握质量的基本概念、工程质量管理的特点、施工质量的影响因素、质量管理的方法、质量策划、工序和材料质量控制、质量问题的处置、质量资料管理等基本知识。

1. 质量的概念

质量是一组固有特性满足要求的程度。对这个概念的理解包括以下几层意思：

1）质量不仅是指产品质量，也可以是某项活动或过程的工作质量，还可以是质量管理体系运行的质量。质量由一组固有特性组成。这些固有特性是指满足顾客和其他相关方的要求特性，并由其满足要求的程度加以表征。

2）特性是指区分的特征。特性可以是固有的或赋予的，可以是定性的或定量的。特性有各种类型，一般有物质特性（如机械的、电的、化学的或生物的特性）、感官特性（如嗅觉、触觉、味觉及感觉检测的特性）、功能特性（如飞机的航程、速度）。质量特性是固有的特性，通过产品、过程或体系设计的开发及其后的实现过程形成。

3）满足要求就是应满足明示的（如合同、规范、标准、技术、文件、图纸中明确规定的）、隐含的（如组织的惯例、一般习惯）或必须履行的（如法律、法规、行业规则）需要和期望。对质量的要求除考虑满足顾客的需要外，还应考虑其他相关方即组织自身利益、提供原材料的零部件等供方的利益和社会的利益等多种需求。

4）顾客和其他相关方对产品、过程或体系的质量要求是动态的、发展的和相对的。质量要求随着时间、地点、环境的变化而变化。如随着技术的发展和生活水平的提高，人们对产品、过程或体系会提出新的质量要求。因此应定期评定质量要求、修订规范标准，不断开发新产品、改进老产品，以满足已变化的质量要求。

2. 工程质量

工程质量是指工程满足业主需求，并符合国家法律、法规、技术规范标准、设计文件及合同规定的特性综合。

建筑工程作为一种特殊的产品，除具有一般产品共有的质量特性，如性能、寿命、可靠性、安全性、经济性等满足社会需要的使用价值及其属性外，还具有特性的内涵。

（1）适应性

1）即功能，是指工程满足使用目的的各种性能。

2）理性性能：如尺寸规格、保温、隔热、隔音等物理性能，耐酸、耐腐蚀、防火、放风化、防尘等化学性能。

3）结构性能：地基基础牢固程度，结构足够强度、刚度和稳定性。

4）使用性能：如民用住宅工程要能使居住者安居，工业厂房要能满足生产活动需要，道路、桥梁、铁路、航道要能通达边界等。建设工程的组成部件、配件、水、暖、电、卫器具、设备也要能满足其使用功能。

5）外观性能：指建筑物的造型、布置、室内装饰效果、色彩等美观大方、协调等。

（2）耐久性

即寿命，是指工程在规定的条件下，满足规定功能要求使用的年限，也就是工程竣工后的合理使用寿命周期。

（3）安全性

安全性，是指工程建成后在使用过程中保证结构安全、保证人身和环境免受危害的程度。建设工程产品的结构安全度、抗震、耐火及防火能力，人民防空的抗辐射、抗核污染、抗爆炸波等能力，能否达到特定的要求，都是安全性的重要标志。

（4）可靠性

可靠性，是指工程在规定的时间和条件下完成规定功能的能力。工程不仅要求在交工验收时要达到规定的指标，而且在一定的使用时期内保持应有的正常功能。

（5）经济性

经济性，是指工程从规划、勘察、设计、施工到整个产品使用寿命周期内的成本和消耗的费用。

（6）环境的协调性

环境的协调性，是指工程与其周围生态环境协调，与所在地区经济环境协调以及与周围已建工程协调，以适应可持续发展的要求。

上述六方面的质量特性彼此之间是相互依存的，总体而言，适用、耐久、安全、可靠、经济、环保都是建筑工程质量必须达到的基本要求，缺一不可。但是对于不同门类不同专业的工程，可根据其所处的特定地域环境条件、技术经济条件的差异，有不同的侧重面。

3. 质量管理的八项原则

1）GB/T 19000 质量管理体系标准是我国按等同原则，从 2000 版 ISO 9000 族国际标准转化而成的质量管理体系标准。

2）八项质量管理原则是 2000 版 ISO 9000 族标准的编制基础，八项质量管理原则是世界各国质量管理成功经验的科学总结，其中不少内容与我国全面质量管理的经验相吻合。其贯彻执行能促进企业管理水平的提高，并提高顾客对其产品或服务的满意程度，帮助企业达到持续成功的目的。

3）质量管理八项原则的具体内容

原则一：组织（从事一定范围生产经营活动的企业）依存于其顾客。该组织应理解顾客当前的和未来的需求，满足顾客要求并争取超越顾客的渴望。

原则二：领导者确立本组织统一的宗旨和方向，并营造和保持员工充分参与实现组织目标的内部环境。因此领导在企业质量管理中起着决定的作用。只有领导重视，各项质量活动才能有效开展。

原则三：全员参与，各级人员都是组织之本，只有全员充分参加，才能使他们的才干为组织带来收益。产品质量是产品形成过程中全体人员共同努力的结果，其中也包含着为他们提供支持的管理、检查、行政人员的贡献。

企业领导应对员工进行质量意识等各方面的教育，激发他们的积极性和责任感，为其能力、知识、经验的提高提供机会，发挥创造精神，鼓励持续改进，给予必要的物质和精神奖励，使全员积极参与，为达到让顾客满意的目标而奋斗。

原则四：过程方法将相关的资源和活动作为过程进行管理，可以更高效地得到期望的结果。过程方法的原则不仅适用于某些简单的过程，也适用于由许多过程构成的过程网络。在应用于质量管理体系时，2000 版 ISO 9000 族标准建立了一个过程模式。

此模式把管理职责，资源管理，产品实现，测量、分析和改进作为体系的 4 大主要过程，描述其相互关系，并以顾客要求为输入，提供给顾客的产品为输出，通过信息反馈来测定顾客的满意度，评价质量管理体系的业绩。

原则五：管理系统办法将相互关联的过程作为系统加以识别、理解和管理，有助于组织提高实现其目标的有效性和效率。不同企业应根据系统的特点，建立资源管理、过程实现、测量分析改进等方面的管理关系，并加以控制。

采用过程网络的方法建立质量管理体系，实现系统管理。一般建立实施质量管理体系包括：

确定顾客期望；

建立质量目标和方针；

确定实现目标的过程和职责；

确定必须提供的资源；

规定测量过程有效性的方法；

实施测量确定过程的有效性；

确定防止不合格并清除产生原因的措施；

建立和应用持续改进质量管理体系的过程。

原则六：持续改进总体业绩是组织的一个永恒目标，其作用在于增强企业满足质量要求的能力，包括产品质量、过程及体系的有效性和效率的提高。持续改进是增强和满足质量要求能力的循环活动，是企业的质量管理走上良性循环的轨道。

原则七：基于事实的决策方法。有效的决策应建立在数据和信息分析的基础上，数据和信息分析是事实的高度提炼。以事实为依据做出决策，可防止决策失误。为此，企业领导应高度重视数据信息的收集、汇总和分析，以便为决策提供依据。

原则八：与供方互利的关系。组织与供方是相互依存的，建立双方的互利关系可以增强双方创造价值的能力。供方提供的产品是企业提供产品的一个组成部分。处理好与供方的关系，涉及企业能否持续稳定提供顾客满意产品的重要问题。因此，对供方不能只讲控制，不讲合作互利，特别是关键供方，更要建立互利关系，这对企业与供方双方都有利。

4. 质量管理体系文件的构成

1）GB/T 19000 质量管理体系标准对质量体系文件的重要性作了专门的阐述，要求企业重视质量管理体系文件的编制和使用。编制和使用质量管理体系文件本身是一项具有动态管理要求的活动。因为质量管理体系的建立、健全要从编制完善体系文件开始，质量管理体系的运行、审核与改进都是依据文件的规定进行，质量管理实施的结果也要形成文件，作为证实产品质量符合规定要求及质量管理体系有效的证据。

2）GB/T 19000 质量管理体系对文件提出明确要求，企业应具有完整和科学的质量管理体系文件。质量管理体系文件一般由以下内容构成：

形成文件的质量方针和质量目标；

质量手册；

质量管理标准所要求的各种生产、工作和管理的程序性文件；

质量管理标准所要求的质量记录。

5. 质量方针和质量目标

一般以简明的文字来表述，是企业质量管理的方向目标，应反映用户及社会对工程质量的要求及企业相应的质量水平和服务承诺，也是企业质量经营理念的反映。

6. 质量手册

1）质量手册是规定企业组织建立质量管理体系的文件，质量手册对企业质量管理体系作系统、完整和概要的描述。其内容一般包括：企业的质量方针、质量目标；组织机构及质量职责；体系要素或基本控制程序；质量手册的评审、修改和控制的管理办法。

2）质量手册作为企业质量管理体系的纲领性文件，具有指令性、系统性、协调性、先进性、可行性和可检查性。

7. 程序文件

质量管理体系程序文件是质量手册的支持性文件，是企业业务职能部门为落实质量手册要求而规定的细则，企业为落实质量管理工作而建立的各项管理标准、规章制度都属程序文件范畴。各企业程序文件的内容及详略可视企业情况而定。一般以下六个方面的程序为通用性管理程序，各类企业都应在程序文件中制定：

1）文件控制程序；

2）质量记录管理程序；

3）内部审核程序；

4）不合格品控制程序；

5）纠正措施控制程序；

6）预防措施控制程序。

除以上六个程序以外，涉及产品质量形成过程各环节控制的程序文件，如生产过程、服务过程、管理过程、监督过程等管理程序，不作统一规定，可视企业质量控制的需要而制定。为确保过程的有效运行和控制，在程序文件的指导下，尚可按管理需要编制相关件，如：作业指导书、具体工程的质量计划等。

8. 质量记录

1）质量记录是产品质量水平和质量体系中各项质量活动进行及结果的客观反映。对质量管理体系程序文件所规定的运行过程及控制、测量、检查的内容，应如实加以记录，用以证明产品质量达到合同要求及质量标准的满足程度。

2）如在控制体系中出现偏差，则质量记录不仅需反映偏差情况，而且应反映出针对不足之处所采取的纠正措施及纠正效果。

3）质量记录应完整地反映质量活动实施、验证和评审的情况，并记载关键活动的过程参数，具有可追溯性的特点。质量记录以规定的形式和程序进行，并有实施、验证、审核等签署意见。

9. 质量管理体系的建立和运行

1）质量管理体系的建立是企业按照八项质量管理原则，在确定市场及顾客需求的前提下，制定企业的质量方针、质量目标、质量手册、程序文件及质量记录等体系文件，确定企业在生产（或服务）全过程的作业内容、程序要求和工作标准，并将质量目标分解落实到相关层次、相关岗位的职能和职责中，形成企业质量管理体系执行系统的一系列工作。

质量管理体系的建立还包含着组织不同层次的员工培训，使员工了解体系工作和执行要求，为形成全员参与的企业质量管理体系的运行创造条件。

2）质量管理体系的建立需识别并提供实现质量目标和持续改进所需的资源，包括人员、基础设施、环境、信息等。

3）质量管理体系的运行是在生产及服务的全过程按质量管理文件体系制定的程序、标准、工作要求及目标分解的岗位职责进行操作运行。

4）质量管理体系运行的过程中，按各类体系文件的要求，监视、测量和分析过程中的有效性和效率，做好文件规定的质量记录，持续收集、记录并分析过程的数据信息，全面体现产品的质量和过程符合要求及可追溯的效果。

5）按文件规定的办法进行管理评审和考核：过程运行的审评。

6）落实质量管理体系的内部审核程序，有组织、有计划地开展内部质量审核活动，其主要目的是：评价质量管理时程序的执行情况及适用性；揭露过程中存在的问题，为质量改进提供依据；建立质量体系运行信息；向外部审核单位提供体系有效的证据。

为确保系统内部审核的效果，企业领导应进行决策，制定审核政策、计划，组织内审人员队伍，落实内部审核并对审核发现的问题采取纠正措施和提供人、财、物等方面的支持。

10. 施工单位的质量责任和义务

根据《建设工程质量管理条例》和《建筑法》的规定，施工单位在质量方面有如下责任和义务：

1）应当依法取得相应等级的资质证书，并在其资质等级许可的范围内承揽工程。禁止超越本单位资质等级许可的业务范围或者以其他施工单位的名义承揽工程。禁止允许其他单位或者个人以本单位的名义承揽工程。不得转包或者违法分包工程。

2）对建设工程的施工质量负责。应当建立质量责任制，确定工程项目的项目经理、技术负责人和施工管理负责人。

3）建设工程实行总承包的，总承包单位应当对全部建设工程质量负责；建设工程勘察、设计、施工、设备采购的一项或者多项实行总承包的，总承包单位应当对其承包的建设工程或者采购的设备的质量负责。

4）总承包单位依法将建设工程分包给其他单位，分包单位应当按照分包合同的约定对其分包工程的质量向总承包单位负责，总承包单位应当对其承包的建设工程的质量承担连带责任。

5）必须按照工程设计图纸和施工技术标准施工，不得擅自修改工程设计，不得偷工减料。在施工过程中发现设计文件和图纸有差错的，应当及时提出意见和建议。

6）必须按照工程设计要求、施工技术标准和合同约定，对建筑材料、建筑构配件、设备和商品混凝土进行检验，检验应当有书面记录和专人签字；未经检验或者检验不合格的，不得使用。

7）必须建立健全施工质量的检验制度，严格工序管理，做好隐蔽工程的质量检查和记录。隐蔽工程在隐蔽前，应当通知建设单位和建设工程质量监督机构。

8）施工人员对涉及结构安全的试块、试件以及有关材料，应当在建设单位或者工程监理单位监督下现场取样，并送具有相关资质等级的质量检测单位进行检测。

9）对施工中出现质量问题的建设工程或者竣工验收不合格的建设工程，应当负责返修。

10）应当建立健全教育培训制度，加强对职工的教育培训；未经教育培训或者考核不合格的人员，不得上岗作业。

11. 质量相关人员的责任和义务

认真贯彻国家和上级质量管理工作的方针、政策、法规和建筑施工的技术标准、规范、规程及各项质量管理制度，结合工程项目的具体情况，制定质量计划和工艺标准，认真组织实施。

工程项目质量计划是针对工程项目实施质量管理的文件，包括以下主要内容：

1）确定工程项目的质量目标。依据工程项目的重要程度和工程项目可能达到的管理水平，确定工程项目预期达到的质量等级。

2）明确工程项目领导成员和职能部门（或人员）的职责、权限。

3）明确工程项目从施工准备到竣工交付使用各阶段质量管理的要求，对于质量手册、程序文件或管理制度中没有明确的内容，如材料检验、文件和资料控制、工序控制等做出具体规定。

4）项目全过程应形成的施工技术资料等。

5）工程项目质量计划经批准发布后，工程项目的所有人员都必须贯彻实施，以规范各项质量活动，达到预期的质量目标。

6）运用全面质量管理的思想和方法，实行工程质量控制。在分部、分项工程施工中，确定质量管理点，组成质量管理小组，进行 PDCA 循环，不断地克服质量的薄弱环节，推动工程质量的提高。

7）认真进行工程质量检查。贯彻群众自检和专制检查相结合的方法，组织班组进行自检活动，做好自建数据的积累和分析工作；专制质量检查员要加强施工过程中的质量检查工作，做好预检和隐蔽工程验收工作。要通过群众自检和专制检查，发现质量问题，及时进行处理，保证不留质量隐患。

8）组织工程质量的检验评定工作。按照国家施工及验收规范、建筑安装工程质量检查标准和设计图纸，对分项、分部和单位工程进行质量检验评定。

9）做好工程质量的回访工作。工程交付使用后，要进行回访，听取用户意见，并检查工程质量的变化情况。即时收集质量信息，对于施工不善造成的质量问题，要认真处理，系统地总结工程质量的薄弱环节，采取相应的纠正措施和预防措施，克服质量通病，不断提高工程质量水平。

12. 工程质量管理的基础工作

（1）质量教育

为了保证提高工程质量，必须加强全体职工的质量教育，其主要内容有：

1）质量意识教育。要使全体职工认识到保证和提高质量对国家、企业和个人的重要意义，树立"质量第一"和"为用户服务"的思想。

2）质量管理知识的普及宣传教育。要使企业全体职工了解全面质量管理知识的基本思想、基本内容，掌握其常用的数理统计方法和标准，懂得质量管理小组的性质、任务和工作方法。

3）技术培训。让工人熟悉掌握市政工程技术和规程等。技术和管理人员要熟悉施工验收规范、质量评定标准，原材料、构配件的技术要求及质量标准，以及质量管理的方法等。专职质量检验人员能正确检验和计量测试方法，熟练使用其仪器、仪表和设备。要通过培训使全体职工具有保证质量和技术业务知识的能力。

（2）质量管理的标准化

质量管理中的标准化，包括技术工作和管理工作的标准化。技术标准有产品质量标准、操作标准、各种技术定额等；管理工作标准有各种管理业务标准、工作标准等，即管理工作的内容、方法、程序和职责权限。质量管理标准化工作的要求是：

1）不断提高标准化程度；

2）加强标准化的严肃性。

（3）质量管理的计量工作

质量管理的计量工作，包括生产时的投料计量，生产过程中的监测计量和对原材料、成品、半成品的试验、检测、分析计量等。搞好质量管理计量工作的要求是：

1）合理配备计量器具和仪表设备，妥善保管。

2）制定有关测试规程和制度，合理使用和定期检定计量器具。

3）改革计量器具和测试方法，实现检测手段现代化。

（4）质量情报

质量情报是反映产品质量、工作质量的有关信息。其来源：

1）通过对工程使用情况的回访调查或收集用户的意见得到的质量信息；

2）从企业内部收集到的基本数据、原始记录等有关工程质量的信息；

3）从国内外同行业搜集的反映质量发展的新水平、新技术的有关情报等。

（5）建立健全质量责任制

建立和健全质量责任制，使企业每一个部门、每一个岗位都有明确的责任，形成一个严密的质量管理工作体系。它包括各级行政领导和技术负责人的责任制、管理部门和管理人员的责任制和工人岗位责任制。其主要内容包括：

1）建立质量管理体系，全面开展质量管理工作。

2）建立健全保证质量的管理制度，做好各项基础工作。

3）组织各种形式的质量检查，经常开展质量动态分析，针对质量通病和薄弱环节，采取技术、组织措施。

4）认真执行奖惩制度，奖励表彰先进，积极发动和组织各种竞赛活动。

5）组织对重大质量事故的调查、分析和处理。

（6）开展质量管理小组活动

质量管理小组简称 QC 小组，是质量管理的群众基础，也是职工参加管理和"三结合"攻关解决质量问题、提高企业素质的一种形式。

九、掌握施工质量计划的内容和编制方法

施工项目质量计划是指确定施工项目的质量目标和如何达到这些质量目标所规定必要的作业过程、专门的质量措施和资源等工作。

（1）施工项目质量计划的主要内容

1）编制依据；

2）项目概述；

3）质量目标；

4）组织机构；

5）质量控制及管理组织协调的系统描述；

6）必要的质量控制手段，施工过程、服务、检验和试验程序及与其相关的支持性文件；

7）确定关键过程和特殊过程及作业指导书；

8）与施工阶段相适应的检验、试验、测量、验证要求；

9）更改和完善质量计划的程序。

（2）施工项目质量计划编制的依据和要求

1）工程承包合同、设计文件；

2）施工企业的《质量手册》及相应的程序文件；

3）施工操作规程及作业指导书；

4）各专业工程施工质量验收规范；

5）《建筑法》、《建设工程质量管理条例》、环境保护条例及法规；

6）安全施工管理条例等。

十、熟悉工程质量控制的方法

1. 施工质量控制的特点

施工质量控制是在明确的质量方针指导下，通过对施工方案和资源配置的计划、实施、检查和处置，进行施工在质量目标事前控制、事中控制和事后控制的系统过程。

施工质量控制的特点是由工程项目的工程特点和施工生产的特点决定的，工程项目的工程特点和施工生产的特点如下：

1）施工的一次性；

2）工程的固定性和施工生产的流动性；

3）产品的单件性；

4）工程形体庞大；

5）生产的约束性。

施工质量控制的特点包括：

1）控制因数多；

2）控制难度大；

3）过程控制要求高；

4）终检局限大。

在熟悉工程质量控制的概念和特点后，质量控制方法应根据人、机、料、法、环、测等6个影响因素进行工程质量的控制。

2. 加强事前控制

（1）培训、优选施工人员，奠定质量控制基础

工程质量的形成受到所有参加工程项目施工的管理技术干部、操作人员、服务人员的共同作用，他们是形成工程质量的主要因素。

首先，要控制施工质量，就要培训、优选施工人员，提高他们的素质

和质量意识。

按照全面质量管理的观点，施工人员应当树立五大观念：质量第一的观念、预控为主的观念、为用户服务的观念、用数据说话的观念以及社会效益和企业效益相结合的观念。

其次是人的技术素质。管理干部、技术人员应有较强的质量规划、目标管理、施工组织和技术指导、质量检查的能力；生产人员应有精湛的技术技能、一丝不苟的工作作风，严格执行质量标准和操作规程的法制观念；服务人员则应做好技术和生活服务，以出色的工作质量，间接地保证工程质量。提高人的素质，靠质量教育、靠精神和物质激励的有机结合，靠培训和优选。

施工前对各专业施工班组进行培训，提高他们的质量意识和操作水平，使各分项工程质量一次成优率达标，实现预定管理目标。

（2）严格控制建材、建筑构配件和设备质量，打好工程建设物质基础

《建筑法》明确指出："用于建筑工程的材料、构配件、设备必须符合设计要求和产品质量标准。"因此，要把住"四关"，即采购关、检测关、运输保险关和使用关。

1）优选采购人员，提高他们的政治素质和质量鉴定水平。挑选那些有一定专业知识、忠于事业、守信于项目经理的人任采保人员。

2）掌握信息，优选送货厂家。

掌握质量、价格、供货能力的信息，选择国家认证许可、有一定技术和资金保证的供货厂家，选购有产品合格证、有社会信誉的产品。这样既可控制材料质量，又可降低材料成本。针对建材市场产品质量混杂情况，还要对建材、构配件和设备实行施工全过程的质量监控。

3）施工项目所有主材严格按设计要求，应有符合规范要求的质保书，对进场材料，除按规定进行必要的检测外，对质保书项目不全的产品，应进行分析、检测、鉴定。

（3）推行科技进步，全面质量管理，提高质量控制水平

施工质量控制与技术因素息息相关。技术因素除了人员的技术素质外，还包括装备、信息、检验和检测技术等。

1）科技是第一生产力，体现了施工生产活动的全过程。技术进步的

作用，最终体现在产品质量上。为了工程质量，应重视新技术、新工艺的先进性、适用性。在施工的全过程，要建立符合技术要求的工艺流程、质量标准、操作规程，建立严格的考核制度，不断地改进和提高施工技术和工艺水平，确保工程质量。

2）"管理也是生产力"，管理因素在质量控制中举足轻重。建筑工程项目应建立严密的质量保证体系和质量责任制，明确各自责任。施工过程的各个环节要严格控制，各分部、分项工程均要全面实施到位管理。

3）在实施全过程管理中要根据施工队伍自身情况和工程的特点及质量通病，确定质量目标和攻关内容。再结合质量目标和攻关内容编写施工组织设计，制订具体的质量保证计划和攻关措施，明确实施内容、方法和效果。

4）在实施质量计划和攻关措施中加强质量检查，其结果要定性分析，得出结论。"经验"加总结并转化成今后保证质量的"标准"和"制度"，形成新的质保措施；"问题"则要作为以后质量管理的预控目标。

3. 加强事中控制

（1）项目部要落实质量责任制

1）实施工程项目管理需要综合考虑多方面的管理要素，不同的项目具有不同的管理重点，企业应始终贯彻项目经理责任制是项目管理基础的原则。落实项目经理责任制首先在于明确责任制的基本内容，项目经理受企业委托对项目进行管理，项目经理应负责并确保完成承包合同，降低目标成本，并落实质量、安全，达到各方面的要求。

2）在项目实施的过程中，对项目中的一些重要行为，如材料的选购、分包商的确定，企业应规定项目管理的一般方法和原则，以便项目经理参照执行。这样可以防止个别人在建设过程中利用职权牟取私利，又可以减少可能出现的工程质量问题，保证公司的信誉。

（2）注意防治电气工程质量通病

1）防雷接地不符合要求；

2）室外进户管预埋不符合要求；

3）电线管（钢管、PVC管）敷设不符合要求；

4）导线的接线、连接质量和色标不符合要求；

5）配电箱的安装、配线不符合要求；

6）开关、插座的盒和面板的安装、接线不符合要求；

7）灯具、吊扇安装不符合要求；

8）电缆、母线安装不符合要求；

9）室内外电缆沟构筑物和电缆管敷设不符合要求；

10）路灯、草坪灯、庭院灯和地灯的安装不符合要求；

11）电话、电视系统的敷线、面板接线不符合要求；

12）消防、智能系统的探头安装不符合要求。

（3）电气工程质量通病产生的原因

从事电气安装的人员技术素质差；电气材料市场混乱，把关不严；施工企业对电气安装质量不够重视；两个专业配合不够。

（4）防治电气工程质量通病的措施

从思想上提高认识，提高住宅电气安装的设计水平；加强管理，健全质量保证体系；把好原材料进场关，控制材料质量；严把电气安装工程验收关。

4. 加强事后控制

（1）严格按照质量验收标准对已完工程进行验收

建筑电气设备安装工程，所用材料、电器、设备、成品、半成品的品牌、型号、规格、性能和施工工艺安装质量，必须符合设计要求和《建筑电气工程施工质量验收规范》（GB 50303—2015）及有关专业规范、标准。建筑电气安装工程中质量允许偏差，但应符合规范有关规定，一般项目质量允许偏差和检查方法应符合相关规定。

（2）对工程不合格品的处理

对于电气安装工程中存在的不合格品，应及时进行返工处理，以确保工程质量。

十一、了解施工试验的内容、方法和判定标准

应根据不同试验项目，了解质量验收规范及材料产品标准中对其各项性能的具体要求，了解试验需要检测的具体项目、检测方法和判定标准。

建筑电气工程主要建筑原材料及中间产品检测预定方法，见表1-20。

表 1-20　建筑电气工程主要建筑原材料及中间产品检测预定方法

名称	样品组数	样品数量	取样方法	检测项目
电线	≥3 规格	每组 30m	同一生产厂家,同一原料、配方和工艺,连续生产同一规格为一批。批量由生产厂和使用方商定。随机取样。	绝缘厚度、外径、导体电阻试验、耐压试验、绝缘电阻标志耐擦性、不延燃试验
电缆		每组 5m	同一生产厂家、同一原料、配方和工艺。连续生产同一规格为一批。批量由生产厂和使用方商定。随机取样。	结构尺寸、标志、电性能、绝缘及护套机械物理性能、电缆单根垂直燃烧试验
照明开关	不少于1 规格	每组 9/6 只	同一生产厂家、同一原料、同种工艺连续生产同规格为一批。批量由生产厂按产量或生产周期决定。随机取样。	防触电保护、电气间隙、爬电距离、防潮试验、耐热性、耐燃、机械强度、操作能力
插头、插座	不少于1 规格	每组 9/6 只	同一生产厂家、同一原料、同种工艺连续生产同规格为一批。批量由生产厂按产量或生产周期决定。随机取样。	防触电保护、电气间隙、爬电距离、防潮试验、耐热性、耐燃、机械强度、正常操作
插头、插座	不少于1 规格	每组 9/6 只	已按设计组装完毕。同品牌、同批次随机取样多层建筑按其总回路的 10% 抽检,高层、小高层按其总回路的 5% 抽检。其中住宅楼不以回路而以户为单位抽测,同一生产厂家、同种材料、同种工艺,连续生产同一规格为一批。批量由生产厂按产量或生产周期决定,随机取样数量。	防触电性能电气间隙、爬电距离、过流脱口特性、耐湿热性能、耐热性

名称	样品组数	样品数量	取样方法	检测项目
过电流保护断路器	2规格/3规格	1个/6只	已按设计组装完毕。同品牌、同批次随机取样、多层建筑按其总回路的10%抽检，高层、小高层按其总回路的5%抽检。其中住宅楼不以回路而以户为单位抽测，同一生产厂家、同种材料、同种工艺、连续生产同一规格为一批。批量由生产厂按产量或生产周期决定，随机取样数量。	防触电性能、电气间隙、爬电距离、过流脱口特性、耐湿热性能、耐热性
配电箱	2规格/3规格	1个/6只	已按设计组装完毕。同品牌、同批次随机取样、多层建筑按其总回路的10%抽检，高层、小高层按其总回路的5%抽检。其中住宅楼不以回路而以户为单位抽测，同一生产厂家、同种材料、同种工艺连续生产同一规格为一批。批量由生产厂按产量或生产周期决定随机取样数量。	外观检查、电气间隙、爬电距离、耐压试验、绝缘电阻、接地电阻、耐压试验
电工套管	≥3规格	每组4根	同一生产厂家、同种材料、同生产工艺，连续生产同一规格为一批。批量由生产厂按产量或时间决定。随机取样。	外观尺寸、内外径、壁厚、抗压性能、冲击性能、弯曲性能、耐热性能、阻燃性能、电气性能
电缆电线			同厂家各种规格总数的10%，且不少于2个规格。	绝缘厚度、最薄点厚度、外形尺寸、导体电阻、电压试验、绝缘电阻、不延燃试验

121

十二、掌握工程质量问题的分析、预防及处理方法

1. 常用电气主要设备和材料问题

（1）质量问题

1）无产品合格证、生产许可证、技术说明书和检测试验报告等文件资料；

2）导线电阻率高、熔点低、机械性能差、截面小于标称值、绝缘差、温度系数大、尺寸（每卷长度）不够数等；

3）电缆耐压低、绝缘电阻小、抗腐蚀性差、耐温低，内部接头多、绝缘层与线芯严密性差；

4）动力、照明、插座箱外观差，几何尺寸达不到要求，钢板、塑壳厚度不够，影响箱体强度，耐腐蚀性达不到要求；

5）开关、插座导电值与标称值不符，导电金属片弹性不强，接触不好，易发热，达不到安全要求，塑料产品阻燃低、耐温、安全性能差等；

6）灯具、光源粗制滥造，机械强度差，防锈防腐性能差，使用寿命短等；

7）各种电线管壁薄、强度差，镀锌层质量不符合要求，耐折性差等。

（2）原因分析

1）电气市场混乱，假冒伪劣产品和无证产品多。

2）采购人员识别真假能力差，把关不严。

（3）预防措施

1）领导重视，监理人员、采购人员要把好质量关。可通过考查，直接到有一定生产规模、信誉好、产品过硬的厂家进货，减少中间环节。

2）电气设备、材料进入施工现场后，保管员协同监理工程师，首先检查货场是否符合规范要求，核对设备、材料的型号、规格、性能参数是否与设计一致。

3）清点说明书、合格证、零配件，并进行外观检查，做好开箱记录，并妥善保管；对主要材料，应有出厂合格证或质量证明书等。对材料质量发生怀疑时，应现场封样，及时到当地有资质的检测部门去检验，合格后方能进入现场投入使用。

2. 线管敷设的问题

（1）质量问题

1）薄壁管代替厚壁管，黑铁管代替镀锌管，PVC 管代替金属管。

2）穿线管弯曲半径太小，并出现弯瘪、弯皱，严重时出现"死弯"。管子转弯不按规定设过渡盒。

3）金属管口毛刺不处理，直接对口焊接，丝扣连接处和通过中间接线盒时不焊跨接钢筋，或焊接长度不够，"点焊"和焊穿管子现象严重。镀锌管和薄壁钢管不用丝接，用焊接。

4）钢管不接地或接地不牢。

5）管子埋墙、埋地深度不够，预制板上敷管交叉太多，影响土建施工。现浇板内敷管集中成排成捆影响结构安全。

6）管子通过结构伸缩缝及沉降缝不设过路箱，留下不安全的隐患。

7）明、暗管进箱进盒不顺直，挤成一捆，露头长度不合适，钢管不套丝、PVC 管无锁紧。

（2）原因分析

1）施工人员对施工规范不熟悉，或没有进行过专业培训，技术不过硬；

2）操作中不认真负责，图省事方便，监理工程师及现场管理人员要求不严，监督不够。

（3）预防措施

1）严格按设计和规范下料配管，监理专业工程师严格把关，管材不符合要求不准施工。

2）配管加工时要掌握：明配管只有一个 90°弯时，弯曲半径≥管外径的 4 倍；两个或三个 90°弯时，弯曲半径≥管外径的 6 倍；暗配管的弯曲半径≥管外径的 6 倍；埋入地下和混凝土内管子弯曲半径≥管外径的 10 倍。

3）镀锌管和薄壁钢管内径≤25mm 的可选用不同规格的手动弯管器，内径≥32mm 的钢管用液压弯管器。管子根据内径选用不同规格的弹簧弯管，内径≥32mm 的管子煨弯，如大量加工时，可用专制弯管的烘箱加热。做到管子弯曲后，管皮不皱、不裂、不变质。PVC 对接时，建议采用整料套管对接法，并粘接牢固。

4）配管超过下列长度时可在适当位置加过线盒（此盒方便穿线，但不允许接线）：

直线 50m；30m，无弯曲；20m，一个 90°弯；15m，二个 90°弯；8m，三个 90°弯。

5）禁止用割管器切割钢管，用钢锯锯口要平（不斜），管口用圆锉把毛刺处理干净。直径≥40mm 的厚壁管对接时采用焊接方式，不允许管口直接对焊。直径≤32mm 管子应套丝连接，或用套管紧定螺钉连接，不应熔焊连接。连接处和中间放接线盒采用专用接地卡跨接。

6）明管、暗管必须按规范要求可靠接地，进入配电箱的镀锌管、薄壁管用专业接地线卡和≥2.5mm 的双色 BV 导线与箱体连接牢固。直径≥40mm 的管子进入配电箱可以用点焊法固定在箱体上，并注意防锈防腐。

7）管子埋入墙内或地面内，管子外表面距墙面、地面深度≥20mm，保证墙面、地面沿管子不裂缝。预制板上敷管尽量避免交叉，如果 20mm 管子穿线超过规定根数，可并放 1 根 16mm 管子分穿。现浇楼板内敷管，禁止成捆敷设，应成排分开间隔放置，减少对地板结构的影响。

8）管子通过伸缩缝和沉降缝应按设计要求施工，过渡箱（盒）放置应平整牢固。

9）明管、暗管进箱、进盒内要顺直。管子外径如果与箱体预留孔眼相符应尽量使用，如果管径比箱子孔眼小得较多，再用钻孔器开孔；管径比箱体孔眼大时，应在箱体孔眼的基础上扩大。禁止用气割或电焊吹孔。管子较多应成排进箱，并留有适当的间隔。管子进箱长度 3～5mm，排列要整齐。

3. 吊顶层内配管问题

（1）存在的问题

1）配管走向不规则，线路歪斜，高低起伏。钢管跨接接地线焊接质量差，虚焊、夹渣、焊穿及"点焊"。金属软管未作跨接接地保护线；留管长度不合适，使导线外露；接线盒不盖板；防锈、防腐不到位。

2）吊支架设置不对称，距离过大，有的把管子直接搭在龙骨上用铁丝或导线固定。

（2）原因分析

1）施工人员认为在吊顶层的管子看不到就随意施工、马虎了事，不负责任。

2）监理人员不认真检查就验收签字。

（3）预防措施

1）要求施工人员在顶棚内配管应按明配管工艺要求施工，尽量做到"横平竖直"，少走斜道少交叉；

2）镀锌管或黑铁管跨接接地线仍按明管暗管中的规定去做，黑铁管和各焊接处应除锈、去渣、刷防锈漆和面漆；

3）吊架、支架、管卡的设置按规定施工，并除锈、刷防锈漆和面漆。

4. 配电箱体、接线盒、吊扇钩预埋问题

（1）存在的问题

1）配电箱体、接线盒、吊钩不按图设置，坐标偏移明显，成排灯位、吊扇钩盒偏差大；

2）现浇混凝土墙面、柱子内的箱、盒歪斜不正，凹进去的较深，管子口进箱、盒太多；

3）箱盒固定不牢，被振捣移位或混凝土浆进入箱盒，箱盒不作防锈防腐处理。

（2）原因分析

施工马虎，责任心不强，土建工人与电工配合不当。

（3）预防措施

1）灯具、开关、插座、吊扇钩盒预埋时，应符合图纸要求，在定位时，左右、前后盒位允许偏差≤50mm，同一室内的成排布置的灯具和吊扇中心允许偏差≤5mm，开关盒距门框一般为150～200mm，高度按图说明去做，如果没有说明一般场合不低于1.3m，托儿所、幼儿园、住宅和小学不低于1.8m。

2）在现浇混凝土内预埋箱盒要紧靠模板，固定牢，密封要好。混凝土浇筑时，电工要24小时时刻盯住PVC配管和箱盒不被损坏移位，出现问题及时解决。模板拆除后，及时清理箱盒内的杂物和锈斑，刷防锈防腐漆。

3）在预埋施工中，根据现浇板的厚度，吊扇钩用 φ10 圆钢先弯一个内径 35～40mm 的圆圈，把圆圈与钢筋缓缓地折成 90°，插入接线盒底中间，再根据板厚把剩余钢筋头折成 90°，搭在板筋上焊牢。模板拆除后，把吊环折下，圆钢调垂直，位于盒中心，吊钩与金属盒清理干净，刷防锈防腐。

5. 导线穿管、连接与包扎问题

（1）存在的问题

1）导线弯曲扭劲拉进电管，管内导线接头，导线色标混同；

2）导线连接五花八门，多股线不压鼻，多根单线压在一起，接头不搪锡，剥线工具把导线剪伤，螺栓少垫圈、弹簧片等；

3）包扎不紧密，工序不到位，仅用塑胶带或用黑胶布包扎，所用胶带、胶布过期不粘等。

（2）原因分析

操作人员思想不重视，对规范不了解。对各种颜色的导线需求量统计不准确，随便替代。对导线的连接工艺不熟悉，对导线包扎的工序不清楚。

（3）预防措施

1）导线穿管前，检查钢管管口和防护套。PVC 管口是否完好，检查管内是否有杂物堵塞，如果管内有杂物，用压缩空气（0.25MPa）吹出杂物，也可用铁丝扎布条把杂物拉出管子。

2）放线要用放线盘缓缓放线，并用棉纱包住导线把线抹直。导线颜色的使用，一般凡有三相导线（A、B、C 相），色标用黄、绿、红色区别；单相相线用红色，零线用蓝色，PE 保护线用黄绿双色线。

3）裸露导线要搪锡，防氧化。在每个接线螺栓或接线端子上连接导线不超过 2 根，在螺栓接 2 根导线时中间应加平垫片。多股导线连接，宜采用镀锌铜接头压接。吊装灯具引下线应用软导线并与吊链编织交叉在一起进灯罩，软线两端均应作保险扣，防止受力。

对于单芯导线可采用安全压线帽连接法。凡是搪锡的线头都要把焊油渣清除干净（用工业酒精擦），防止焊油氧化导线。

4）管内导线严禁接头；导线接头包扎，应先用橡胶带或黄蜡带（塑料带也可以）用力紧缠两层，然后用黑胶布或自黏性塑料带缠两层，包扎要紧密坚实，使绝缘带牢固粘在一起，防潮气侵入。

6. 开关、插座、灯具、吊扇安装问题

（1）存在的问题

1）开关、插座、灯具、吊扇安装偏位，在同一房间、走廊内，成排灯具和吊扇水平度、直线度偏差超过规定值；

2）日光灯用导线代替吊链，引下线用硬导线，软导线不和吊链编叉直接接灯，导线在日光灯罩上面敷设；

3）吊扇钩预埋与接线盒距离过大，吊扇上罩遮不住接线盒孔洞，导线外露，吊扇钩圆钢小于φ10，吊钩不预埋，吊扇固定在龙骨上；

4）直接装在顶板上的吸顶灯不装圆木台（方木台）或木台质量差，装在吊顶板上的吸顶灯不做固定框，直接用自攻螺钉固定在顶板上；

5）需要接地的灯具罩壳不接地。

（2）原因分析

由于预埋接线盒偏位引起开关、插座、灯具、吊扇安装偏位，安装成排灯具和吊扇时没有拉线定位。对灯具接线、导线连接、导线包扎操作规程不熟悉，安装方法没掌握，吊钩预埋图省事。

（3）预防措施

1）电气预埋施工要定位准确，特别是成排的灯具与吊扇接线盒（吊扇吊钩）预埋定位要精确，因为接线盒埋好后，安装吊扇左右前后调整余地很小。

2）吊装的日光灯应根据图纸要求的规格型号，把预埋接线盒的位置定在吊链的一侧，不要放在灯中心，这样日光灯的引下线就可以与吊链编织在一起进灯具，吊链环附近如果没现成的孔洞，可另钻一孔，使导线进灯具，不要沿灯罩上敷设导线从中间孔进灯具。

3）吊钩穿入接线盒预埋在混凝土楼板内，这样吊扇上罩可以完全遮住接线盒孔，避免导线外露。穿过吊顶层安装吊扇，必须在顶板上预埋固定装置，吊杆穿出要绝对垂直，如果不垂直，吊扇转动时引起摆动，振动吊顶层，有时还会发出噪音。

4）大型吸顶灯或大型吊灯，必须安装固定框或预埋吊钩。灯具外壳要求接地的，必须牢固接线，保证安全。

7. 防雷接地的问题

（1）存在的问题

1）设计人员在轻型彩钢屋面板上设置 φ10 镀锌钢筋作避雷网时，避雷接地极测试点说明不妥；

2）防雷接地极、避雷网施工中，焊接不符合要求；

3）接地极电阻测试点设置不符合要求。

（2）原因分析

设计人员对彩钢板施工不熟悉，施工人员对防雷安全不重视，或没有参加过培训，不知道如何施工或对设置防雷的概念不清楚，模棱两可，似懂非懂。

（3）预防措施

1）设计轻型彩钢屋面板避雷网带时，如果固定，要考虑怎样利用彩钢板。

2）现在的避雷接地极一般采取桩基筋、基础筋焊接为一体，通过柱筋连接到避雷网。设计图上再出现"断接卡"测试点不妥，应改为设置接地极测试点。测试点用 2.5×25 镀锌扁铁引进。

3）利用基础钢筋做接地极时，一般用内、外两根主筋，把整个基础内、外两根主筋一圈的搭接处焊牢，再把圈内纵、横基础两边的主筋与外围两根主筋搭接焊牢，有桩基的用两根桩筋按设计要求的点连接到基础主筋上，然后按图纸指定的柱筋（一般用外侧两根）焊接到基础主筋上作为引下线。

为了焊接质量，往往要求各钢筋的搭接焊接处再用 φ10 圆钢跨接。各焊接点按要求双面焊，焊接长度为各钢筋直径的 6 倍，不允许点焊。避雷网带用 φ10 镀锌圆钢，钢筋对接时应双面焊，焊接长度为 60mm，搭接处应平放。

4）在高层住宅防雷施工中，9 层以上的金属门窗框应用 2.5×25 镀锌扁铁与接地筋焊接，防止侧雷击在门框、窗户上。从一层至顶层每隔一层的圈梁外围主筋搭接处跨钢筋焊牢，再接到避雷引下线的柱筋作为均压环。

第二章
法律法规及质量验收规范

　　本章主要介绍与质量相关的国家法律法规、部门规章条例和管理办法等。法律法规是规范企业市场行为，确保工程质量的重要保障，质量员须掌握与质量相关的法律法规。

　　质量验收规范是质量员进行质量检查、验收，判断是否合格的重要依据，质量员须掌握相关的质量验收规范。同时，对于施工规范和技术规程等质量员也应有所了解。要注意的是各种标准规范在不断修订，使用时须核对规范的版本，确认规范的有效性。

第一节　质量相关法律法规

　　本节主要介绍了《中华人民共和国建筑法》、《建设工程质量管理条例》《房屋建筑和市政基础设施工程施工图设计文件审查管理办法》《房屋建筑和市政基础设施工程质量监督管理规定》《房屋建筑和市政基础设施工程竣工验收规定》《关于做好房屋建筑和市政基础设施工程质量事故报告和调查处理工作的通知》《关于修改〈房屋建筑工程和市政基础设施工程竣工验收备案管理暂行办法〉的决定》《房屋建筑工程质量保修办法》《建筑工程五方责任主体项目负责人质量终身责任追究暂行办法》等与质量相关的法律法规和部门条例管理办法等，并对其中与质量相关的内容进行了摘录。

一、《中华人民共和国建筑法》

建筑法是建筑行业的最高法规，是建筑行业的基本大法，《中华人民共和国建筑法》经 1997 年 11 月 1 日第八届全国人大常委会第 28 次会议通过，分总则、建筑许可、建筑工程发包与承包、建筑工程监理、建筑安全生产管理、建筑工程质量管理、法律责任、附则等 8 章 85 条，自 1998 年 3 月 1 日起施行。根据 2011 年 4 月 22 日第十一届全国人大常委会第 20 次会议《关于修改〈中华人民共和国建筑法〉的决定》修正，自 2011 年 7 月 1 日起施行。建筑法中涉及专业工程质量的条文主要有：

第一条　为了加强对建筑活动的监督管理，维护建筑市场秩序，保证建筑工程的质量和安全，促进建筑业健康发展，制定本法。

第十条　在建的建筑工程因故中止施工的，建设单位应当自中止施工之日起一个月内，向发证机关报告，并按照规定做好建筑工程的维护管理工作。

建筑工程恢复施工时，应当向发证机关报告；中止施工满一年的工程恢复施工前，建设单位应当报发证机关核验施工许可证。

第十四条　从事建筑活动的专业技术人员，应当依法取得相应的执业资格证书，并在执业资格证书许可的范围内从事建筑活动。

第十五条　建筑工程的发包单位与承包单位应当依法订立书面合同，明确双方的权利和义务。

发包单位和承包单位应当全面履行合同约定的义务。不按照合同约定履行义务的，依法承担违约责任。

第五十四条　建设单位不得以任何理由，要求建筑设计单位或者建筑施工企业在工程设计或者施工作业中，违反法律、行政法规和建筑工程质量、安全标准，降低工程质量。

建筑设计单位和建筑施工企业对建设单位违反前款规定提出的降低工程质量的要求，应当予以拒绝。

第五十五条　建筑工程实行总承包的，工程质量由工程总承包单位负责，总承包单位将建筑工程分包给其他单位的，应当对分包工程的质量与分包单位承担连带责任。分包单位应当接受总承包单位的质量管理。

第五十八条　建筑施工企业对工程的施工质量负责。

建筑施工企业必须按照工程设计图纸和施工技术标准施工，不得偷工减料。工程设计的修改由原设计单位负责，建筑施工企业不得擅自修改工程设计。

第五十九条　建筑施工企业必须按照工程设计要求、施工技术标准和合同的约定，对建筑材料、建筑构配件和设备进行检验，不合格的不得使用。

第六十条　建筑物在合理使用寿命内，必须确保地基基础工程和主体结构的质量。

建筑工程竣工时，屋顶、墙面不得留有渗漏、开裂等质量缺陷；对已发现的质量缺陷，建筑施工企业应当修复。

第六十一条　交付竣工验收的建筑工程，必须符合规定的建筑工程质量标准，有完整的工程技术经济资料和经签署的工程保修书，并具备国家规定的其他竣工条件。

建筑工程竣工经验收合格后，方可交付使用；未经验收或者验收不合格的，不得交付使用。

第六十二条　建筑工程实行质量保修制度。

建筑工程的保修范围应当包括地基基础工程、主体结构工程、屋面防水工程和其他土建工程，以及电气管线、上下水管线的安装工程，供热、供冷系统工程等项目；保修的期限应当按照保证建筑物合理寿命年限内正常使用，维护使用者合法权益的原则确定。具体的保修范围和最低保修期限由国务院规定。

第六十三条　任何单位和个人对建筑工程的质量事故、质量缺陷都有权向建设行政主管部门或者其他有关部门进行检举、控告、投诉。

第六十九条　工程监理单位与建设单位或者建筑施工企业串通，弄虚作假、降低工程质量的，责令改正，处以罚款，降低资质等级或者吊销资质证书；有违法所得的，予以没收；造成损失的，承担连带赔偿责任；构成犯罪的，依法追究刑事责任。

工程监理单位转让监理业务的，责令改正，没收违法所得，可以责令停业整顿，降低资质等级；情节严重的，吊销资质证书。

第七十条　违反本法规定，涉及建筑主体或者承重结构变动的装修工程擅自施工的，责令改正，处以罚款；造成损失的，承担赔偿责任；构成犯罪的，依法追究刑事责任。

第七十四条　建筑施工企业在施工中偷工减料的，使用不合格的建筑材料、建筑构配件和设备的，或者有其他不按照工程设计图纸或者施工技术标准施工的行为的，责令改正，处以罚款；情节严重的，责令停业整顿，降低资质等级或者吊销资质证书；造成建筑工程质量不符合规定的质量标准的，负责返工、修理，并赔偿因此造成的损失；构成犯罪的，依法追究刑事责任。

第七十五条　建筑施工企业违反本法规定，不履行保修义务或者拖延履行保修义务的，责令改正，可以处以罚款，并对在保修期内因屋顶、墙面渗漏、开裂等质量缺陷造成的损失，承担赔偿责任。

第八十条　在建筑物的合理使用寿命内，因建筑工程质量不合格受到损害的，有权向责任者要求赔偿。

二、《工程质量管理条例》

《工程质量管理条例》是工程质量方面的最高法规，经2000年1月10日国务院第25次常务会议通过，2000年1月30日发布施行。该条例全文共九章八十二条。其中涉及专业质量方面的主要条文有：

第一条　为了加强对建设工程质量的管理，保证建设工程质量，保护人民生命和财产安全，根据《中华人民共和国建筑法》，制定本条例。

第二条　凡在中华人民共和国境内从事建设工程的新建、扩建、改建等有关活动及实施对建设工程质量监督管理的，必须遵守本条例。

本条例所称建设工程，是指土木工程、建筑工程、线路管道和设备安装工程及装修工程。

第三条　建设单位、勘察单位、设计单位、施工单位、工程监理单位依法对建设工程质量负责。

第十条　建设工程发包单位不得迫使承包方以低于成本的价格竞标，不得任意压缩合理工期。

建设单位不得明示或者暗示设计单位或者施工单位违反工程建设强制

性标准，降低建设工程质量。

第十四条　按照合同约定，由建设单位采购建筑材料、建筑构配件和设备的，建设单位应当保证建筑材料、建筑构配件和设备符合设计文件和合同要求。

建设单位不得明示或者暗示施工单位使用不合格的建筑材料、建筑构配件和设备。

第十五条　涉及建筑主体和承重结构变动的装修工程，建设单位应当在施工前委托原设计单位或者具有相应资质等级的设计单位提出设计方案；没有设计方案的，不得施工。

房屋建筑使用者在装修过程中，不得擅自变动房屋建筑主体和承重结构。

第十六条　建设单位收到建设工程竣工报告后，应当组织设计、施工、工程监理等有关单位进行竣工验收。

建设工程竣工验收应当具备下列条件：

（一）完成建设工程设计和合同约定的各项内容；

（二）有完整的技术档案和施工管理资料；

（三）有工程使用的主要建筑材料、建筑构配件和设备的进场试验报告；

（四）有勘察、设计、施工、工程监理等单位分别签署的质量合格文件；

（五）有施工单位签署的工程保修书。

建设工程经验收合格的，方可交付使用。

第二十五条　施工单位应当依法取得相应等级的资质证书，并在其资质等级许可的范围内承揽工程。

禁止施工单位超越本单位资质等级许可的业务范围或者以其他施工单位的名义承揽工程。禁止施工单位允许其他单位或者个人以本单位的名义承揽工程。

施工单位不得转包或者违法分包工程。

第二十六条　施工单位对建设工程的施工质量负责。

施工单位应当建立质量责任制，确定工程项目的项目经理、技术负责人和施工管理负责人。

建设工程实行总承包的，总承包单位应当对全部建设工程质量负责；建设工程勘察、设计、施工、设备采购的一项或者多项实行总承包的，总承包单位应当对其承包的建设工程或者采购的设备的质量负责。

第二十七条 总承包单位依法将建设工程分包给其他单位的，分包单位应当按照分包合同的约定对其分包工程的质量向总承包单位负责，总承包单位与分包单位对分包工程的质量承担连带责任。

第二十八条 施工单位必须按照工程设计图纸和施工技术标准施工，不得擅自修改工程设计，不得偷工减料。

施工单位在施工过程中发现设计文件和图纸有差错的，应当及时提出意见和建议。

第二十九条 施工单位必须按照工程设计要求、施工技术标准和合同约定，对建筑材料、建筑构配件、设备和商品混凝土进行检验，检验应当有书面记录和专人签字；未经检验或者检验不合格的，不得使用。

第三十条 施工单位必须建立、健全施工质量的检验制度，严格工序管理，作好隐蔽工程的质量检查和记录。隐蔽工程在隐蔽前，施工单位应当通知建设单位和建设工程质量监督机构。

第三十一条 施工人员对涉及结构安全的试块、试件以及有关材料，应当在建设单位或者工程监理单位监督下现场取样，并送具有相应资质等级的质量检测单位进行检测。

第三十二条 施工单位对施工中出现质量问题的建设工程或者竣工验收不合格的建设工程，应当负责返修。

第三十三条 施工单位应当建立、健全教育培训制度，加强对职工的教育培训；未经教育培训或者考核不合格的人员，不得上岗作业。

第三十九条 建设工程实行质量保修制度。

建设工程承包单位在向建设单位提交工程竣工验收报告时，应当向建设单位出具质量保修书。质量保修书中应当明确建设工程的保修范围、保修期限和保修责任等。

第四十条 在正常使用条件下，建设工程的最低保修期限为：

(一) 基础设施工程、房屋建筑的地基基础工程和主体结构工程，为设计文件规定的该工程的合理使用年限；

（二）屋面防水工程、有防水要求的卫生间、房间和外墙面的防渗漏，为 5 年；

（三）供热与供冷系统，为 2 个采暖期、供冷期；

（四）电气管线、给排水管道、设备安装和装修工程，为 2 年。

其他项目的保修期限由发包方与承包方约定。

建设工程的保修期，自竣工验收合格之日起计算。

第四十一条 建设工程在保修范围和保修期限内发生质量问题的，施工单位应当履行保修义务，并对造成的损失承担赔偿责任。

第五十六条 违反本条例规定，建设单位有下列行为之一的，责令改正，处 20 万元以上 50 万元以下的罚款：

（一）迫使承包方以低于成本的价格竞标的；

（二）任意压缩合理工期的；

（三）明示或者暗示设计单位或者施工单位违反工程建设强制性标准，降低工程质量的；

（四）施工图设计文件未经审查或者审查不合格，擅自施工的；

（五）建设项目必须实行工程监理而未实行工程监理的；

（六）未按照国家规定办理工程质量监督手续的；

（七）明示或者暗示施工单位使用不合格的建筑材料、建筑构配件和设备的；

（八）未按照国家规定将竣工验收报告、有关认可文件或者准许使用文件报送备案的。

第六十四条 违反本条例规定，施工单位在施工中偷工减料的，使用不合格的建筑材料、建筑构配件和设备的，或者有不按照工程设计图纸或者施工技术标准施工的其他行为的，责令改正，处工程合同价款百分之二以上百分之四以下的罚款；造成建设工程质量不符合规定的质量标准的，负责返工、修理，并赔偿因此造成的损失；情节严重的，责令停业整顿，降低资质等级或者吊销资质证书。

第六十五条 违反本条例规定，施工单位未对建筑材料、建筑构配件、设备和商品混凝土进行检验，或者未对涉及结构安全的试块、试件以及有关材料取样检测的，责令改正，处 10 万元以上 20 万元以下的罚款；
情节严重的，责令停业整顿，降低资质等级或者吊销资质证书；造成损失
的，依法承担赔偿责任。

第六十六条　违反本条例规定，施工单位不履行保修义务或者拖延履
行保修义务的，责令改正，处 10 万元以上 20 万元以下的罚款，并对在保
修期内因质量缺陷造成的损失承担赔偿责任。

第六十九条　违反本条例规定，涉及建筑主体或者承重结构变动的装
修工程，没有设计方案擅自施工的，责令改正，处 50 万元以上 100 万元以
下的罚款；房屋建筑使用者在装修过程中擅自变动房屋建筑主体和承重结
构的，责令改正，处 5 万元以上 10 万元以下的罚款。

有前款所列行为，造成损失的，依法承担赔偿责任。

第七十条　发生重大工程质量事故隐瞒不报、谎报或者拖延报告期限
的，对直接负责的主管人员和其他责任人员依法给予行政处分。

第七十三条　依照本条例规定，给予单位罚款处罚的，对单位直接负
责的主管人员和其他直接责任人员处单位罚款数额百分之五以上百分之十
以下的罚款。

国务院建设行政主管部门对全国的建设工程质量实施统一监督管理。
县级以上地方人民政府建设行政主管部门对本行政区域内的建设工程质量
实施监督管理。

三、《安全生产许可证条例》

《安全生产许可证条例》是为了严格规范安全生产条件，进一步加强
安全生产监督管理，防止和减少生产安全事故，根据《中华人民共和国安
全生产法》的有关规定制定的条例，由国务院于 2004 年 1 月 13 日首次发
布，2014 年 7 月 29 日进行修订。该条例共计 24 条。其中涉及安全生产许
可方面的主要条文有：

第一条　为了严格规范安全生产条件，进一步加强安全生产监督管
理，防止和减少生产安全事故，根据《中华人民共和国安全生产法》的有
关规定，制定本条例。

第二条　国家对矿山企业、建筑施工企业和危险化学品、烟花爆竹、

民用爆炸物品生产企业（以下统称企业）实行安全生产许可制度。

企业未取得安全生产许可证的，不得从事生产活动。

第六条　企业取得安全生产许可证，应当具备下列安全生产条件：

（一）建立、健全安全生产责任制，制定完备的安全生产规章制度和操作规程；

（二）安全投入符合安全生产要求；

（三）设置安全生产管理机构，配备专职安全生产管理人员；

（四）主要负责人和安全生产管理人员经考核合格；

（五）特种作业人员经有关业务主管部门考核合格，取得特种作业操作资格证书；

（六）从业人员经安全生产教育和培训合格；

（七）依法参加工伤保险，为从业人员缴纳保险费；

（八）厂房、作业场所和安全设施、设备、工艺符合有关安全生产法律、法规、标准和规程的要求；

（九）有职业危害防治措施，并为从业人员配备符合国家标准或者行业标准的劳动防护用品；

（十）依法进行安全评价；

（十一）有重大危险源检测、评估、监控措施和应急预案；

（十二）有生产安全事故应急救援预案、应急救援组织或者应急救援人员，配备必要的应急救援器材、设备；

（十三）法律、法规规定的其他条件。

第九条　安全生产许可证的有效期为 3 年。安全生产许可证有效期满需要延期的，企业应当于期满前 3 个月向原安全生产许可证颁发管理机关办理延期手续。

企业在安全生产许可证有效期内，严格遵守有关安全生产的法律法规，未发生死亡事故的，安全生产许可证有效期届满时，经原安全生产许可证颁发管理机关同意，不再审查，安全生产许可证有效期延期 3 年。

第十九条　违反本条例规定，未取得安全生产许可证擅自进行生产的，责令停止生产，没收违法所得，并处 10 万元以上 50 万元以下的罚款；造成重大事故或者其他严重后果，构成犯罪的，依法追究刑事责任。

四、《房屋建筑和市政基础设施工程施工图设计文件审查管理办法》

为了加强对房屋建筑工程、市政基础设施工程施工图设计文件审查的管理，提高工程勘察设计质量，根据《建设工程质量管理条例》《建设工程勘察设计管理条例》等行政法规，制定了《房屋建筑和市政基础设施工程施工图设计文件审查管理办法》，经中华人民共和国住房和城乡建设部第95次部常务会议审议通过，2013年4月27日中华人民共和国住房和城乡建设部令第13号发布，自2013年8月1日起施行。原建设部2004年8月23日发布的《房屋建筑和市政基础设施工程施工图设计文件审查管理办法》（建设部令第134号）予以废止。该办法共31条，其中涉及质量方面的主要条款有：

第三条　国家实施施工图设计文件（含勘察文件，以下简称施工图）审查制度。

本办法所称施工图审查，是指施工图审查机构（以下简称审查机构）按照有关法律、法规，对施工图涉及公共利益、公众安全和工程建设强制性标准的内容进行的审查。施工图审查应当坚持先勘察、后设计的原则。

施工图未经审查合格的，不得使用。从事房屋建筑工程、市政基础设施工程施工、监理等活动，以及实施对房屋建筑和市政基础设施工程质量安全监督管理，应当以审查合格的施工图为依据。

第四条　国务院住房城乡建设主管部门负责对全国的施工图审查工作实施指导、监督。

县级以上地方人民政府住房城乡建设主管部门负责对本行政区域内的施工图审查工作实施监督管理。

第九条　建设单位应当将施工图送审查机构审查，但审查机构不得与所审查项目的建设单位、勘察设计企业有隶属关系或者其他利害关系。送审管理的具体办法由省、自治区、直辖市人民政府住房城乡建设主管部门按照"公开、公平、公正"的原则规定。

建设单位不得明示或者暗示审查机构违反法律法规和工程建设强制性

标准进行施工图审查，不得压缩合理审查周期、压低合理审查费用。

第十一条　审查机构应当对施工图审查下列内容：

（一）是否符合工程建设强制性标准；

（二）地基基础和主体结构的安全性；

（三）是否符合民用建筑节能强制性标准，对执行绿色建筑标准的项目，还应当审查是否符合绿色建筑标准；

（四）勘察设计企业和注册执业人员以及相关人员是否按规定在施工图上加盖相应的图章和签字；

（五）法律、法规、规章规定必须审查的其他内容。

第十四条　任何单位或者个人不得擅自修改审查合格的施工图；确需修改的，凡涉及本办法第十一条规定内容的，建设单位应当将修改后的施工图送原审查机构审查。

第十五条　勘察设计企业应当依法进行建设工程勘察、设计，严格执行工程建设强制性标准，并对建设工程勘察、设计的质量负责。

审查机构对施工图审查工作负责，承担审查责任。施工图经审查合格后，仍有违反法律、法规和工程建设强制性标准的问题，给建设单位造成损失的，审查机构依法承担相应的赔偿责任。

五、《房屋建筑和市政基础设施工程质量监督管理规定》

为了加强房屋建筑和市政基础设施工程质量的监督，保护人民生命和财产安全，规范住房和城乡建设主管部门及工程质量监督机构（以下简称主管部门）的质量监督行为，根据《中华人民共和国建筑法》《建设工程质量管理条例》等有关法律、行政法规，制定了《房屋建筑和市政基础设施工程质量监督管理规定》，在中华人民共和国境内主管部门实施对新建、扩建、改建房屋建筑和市政基础设施工程质量监督管理的，适用该规定。该规定从2010年9月1日起实施，规定中涉及质量方面的主要条文有：

第四条　本规定所称工程质量监督管理，是指主管部门依据有关法律法规和工程建设强制性标准，对工程实体质量和工程建设、勘察、设计、施工、监理单位（以下简称工程质量责任主体）和质量检测等单位的工程质量行为实施监督。

本规定所称工程实体质量监督，是指主管部门对涉及工程主体结构安全、主要使用功能的工程实体质量情况实施监督。

本规定所称工程质量行为监督，是指主管部门对工程质量责任主体和质量检测等单位履行法定质量责任和义务的情况实施监督。

第五条　工程质量监督管理应当包括下列内容：

（一）执行法律法规和工程建设强制性标准的情况；

（二）抽查涉及工程主体结构安全和主要使用功能的工程实体质量；

（三）抽查工程质量责任主体和质量检测等单位的工程质量行为；

（四）抽查主要建筑材料、建筑构配件的质量；

（五）对工程竣工验收进行监督；

（六）组织或者参与工程质量事故的调查处理；

（七）定期对本地区工程质量状况进行统计分析；

（八）依法对违法违规行为实施处罚。

第六条　对工程项目实施质量监督，应当依照下列程序进行：

（一）受理建设单位办理质量监督手续；

（二）制订工作计划并组织实施；

（三）对工程实体质量、工程质量责任主体和质量检测等单位的工程质量行为进行抽查、抽测；

（四）监督工程竣工验收，重点对验收的组织形式、程序等是否符合有关规定进行监督；

（五）形成工程质量监督报告；

（六）建立工程质量监督档案。

第七条　工程竣工验收合格后，建设单位应当在建筑物明显部位设置永久性标牌，载明建设、勘察、设计、施工、监理单位等工程质量责任主体的名称和主要责任人姓名。

第八条　主管部门实施监督检查时，有权采取下列措施：

（一）要求被检查单位提供有关工程质量的文件和资料；

（二）进入被检查单位的施工现场进行检查；

（三）发现有影响工程质量的问题时，责令改正。

第九条　县级以上地方人民政府建设主管部门应当根据本地区的工程

质量状况，逐步建立工程质量信用档案。

第十条　县级以上地方人民政府建设主管部门应当将工程质量监督中发现的涉及主体结构安全和主要使用功能的工程质量问题及整改情况，及时向社会公布。

工程质量监督是工程建设中，政府部门对工程质量监督管理的一项重要环节，工程建设各个质量责任主体必须履行质量义务，自觉接受政府监督管理，保证工程质量符合设计图纸和验收规范的要求，满足工程安全和使用功能要求。

六、《关于做好房屋建筑和市政基础设施工程质量事故报告和调查处理工作的通知》

为维护国家财产和人民生命财产安全，落实工程质量事故责任追究制度，根据《生产安全事故报告和调查处理条例》和《建设工程质量管理条例》规定，为规范、做好房屋建筑和市政基础设施工程（以下简称工程）质量事故报告与调查处理工作，住房和城乡建设部于 2010 年 7 月 20 日发布了《关于做好房屋建筑和市政基础设施工程质量事故报告和调查处理工作的通知》（建质〔2010〕111 号），通知对质量事故进行了定义，划分了事故等级，对事故报告程序、事故调查、事故分析、事故处理等作了详细的规定。

七、《房屋建筑和市政基础设施工程竣工验收规定》

2013 年 12 月 2 日，住房和城乡建设部印发了《房屋建筑和市政基础设施工程竣工验收规定》（建质〔2013〕171 号）。该规定共 14 条，自发布之日起施行。《房屋建筑工程和市政基础设施工程竣工验收暂行规定》（建建〔2000〕142 号）予以废止。其中涉及质量方面的主要条款有：

第三条　国务院住房和城乡建设主管部门负责全国工程竣工验收的监督管理。

县级以上地方人民政府建设主管部门负责本行政区域内工程竣工验收的监督管理，具体工作可以委托所属的工程质量监督机构实施。

第四条 工程竣工验收由建设单位负责组织实施。

第五条 工程符合下列要求方可进行竣工验收：

（一）完成工程设计和合同约定的各项内容。

（二）施工单位在工程完工后对工程质量进行了检查，确认工程质量符合有关法律、法规和工程建设强制性标准，符合设计文件及合同要求，并提出工程竣工报告。工程竣工报告应经项目经理和施工单位有关负责人审核签字。

（三）对于委托监理的工程项目，监理单位对工程进行了质量评估，具有完整的监理资料，并提出工程质量评估报告。工程质量评估报告应经总监理工程师和监理单位有关负责人审核签字。

（四）勘察、设计单位对勘察、设计文件及施工过程中由设计单位签署的设计变更通知书进行了检查，并提出质量检查报告。质量检查报告应经该项目勘察、设计负责人和勘察、设计单位有关负责人审核签字。

（五）有完整的技术档案和施工管理资料。

（六）有工程使用的主要建筑材料、建筑构配件和设备的进场试验报告，以及工程质量检测和功能性试验资料。

（七）建设单位已按合同约定支付工程款。

（八）有施工单位签署的工程质量保修书。

（九）对于住宅工程，进行分户验收并验收合格，建设单位按户出具《住宅工程质量分户验收表》。

（十）建设主管部门及工程质量监督机构责令整改的问题全部整改完毕。

（十一）法律、法规规定的其他条件。

第六条 工程竣工验收应当按以下程序进行：

（一）工程完工后，施工单位向建设单位提交工程竣工报告，申请工程竣工验收。实行监理的工程，工程竣工报告须经总监理工程师签署意见。

（二）建设单位收到工程竣工报告后，对符合竣工验收要求的工程，组织勘察、设计、施工、监理等单位组成验收组，制定验收方案。对于重大工程和技术复杂工程，根据需要可邀请有关专家参加验收组。

（三）建设单位应当在工程竣工验收 7 个工作日前将验收的时间、地点及验收组名单书面通知负责监督该工程的工程质量监督机构。

（四）建设单位组织工程竣工验收。

1. 建设、勘察、设计、施工、监理单位分别汇报工程合同履约情况和在工程建设各个环节执行法律、法规和工程建设强制性标准的情况；

2. 审阅建设、勘察、设计、施工、监理单位的工程档案资料；

3. 实地查验工程质量；

4. 对工程勘察、设计、施工、设备安装质量和各管理环节等方面做出全面评价，形成经验收组人员签署的工程竣工验收意见。

参与工程竣工验收的建设、勘察、设计、施工、监理等各方不能形成一致意见时，应当协商提出解决的方法，待意见一致后，重新组织工程竣工验收。

第七条　工程竣工验收合格后，建设单位应当及时提出工程竣工验收报告。工程竣工验收报告主要包括工程概况，建设单位执行基本建设程序情况，对工程勘察、设计、施工、监理等方面的评价，工程竣工验收时间、程序、内容和组织形式，工程竣工验收意见等内容。

工程竣工验收报告还应附有下列文件：

（一）施工许可证。

（二）施工图设计文件审查意见。

（三）本规定第五条（二）、（三）、（四）、（八）项规定的文件。

（四）验收组人员签署的工程竣工验收意见。

（五）法规、规章规定的其他有关文件。

第八条　负责监督该工程的工程质量监督机构应当对工程竣工验收的组织形式、验收程序、执行验收标准等情况进行现场监督，发现有违反建设工程质量管理规定行为的，责令改正，并将对工程竣工验收的监督情况作为工程质量监督报告的重要内容。

第九条　建设单位应当自工程竣工验收合格之日起 15 日内，依照《房屋建筑和市政基础设施工程竣工验收备案管理办法》（住房和城乡建设部令第 2 号）的规定，向工程所在地的县级以上地方人民政府建设主管部门备案。

八、关于修改《房屋建筑工程和市政基础设施工程竣工验收备案管理暂行办法》的决定

《住房和城乡建设部关于修改〈房屋建筑工程和市政基础设施工程竣工验收备案管理暂行办法〉的决定》（建设部令第 78 号）中与质量相关的条文有：

第二条　在中华人民共和国境内新建、扩建、改建各类房屋建筑和市政基础设施工程的竣工验收备案，适用本办法。

第三条　国务院住房和城乡建设主管部门负责全国房屋建筑和市政基础设施工程（以下统称工程）的竣工验收备案管理工作。

县级以上地方人民政府建设主管部门负责本行政区域内工程的竣工验收备案管理工作。

第四条　建设单位应当自工程竣工验收合格之日起 15 日内，依照本办法规定，向工程所在地的县级以上地方人民政府建设主管部门（以下简称备案机关）备案。

第五条　建设单位办理工程竣工验收备案应当提交下列文件：

（一）工程竣工验收备案表；

（二）工程竣工验收报告。竣工验收报告应当包括工程报建日期，施工许可证号，施工图设计文件审查意见，勘察、设计、施工、工程监理等单位分别签署的质量合格文件及验收人员签署的竣工验收原始文件，市政基础设施的有关质量检测和功能性试验资料以及备案机关认为需要提供的有关资料；

（三）法律、行政法规规定应当由规划、环保等部门出具的认可文件或者准许使用文件；

（四）法律规定应当由公安消防部门出具的对大型的人员密集场所和其他特殊建设工程验收合格的证明文件；

（五）施工单位签署的工程质量保修书；

（六）法规、规章规定必须提供的其他文件。

住宅工程还应当提交《住宅质量保证书》和《住宅使用说明书》。

第六条　备案机关收到建设单位报送的竣工验收备案文件，验证文件齐全后，应当在工程竣工验收备案表上签署文件收讫。

工程竣工验收备案表一式两份，一份由建设单位保存，一份留备案机关存档。

第七条　工程质量监督机构应当在工程竣工验收之日起 5 日内，向备案机关提交工程质量监督报告。

第八条　备案机关发现建设单位在竣工验收过程中有违反国家有关建设工程质量管理规定行为的，应当在收讫竣工验收备案文件 15 日内，责令停止使用，重新组织竣工验收。

第九条　建设单位在工程竣工验收合格之日起 15 日内未办理工程竣工验收备案的，备案机关责令限期改正，处 20 万元以上 50 万元以下罚款。

第十条　建设单位将备案机关决定重新组织竣工验收的工程，在重新组织竣工验收前，擅自使用的，备案机关责令停止使用，处工程合同价款 2% 以上 4% 以下罚款。

第十一条　建设单位采用虚假证明文件办理工程竣工验收备案的，工程竣工验收无效，备案机关责令停止使用，重新组织竣工验收，处 20 万元以上 50 万元以下罚款；构成犯罪的，依法追究刑事责任。

九、《房屋建筑工程质量保修办法》

《房屋建筑工程质量保修办法》于 2000 年 6 月 26 日经建设部第 24 次部常务会议讨论通过，自发布之日起施行。其中涉及质量方面的主要条款有：

第三条　本办法所称房屋建筑工程质量保修，是指对房屋建筑工程竣工验收后在保修期限内出现的质量缺陷，予以修复。

本办法所称质量缺陷，是指房屋建筑工程的质量不符合工程建设强制性标准以及合同的约定。

第四条　房屋建筑工程在保修范围和保修期限内出现质量缺陷，施工单位应当履行保修义务。

第五条　国务院建设行政主管部门负责全国房屋建筑工程质量保修的监督管理。

县级以上地方人民政府建设行政主管部门负责本行政区域内房屋建筑工程质量保修的监督管理。

第六条　建设单位和施工单位应当在工程质量保修书中约定保修范围、保修期限和保修责任等，双方约定的保修范围、保修期限必须符合国家有关规定。

第七条　在正常使用下，房屋建筑工程的最低保修期限为：

（一）地基基础和主体结构工程，为设计文件规定的该工程的合理使用年限；

（二）屋面防水工程、有防水要求的卫生间、房间和外墙面的防渗漏，为5年；

（三）供热与供冷系统，为2个采暖期、供冷期；

（四）电气系统、给排水管道、设备安装为2年；

（五）装修工程为2年。

其他项目的保修期限由建设单位和施工单位约定。

第八条　房屋建筑工程保修期从工程竣工验收合格之日起计算。

第九条　房屋建筑工程在保修期限内出现质量缺陷，建设单位或者房屋建筑所有人应当向施工单位发出保修通知。

施工单位接到保修通知后，应当到现场核查情况，在保修书约定的时间内予以保修。发生涉及结构安全或者严重影响使用功能的紧急抢修事故，施工单位接到保修通知后，应当立即到达现场抢修。

第十条　发生涉及结构安全的质量缺陷，建设单位或者房屋建筑所有人应当立即向当地建设行政主管部门报告，由原设计单位或者具有相应资质等级的设计单位提出保修方案，施工单位实施保修，原工程质量监督机构负责监督。

第十一条　保修完成后，由建设单位或者房屋建筑所有人组织验收。涉及结构安全的，应当报当地建设行政主管部门备案。

第十二条　施工单位不按工程质量保修书约定保修的，建设单位可以另行委托其他单位保修，由原施工单位承担相应责任。

第十三条　保修费用由质量缺陷的责任方承担。

第十四条　在保修期内，因房屋建筑工程质量缺陷造成房屋所有人、使用人或者第三方人身、财产损害的，房屋所有人、使用人或者第三方可以向建设单位提出赔偿要求。建设单位向造成房屋建筑工程质量缺陷的责任方追偿。

第十五条　因保修不及时造成新的人身、财产损害，由造成拖延的责任方承担赔偿责任。

第十七条　下列情况不属于本办法规定的保修范围：

（一）因使用不当或者第三方造成的质量缺陷；

（二）不可抗力造成的质量缺陷。

第十八条　施工单位有下列行为之一的，由建设行政主管部门责令改正，并处 1 万元以上 3 万元以下的罚款。

（一）工程竣工验收后，不向建设单位出具质量保修书的；

（二）质量保修的内容、期限违反本办法规定的。

十、《建筑工程五方责任主体项目负责人质量终身责任追究暂行办法》

第一条　为加强房屋建筑和市政基础设施工程（以下简称建筑工程）质量管理，提高质量责任意识，强化质量责任追究，保证工程建设质量，根据《中华人民共和国建筑法》、《建设工程质量管理条例》等法律法规，制定本办法。

第二条　建筑工程五方责任主体项目负责人是指承担建筑工程项目建设的建设单位项目负责人、勘察单位项目负责人、设计单位项目负责人、施工单位项目经理、监理单位总监理工程师。

建筑工程开工建设前，建设、勘察、设计、施工、监理单位法定代表人应当签署授权书，明确本单位项目负责人。

第三条　建筑工程五方责任主体项目负责人质量终身责任，是指参与新建、扩建、改建的建筑工程项目负责人按照国家法律法规和有关规定，在工程设计使用年限内对工程质量承担相应责任。

第四条　国务院住房城乡建设主管部门负责对全国建筑工程项目负责人质量终身责任追究工作进行指导和监督管理。

县级以上地方人民政府住房城乡建设主管部门负责对本行政区域内的建筑工程项目负责人质量终身责任追究工作实施监督管理。

第五条 建设单位项目负责人对工程质量承担全面责任,不得违法发包、肢解发包,不得以任何理由要求勘察、设计、施工、监理单位违反法律法规和工程建设标准,降低工程质量,其违法违规或不当行为造成工程质量事故或质量问题应当承担责任。

勘察、设计单位项目负责人应当保证勘察设计文件符合法律法规和工程建设强制性标准的要求,对因勘察、设计导致的工程质量事故或质量问题承担责任。

施工单位项目经理应当按照经审查合格的施工图设计文件和施工技术标准进行施工,对因施工导致的工程质量事故或质量问题承担责任。

监理单位总监理工程师应当按照法律法规、有关技术标准、设计文件和工程承包合同进行监理,对施工质量承担监理责任。

第六条 符合下列情形之一的,县级以上地方人民政府住房城乡建设主管部门应当依法追究项目负责人的质量终身责任:

(一)发生工程质量事故;

(二)发生投诉、举报、群体性事件、媒体报道并造成恶劣社会影响的严重工程质量问题;

(三)由于勘察、设计或施工原因造成尚在设计使用年限内的建筑工程不能正常使用;

(四)存在其他需追究责任的违法违规行为。

第七条 工程质量终身责任实行书面承诺和竣工后永久性标牌等制度。

第八条 项目负责人应当在办理工程质量监督手续前签署工程质量终身责任承诺书,连同法定代表人授权书,报工程质量监督机构备案。项目负责人如有更换的,应当按规定办理变更程序,重新签署工程质量终身责任承诺书,连同法定代表人授权书,报工程质量监督机构备案。

第九条 建筑工程竣工验收合格后,建设单位应当在建筑物明显部位设置永久性标牌,载明建设、勘察、设计、施工、监理单位名称和项目负责人姓名。

第十条　建设单位应当建立建筑工程各方主体项目负责人质量终身责任信息档案，工程竣工验收合格后移交城建档案管理部门。项目负责人质量终身责任信息档案包括下列内容：

（一）建设、勘察、设计、施工、监理单位项目负责人姓名，身份证号码，执业资格，所在单位，变更情况等；

（二）建设、勘察、设计、施工、监理单位项目负责人签署的工程质量终身责任承诺书；

（三）法定代表人授权书。

第十一条　发生本办法第六条所列情形之一的，对建设单位项目负责人按以下方式进行责任追究：

（一）项目负责人为国家公职人员的，将其违法违规行为告知其上级主管部门及纪检监察部门，并建议对项目负责人给予相应的行政、纪律处分；

（二）构成犯罪的，移送司法机关依法追究刑事责任；

（三）处单位罚款数额5%以上10%以下的罚款；

（四）向社会公布曝光。

第十二条　发生本办法第六条所列情形之一的，对勘察单位项目负责人、设计单位项目负责人按以下方式进行责任追究：

（一）项目负责人为注册建筑师、勘察设计注册工程师的，责令停止执业1年；造成重大质量事故的，吊销执业资格证书，5年以内不予注册；情节特别恶劣的，终身不予注册；

（二）构成犯罪的，移送司法机关依法追究刑事责任；

（三）处单位罚款数额5%以上10%以下的罚款；

（四）向社会公布曝光。

第十三条　发生本办法第六条所列情形之一的，对施工单位项目经理按以下方式进行责任追究：

（一）项目经理为相关注册执业人员的，责令停止执业1年；造成重大质量事故的，吊销执业资格证书，5年以内不予注册；情节特别恶劣的，终身不予注册；

（二）构成犯罪的，移送司法机关依法追究刑事责任；

（三）处单位罚款数额 5% 以上 10% 以下的罚款；

（四）向社会公布曝光。

第十四条　发生本办法第六条所列情形之一的，对监理单位总监理工程师按以下方式进行责任追究：

（一）责令停止注册监理工程师执业 1 年；造成重大质量事故的，吊销执业资格证书，5 年以内不予注册；情节特别恶劣的，终身不予注册；

（二）构成犯罪的，移送司法机关依法追究刑事责任；

（三）处单位罚款数额 5% 以上 10% 以下的罚款；

（四）向社会公布曝光。

第十五条　住房城乡建设主管部门应当及时公布项目负责人质量责任追究情况，将其违法违规等不良行为及处罚结果记入个人信用档案，给予信用惩戒。

鼓励住房城乡建设主管部门向社会公开项目负责人终身质量责任承诺等质量责任信息。

第十六条　项目负责人因调动工作等原因离开原单位后，被发现在原单位工作期间违反国家法律法规、工程建设标准及有关规定，造成所负责项目发生工程质量事故或严重质量问题的，仍应按本办法第十一条、第十二条、第十三条、第十四条规定依法追究相应责任。

项目负责人已退休的，被发现在工作期间违反国家法律法规、工程建设标准及有关规定，造成所负责项目发生工程质量事故或严重质量问题的，仍应按本办法第十一条、第十二条、第十三条、第十四条规定依法追究相应责任，且不得返聘从事相关技术工作。项目负责人为国家公职人员的，根据其承担责任依法应当给予降级、撤职、开除处分的，按照规定相应降低或取消其享受的待遇。

第十七条　工程质量事故或严重质量问题相关责任单位已被撤销、注销、吊销营业执照或者宣告破产的，仍应按本办法第十一条、第十二条、第十三条、第十四条规定依法追究项目负责人的责任。

第十八条　违反法律法规规定，造成工程质量事故或严重质量问题的，除依照本办法规定追究项目负责人终身责任外，还应依法追究相关责任单位和责任人员的责任。

第十九条　省、自治区、直辖市住房城乡建设主管部门可以根据本办法，制定实施细则。

第二十条　本办法自印发之日起施行。

第二节　建筑工程质量验收规范

现行工程质量验收标准遵循"验评分离，强化验收，完善手段，过程控制"的原则，以建筑工程施工质量的验收方法、质量标准、检验数据和验收程序以及建筑工程施工现场质量管理和质量管控为体系，提出检验批质量检验的抽样方案的要求，规定建筑工程施工质量验收中子单位和子分部工程的划分，涉及建筑安全和主要施工功能的见证取样及抽样检测，并确定了必须严格执行的强制性条文。

一、《建筑电气工程施工质量验收规范》

《建筑电气工程施工质量验收规范》统一了建筑电气工程施工质量的验收方法、程序和原则，是指导工程质量验收的重要规范，其不但对施工过程验收和竣工验收作了统一规定，也对各专业验收规范进行了统一和协调。

1. 标准的修订内容

《建筑电气工程施工质量验收规范》（GB 50303—2015）是根据建筑电气工程领域的发展需要，对原标准进行了补充和完善，于2016年8月1日起实施。

该标准修订继续遵循"验评分离，强化验收，完善手段，过程控制"的指导原则，在验收体系和方法上与原标准保持一致。新标准编制中引入统计学的原理和概念，是根据建筑行业的发展需要而进行修订的，主要修订内容是：

1）将规范使用范围从电压等级10kV及以下修改为35kV及以下；

2）取消了架空线路及杆上电气设备安装和槽板配线章节，裸母线安装，配电（控制）屏、盘安装及部分属于设计规范的内容；

3）增加了塑料护套直敷布线章节；

4）补充了低压和特低压配电线路的安装技术要求；

5）补充了剩余电流动作保护器和接地故障回路阻抗等测试要求；

6）补充了高压设备、电缆的安装技术要求；

7）补充了电涌保护器的检查内容；

8）补充了材料进场验收、工程过程验收的检查办法和检查数量；

9）明确了钢导管连接处保护联结导体的材质、规格；

10）将原规范的第28章"分部（子分部）工程验收"与第3章"基本规定"合并为第3章"基本规定"中的第4节"分部（子分部）工程划分及验收"，并结合规范要求增加了相关质量控制资料；

11）将原规范的第25章"避雷引下线和变配电室接地干线敷设"拆分为两个章节，将避雷引下线的安装纳入接闪器安装内容中，为第24章"防雷引下线及接闪器安装"，变配电室接地干线敷设内容中增加了电气竖井内的接地干线敷设要求，修改后为第23章"变配电室及电气竖井内接地干线敷设"；

12）对原规范部分条纹进行了补充、完善和调整。

2. 标准的内容及强制性条文

（1）标准内容简介

本标准共分为25章和8个附录，其主要技术内容包括：总则，术语，基本规定，变压器、箱式变电所安装，成套配电柜、控制柜（台、箱）和配电箱（盘）安装，电动机、电加热器及电动执行机构检查接线，柴油发电机组安装，UPS及EPS安装，电气设备试验和试运行，母线槽安装，梯架、托盘和槽盒安装，导管敷设，电缆敷设，导管内穿线和槽盒内敷线，塑料护套线直敷布线，钢索配线，电缆头制作，导线连接和线路绝缘测试，普通灯具安装，专用灯具安装，变配电室及电气竖井内接地干线敷设，防雷引下线及接闪器安装，建筑物等电位联结等。

（2）标准强制性条文

本规范中的强制性条文必须严格执行。

3. 强制性条文、条文说明及实施要点

《建筑电气工程施工质量验收规范》（GB 50303—2015）

强制性条文1

3.1.5 高压的电气设备和布线系统及继电保护系统必须交接试验合格。

【条文说明】

本条与规范修订前一致，是原规范的强制性条文。高压的电气设备和布线系统及继电保护系统，在建筑电气工程中，是电力供应的高压终端，投入运行前必须作交接试验。值得注意的是由于设备制造技术的进步和标准的更新，加上进口设备的引进，交接试验标准也会随着修订完善，应密切注意试验标准的更新。并应符合现行国家标准《电气装置安装工程电气设备交接试验标准》GB 50150 的规定。

【技术要点】

在建筑电气工程中高压的电气设备主要是变压器和高压成套开关柜，高压布线系统主要是高压母线和电缆，而继电保护系统虽然其工作电压属低压范畴，但控制和保护着高压电气设备和布线系统的运行，以实现电气系统的安全、可靠、稳定运行。电力是商品，与其他商品一样有着生产（各类发电厂）、流通（输配电网）和消费（各用电用户）三个环节，但电力消费过程的安全与其他商品有明显差异，即电力消费过程中的安全事故会危及流通和生产环节。建筑电气工程属于用电工程，是消费环节，也是高压电网电力供应的高压终端。

【实施与检查】

依据施工设计文件和设备型号规格及制造厂规定，按交接试验标准编制试验方案或作业指导书，其中与供电电网接口的继电保护整定参数值和计量部分，要取得工程所在地供电部门的书面确认。方案或作业指导书经批准后执行，试验结果合格，试验单位出具书面报告，变配电室的高压部分才具备受电条件。

交接试验时旁站或查阅交接试验报告，以试验合格作为判定依据。

强制性条文2

3.1.7 电气设备的外露可导电部分应单独与保护导体相连接，不得串联连接，连接导体的材质、截面积应符合设计要求。

【条文说明】

本条是在原规范强制性条文的基础上进行了文字修改，其要求与原规范是一致的。电气设备的外露可导电部分应与保护导体单独连接，也就是要求与保护导体直接连接，本规范所涉电气设备的外露可导电部分与保护导体的连接均应符合本条规定。要求电气设备的外露可导电部分单独与保护导体相连接是确保电气设备安全运行的条件，需要强调的是直接连接也就是要求不得串联连接，是要求与保护导体干线连接。施工时应首先确认与电气设备连接的保护导体应为保护导体干线，在建筑物电气设备集中的场所，有可能选用断面为矩形的钢或铜母线做保护导体干线，可在其上钻孔后，将每个电气设备的外露可导电部分用连接导体与钢或铜母线保护导体干线直接连接，电气设备移位或维修拆卸都不会使钢或铜母线保护导体中断电气连通。同样情况，在建筑物中每一插座（灯具）回路的保护接地导体（PE 线）在插座盒内也不应剪断与插座连接，当然末端插座（灯具）的保护接地导体是要剪断的。其连接导体的材质、截面是设计根据电气设备的技术参数、所处的不同环境和条件进行计算和选择的，施工时应严格按设计要求执行。

【技术要点】

电气设备的外露可导电部分应单独与保护导体连接，不得串联连接，是防止一旦电气设备基本绝缘损坏后发生电击损害事故，不得串联连接也就要求与保护导体干线连接。由于施工设计时，干线是依据整个单位工程使用寿命和功能来布置选择的，其连接通常具有不可拆卸性，例如采用熔焊连接，只有在整个供电系统进行技术改造，干线包括（分支）干线才有可能更动敷设位置或相互连接处的位置。而电气设备（如电动机、单相三孔插座等）、器具以及其他单独个体与保护导体的连接通常用可拆卸的螺栓连接，在使用中往往由于维修、更换等种种原因需临时或永久地拆除，若连接导体彼此间相互串联连接，一旦拆除中间一件，则与保护导体干线相连方向相反的另一侧所有电气设备及其他需与保护导体连接的单独个体将全部失去电击保护，这是不允许的。连接导体的材质、截面如果选用错误，一旦电气设备基本绝缘损坏时将起不到电击保护作用，本条文涉及设备的运行安全和人身安全问题，如不严格执行，会引发安全事故或隐藏着严重的安全隐患，这种隐患有较高的概率爆发而酿成事故，故将本条作为建设工程强制性条文。

【实施与检查】

根据以上解释，应根据设计区分保护导体干线与支线。无论明敷或暗敷的保护导体干线，尽可能采用焊接连接，若局部采用螺栓连接，除紧固件齐全拧紧外，可采用机械手段点铆使其不易拆卸或用色点标示引起注意不能拆卸。连接导体坚持从干线引出，分别与电气设备、器具以及其他单独个体连接。连接导体截面积材质和规格在施工设计文件上应该明确的，施工时按设计要求施工。

核对施工设计文件，区分接地干线与支线，目视检查设备、器具以及其他单独个体的接地端子是否有 2 根（含 2 根）以上的连接导体，如有的话，则有可能存在串联现象，拆除后用仪表测量邻近的设备、器具以及其他单独个体的外露可导电部分与保护导体的导通状态加以验证，并确认设备、器具以及其他单独个体的外露可导电部分的连接导体是直接从接地干线接出，以验证合格为判定依据。

强制性条文 3

6.1.1　电动机、电加热器及电动执行机构的外露可导电部分必须与保护导体可靠连接。

【条文说明】

本条与本规范修订前一致，是原规范的强制性条文。建筑电气设备采用何种供电系统，是由设计决定的，但外露可导电部分必须与保护导体可靠连接，可靠连接是指与保护导体干线单独连接且应采用锁紧装置紧固，以确保使用安全；使用安全电压（36V 及以下）或建筑智能化工程的相关类似用电设备，其外露可导电部分是否需与保护导体连接，由相关施工设计文件加以说明。连接导体的截面积按本规范3.1.7 条执行，是由设计根据电气设备故障发生时能满足自动切断设备电源的条件来确定的。

【技术要点】

建筑电气工程的电动机、电加热器及电动执行机构等用电设备和器具是动力工程中分布面广、应用量大，且为维护操作人员日常接触的设备和器具，若发生漏电事故，存在着较大的电击伤害人身的潜在危险性，正因为如此，施工设计文件规定其外露可导电部分要与保护导体可靠连接，以迅速切断故障电路，降低接触电压，防止人身伤害事故发生。本条涉及设备的运行安全和人身安全问题，如不严格执行，可能会引发安全事故或隐藏着严重的安全隐患，这种隐患有较高的概率爆发而酿成事故，故将本条作为建设工程强制性条文。

【实施与检查】

合格的电动机、电加热器及电动执行机构等用电设备和器具，其外露可导电部分（外壳）都有带标识的专用接地螺栓，施工中要将保护导体干线或分支干线敷设至其附近，按施工设计文件要求选用连接导体连通，施工要确保连接可靠、螺栓拧紧、防松零件齐全。

目视检查电动机、电加热器及电动执行机构的专用接地螺栓处连接状况。必要时可用专用工具进行紧固检查或用万用表等仪表做连接导通状况的测试，以检查或测试合格为判定依据。

强制性条文 4

10.1.1 母线槽的金属外壳等外露可导电部分应与保护导体可靠连接，并应符合下列规定：

1 每段母线槽的金属外壳间应连接可靠，且母线槽全长与保护导体可靠连接不应少于 2 处；

2 分支母线槽的金属外壳末端应与保护导体可靠连接；

3 连接导体的材质、截面积应符合设计要求。

【条文说明】

母线槽是供配电线路主干线，外露可导电部分均应与保护导体可靠连接。可靠连接是指与保护导体干线直接连接且应采用螺栓锁紧紧固，是为了一旦母线槽发生漏电可直接导入接地装置，防止可能出现的人身和设备危害。需要说明的是：要求母线槽全长不应少于 2 处与保护导体可靠连接，是在每段金属母线槽之间已有可靠连接的基础上提出的，但并非局限于 2 处，对通过金属母线分支干线供电的场所，其金属母线分支干线的外壳也应与保护导体可靠连接，因此从母线全长的概念上讲是不少于 2 处。对连接导体的材质和截面要求是由设计根据母线槽金属外壳的不同用途来考虑的，当母线槽的金属外壳作为保护接地导体时，其与外部保护导体连接的导体截面还应考虑其承受预期故障电流的大小，施工时只要符合设计要求即可。

【技术要点】

在建筑电气工程中，大型公用建筑的变配电室和配电系统采用母线槽已是普遍现象，由于其母线槽的结构特征且安装部位往往是维修人员出入较频繁的场所，母线槽一旦发生漏电会发生安全事故，所以强调母线槽的金属外壳与保护导体连接的可靠性要求，及全长不应少于2处与保护导体可靠连接的要求。由于本条涉及安全问题且极易发生安全事故，如不严格执行，可能会引发安全事故或隐藏着严重的安全隐患，这种隐患有较高的概率爆发而酿成事故，故将本条作为建设工程强制性条文。

【实施与检查】

依据施工设计文件，将符合设计要求的保护导体干线引至母线槽附近，在母线槽组对安装过程中，先将母线槽金属外壳间用锁紧螺栓相互连接牢固，母线槽整段完成后再将母线槽与保护导体用锁紧螺栓做紧固连接。

核对施工设计文件，以符合本条文要求为判定依据，接地导体的连接紧固度可用专用工具进行拧紧测试。

强制性条文5

11.1.1 金属梯架、托盘或槽盒本体之间的连接应牢固可靠，与保护导体的连接应符合下列规定：

1 梯架、托盘和槽盒全长不大于30m时，不应少于两处与保护导体可靠连接，全长大于30m时，每隔20～30m应增加一个连接点，起始端和终点端均应可靠接地。

2 非镀锌梯架、托盘和槽盒本体之间连接板的两端应跨接保护联结导体，保护联结导体的截面积应符合设计要求。

3 镀锌梯架、托盘和槽盒本体之间不跨接保护联结导体时，连接板每端不应少于两个有防松螺帽或防松垫圈的连接固定螺栓。

【条文说明】

本条是在原规范强制性条文的基础上进行了局部的修改。建筑电气工程中的电缆梯架、托盘或槽盒大量采用钢制产品,所以与保护导体的连接至为重要,增加与保护导体的连接点,目的也是为了保证供电干线电路的使用安全。有的施工设计在金属梯架、托盘或槽盒内底部,全线敷设一支铜或钢制成的保护导体,且与梯架、托盘或槽盒每段有数个电气连通点,则金属梯架、托盘或槽盒与保护导体的连接已十分可靠,因而验收时可不作本条2、3款的检查。非镀锌电缆梯架、托盘或槽盒是指钢板制成的、涂了油漆或其他涂层防腐的电缆梯架、托盘或槽盒,镀锌电缆梯架、托盘或槽盒也是钢板制成的,但是经镀锌防腐处理的。本条文修改了原规范中要求固定金属梯架、托盘或槽盒的金属支架也应与保护导体连接的要求,主要是考虑到:金属梯架、托盘或槽盒已与保护导体进行了可靠连接,一旦电缆或导线发生绝缘损坏,泄漏电流将直接通过金属梯架、托盘、槽盒和保护导体导入接地装置,不可能引起金属支架的带电,故金属支架没有必要单独再与保护导体连接。

本条文要求与保护导体可靠连接包括非镀锌钢材的焊接连接与螺栓锁紧连接两种方法。

【技术要点】

金属电缆梯架、托盘或槽盒是以敷设电缆为主的线路保护壳,和金属导管一样是电气线路的外露可导电部分,需与保护导体连接可靠。通常施工设计文件会指定其与保护导体干线的连接点。本规范规定全长的连接点不少于两处,是考虑当梯架、托盘或槽盒为树枝状分布时,为保证其与保护导体有可靠的连接,则每个树枝末端均应与保护导体有可靠的连接。保护导体及保护联结导体的截面是由设计通过计算来确定的,施工时应按设计要求进行选用,如不严格执行,便可能引发安全事故或隐藏着严重的安全隐患,这种隐患有较高的概率爆发而酿成事故,故将本条作为建设工程强制性条文。

【实施与检查】

依据施工设计文件要求,将保护导体干线引至施工设计文件标明的与梯架、托盘、槽盒连接处附近,待梯架、托盘、槽盒安装完成且电缆敷设前做接地连接。镀锌和非镀锌的梯架、托盘、槽盒连接板两端的连接要求应按本条文要求区别对待，但均需保持良好的电气导通状态。

检查时，查阅安装记录，依据施工设计文件核对电缆梯架、托盘、槽盒与保护导体干线连接点的位置，目视检查连接状态，用仪表抽查非镀锌金属电缆梯架、托盘、槽盒连接处的导通状况，目视检查镀锌电缆梯架、托盘、槽盒连接板两端螺栓紧固状态。如施工设计文件标明在电缆梯架、托盘、槽盒底部内侧，沿全线敷设一支铜或钢制成的保护导体，且与每段桥架有数个电气连通点，则梯架、托盘、槽盒的连接板两端就没有必要再用保护联结导体进行连接。

核对施工设计文件，以符合设计要求、目视检查合格、用专用工具检查保护联结导体的连接紧固度为判定依据。

强制性条文 6

12.1.2 钢导管不得采用对口熔焊连接；镀锌钢导管或壁厚小于等于2mm 的钢导管，不得采用套管熔焊连接。

【条文说明】

本条与本规范修订前一致，是原规范的强制性条文。考虑到技术经济原因，钢导管不得采用熔焊对口连接，技术上熔焊会产生烧穿，内部结瘤，使穿线缆时损坏绝缘层，埋入砼中会渗入浆水导致导管堵塞，这种现象显然是不容许发生的；若使用高素质焊工，采用气体保护焊方法，进行焊口破坏性抽检，对建筑电气配管来说没有这个必要，不仅施工工序烦琐，施工效率低下，在经济上也是不合算的。现在已有不少薄壁钢导管的连接工艺标准问世，如螺纹连接、紧定连接、卡套连接等，既技术上可行，又经济上价廉，只要依据具体情况选用不同连接方法，薄壁钢导管的连接工艺问题是可以解决的，这条规定仅是不允许安全风险太大的熔焊连接工艺的应用。文中的薄壁钢导管是指壁厚小于等于2mm 的钢导管；壁厚大于2mm 的称厚壁钢导管。

设计选用镀锌钢导管，理由是其抗锈蚀性好，使用寿命长。施工中不应破坏锌保护层，这保护层不仅是外表面，还包括内壁表面，如果导管连接采用焊接熔焊法，则必然会破坏内外表面的锌保护层，外表面尚可刷油漆补救，而内表面无法刷漆，这显然违背了施工设计采用镀锌材料的初衷，若施工设计既选用镀锌材料，说明中又允许熔焊处理，其推理上必然相悖。

【技术要点】

钢导管对口熔焊会导致管内壁产生焊瘤，使导线或电缆在穿管过程中损伤绝缘外皮，引发安全事故。镀锌钢导管或壁厚小于等于2mm的钢导管在建筑电气工程中应用较为广泛，除直埋在土壤中或消防电气配管有特殊要求外，电线电缆的钢导管选用薄壁的较多，薄壁钢导管的连接工艺已被广泛应用，如螺纹连接、紧定连接、卡套连接等，施工时只要依据具体情况选用不同连接方法，薄壁钢导管的连接工艺问题是可以解决的，同时薄壁钢导管熔焊连接焊接成本大且管壁易烧穿，极易发生潜在的安全风险，所以没必要选用风险太大的焊接连接工艺。镀锌钢导管采用熔焊连接与设计选用镀锌钢导管的初衷是相悖的。本条在施工中涉及面广且易经常发生质量问题，其发生的事故影响面大，危害严重，故将本条确定为建设工程强制性条文。

【实施与检查】

根据不同类型的钢导管制定工艺规程，杜绝钢导管对口熔焊和镀锌钢导管熔焊现象。对不同的钢导管采用已被认可的相关工艺。

以目视检查符合本条文规定为判定依据。

强制性条文 7

13.1.1　金属电缆支架必须与保护导体可靠连接。

【条文说明】

本条与本规范修订前一致，是原规范的强制性条文。本条是根据电气装置的外露可导电部分均应与保护导体可靠连接这一原则提出的，目的是保护人身安全和供电安全。金属电缆支架通常与保护导体做熔焊连接，熔焊焊缝应饱满、无咬肉。

【技术要点】

如果建筑电气工程中供电干线电缆是在电缆沟内和电缆竖井内敷设的，采用金属电缆支架敷设是与采用电缆梯架、托盘、槽盒敷设不同的另外一种敷设方式。金属支架与电缆直接接触，为外露可导电部分，所以必须与保护导体可靠连接，如不严格执行，便会引发安全事故或存在着严重的安全隐患，这种隐患有较高的概率爆发而酿成事故，故将本条确定为建设工程强制性条文。

【实施与检查】

电缆沟内金属支架通常与保护导体干线做熔焊连接，施工时应先将金属支架安装完，然后沿金属支架敷设保护导体并将金属支架与保护导体进行熔焊连接。

核对施工设计文件，确认保护导体干线，目视检查金属电缆支架应与保护导体干线直接连接、熔焊焊缝应饱满、无咬肉，以符合设计要求、目视检查合格为判定依据。

强制性条文 8

13.1.5　交流单芯电缆或分相后的每相电缆不得单根独穿于钢导管内，固定用的夹具和支架不应形成闭合磁路。

【条文说明】

本条在原规范强制性条文的基础上进行了局部的修改，是电缆敷设在钢导管内或电缆固定的基本要求，也是为了安全供电应该做到的。尤其在采用预制电缆头作分支连接或单芯矿物绝缘电缆在进出配电箱柜时，要防止分支处电缆芯线单相固定时，采用的夹具和支架形成闭合铁磁回路。其中，钢导管或钢夹具和支架是指可导磁的钢导管或钢夹具和支架。

【技术要点】

选用单芯电缆做捆绑式交流供电干线，其芯线截面积及通过的计算电流必然很大，在目前已很难选择合适的多芯电缆替代。若施工中每根单芯电缆单独用钢导管保护或用钢夹具和支架固定，无论全部或局部，单芯电缆外部套上了一个铁磁闭合回路，当电缆通电运行时，引起钢导管或固定支架处发生强烈的涡流效应，不仅使电能损失严重，三相电压不平衡程度增大，钢导管和固定支架产生的高温迅速使电缆绝缘保护层老化破坏，更为严重的是会引发火灾事故，造成严重的后果。单芯电缆的固定也是同理，且由于固定点多，采用钢夹具和支架固定单芯电缆，等于单芯电缆外部套上了多个铁磁闭合回路。所以施工过程中应引起高度重视，如不严格执行本条文，便会引发安全事故或隐藏着严重的安全隐患，这种隐患有较高的概率爆发而酿成事故，故将本条确定为建设工程强制性条文。

【实施与检查】

施工前认真阅读施工设计文件，交流单芯电缆穿管时可选用非导磁保护管，电缆固定可采用铝或铝合金或塑料材料制成的卡箍，防止交流单芯电缆敷设过程中在其外表面沿圆周形成铁磁闭合回路现象的发生。

以目视检查符合本条规定为判定依据。

强制性条文 9

14.1.1 同一交流回路的绝缘导线不应敷设于不同的金属槽盒内或穿于不同金属导管内。

【条文说明】

金属导管、金属槽盒为铁磁性材料，为防止管内或槽盒内存在不平衡交流电流产生的涡流效应使导管或槽盒温度升高，导致管内或槽盒内绝缘导线的绝缘迅速老化，甚至龟裂脱落，发生漏电、短路、着火等事故，特作本规定。

【技术要点】

同一交流回路的绝缘导线不应敷设于不同的金属槽盒内或穿于不同的金属导管内是设计常识，一般在建筑工程设计中是明确的。但往往由于施工现场增加用电回路或建筑装修设计滞后原因造成管路敷设困难时，施工中时常会发生此类现象。同一交流回路的绝缘导线敷设在不同的金属槽盒内，则金属槽盒内便有不同回路的单芯交流绝缘导线，当金属槽盒内的三相交流用电量不一致时，产生的不平衡交流电流所引发的涡流效应将使导管等温度升高，导致绝缘导线绝缘老化而发生安全事故。对同一交流回路的绝缘导线不穿于同一金属导管内，相当于交流单芯电线单独穿于金属导管内，其危害程度与13.1.5相同。如不严格执行本条，可能会引发安全事故或隐藏着严重的安全隐患，这种隐患有较高的概率爆发而酿成事故，故将本条确定为建设工程强制性条文。

【实施与检查】

施工过程应严格设计文件变更手续审批制度，加强装修设计图纸的管理，施工时应按回路敷线或穿线，对金属槽盒内敷设的导线施工完成后要按回路进行分段绑扎，以确保同一交流回路的绝缘导线敷设于同一金属槽盒内或穿于同一金属导管内。

施工时按交流回路进行检查，核对施工设计文件，以符合设计要求、目视检查合格为判定依据。钢导管内穿线或金属槽盒配线应按回路进行敷线，金属线槽内配线的绝缘导线应按回路进行分段绑扎。

强制性条文 10

15.1.1　塑料护套线严禁直接敷设在建筑物顶棚内、墙体内、抹灰层内、保温层内或装饰面内。

【条文说明】

本条与国家工程建设标准《1kV 及以下配线工程施工与验收规范》GB 50575—2010 中第 5.5.1 条强制性条文等效。塑料护套线直接敷设在建筑物顶棚内，不便观察和监视，易被老鼠等小动物啃咬，且检修时易造成线路的机械损伤；敷设在墙体内、抹灰层内、保温层内、装饰面内等隐蔽场所，有三个后果：①导线无法检修和更换；②会因墙面钉入铁件而损坏线路，造成事故；③导线受水泥、石灰等碱性介质的腐蚀而加速老化，或施工操作不当损坏导线，造成严重漏电，从而危及人身安全。

【技术要点】

塑料护套线一般是沿建筑物墙体表面或在槽盒内敷设，以沿建筑物墙体表面敷设居多，因此施工时要合理安排施工顺序，在建筑物墙体表面敷设时应等墙体粉刷完成后才能敷线，在槽盒内敷设时应在槽盒安装完成且盒盖未盖前完成。但在实际工程中往往会出现因建筑物顶棚、墙体已施工结束，电气配管遗漏或堵塞而无法弥补的现象，试图用塑料护套线替代导管配线，将其直接敷设在墙体内、抹灰层内、保温层内或装饰面内等隐蔽处，这显然是不允许的，其理由条文说明中已叙述清楚，如不严格执行本条文，便会引发安全事故或隐藏着严重的安全隐患，这种隐患有较高的概率爆发而酿成事故，故将本条确定为建设工程强制性条文。

【实施与检查】

施工时要按设计图进行配管，并及时检查管路的畅通状况，对发现堵塞的管路要及时进行修复或补配。配线工程应与装修工程同步进行，对建筑物顶棚内或墙体内等隐蔽部位的配线工程，施工完成后应及时进行管路畅通检查或及时进行敷线，合格后才能交予装修单位进行工程隐蔽收尾。

　　施工时目视检查，以符合本规范要求为判定依据。

　　强制性条文 11

　　18.1.1　灯具固定应符合下列规定：

　　1　灯具固定应牢固可靠，在砌体和混凝土结构上严禁使用木楔、尼龙塞或塑料塞固定；

　　2　质量大于 10kg 的灯具，固定装置及悬吊装置应按灯具重量的 5 倍恒定均布载荷做强度试验，且持续时间不得少于 15min。

　　【条文说明】

　　本条与国家工程建设标准《建筑电气照明装置施工与验收规范》GB 50617—2010 中第 3.0.6 条和第 4.1.15 条强制性条文等效。由于木楔、尼龙塞或塑料塞不具有像膨胀螺栓的楔形斜度，无法促使膨胀产生摩擦握裹力而达到锚定效果，所以在砌体和混凝土结构上不应用其固定灯具，以免由于安装不可靠或意外因素，发生灯具坠落现象而造成人身伤亡事故。

　　通过抗拉拔力试验而知，灯具的固定装置（采用金属型钢现场加工，用 φ8 的圆钢作马鞍形灯具吊钩）若用 2 枚 M8 的金属膨胀螺栓可靠地后锚固在混凝土楼板中，抗拉拔力可达 10kN 以上且抗拉拔力取决于金属膨胀螺栓的规格大小和安装可靠程度；灯具的固定装置若焊接到混凝土楼板的预埋铁板上，抗拉拔力可达到 22kN 以上且抗拉拔力取决于装置材料自身的强度。因此对于质量小于 10kg 的灯具，其固定装置由于材料自身的强度，无论采用后锚固或在预埋铁板上焊接固定，都是可以承受 5 倍灯具重量的载荷的。质量大于 10kg 的灯具，其固定及悬吊装置应该采用在预埋铁板上焊接或后锚固（金属螺栓或金属膨胀螺栓）等方式安装，不宜采用塑料膨胀螺栓等方式安装，但无论采用哪种安装方式，均应符合建筑物的结构特点，且按照本条文要求全数做强度试验，以确保安全。有些灯具体积和质量都较大，其固定和悬吊装置与建筑物（构筑物）之间可能采用多点固定的方式，施工单位可按固定点数的一定比例进行抽查，但应编制灯具载荷强度试验的专项方案，报监理单位审核。

　　灯具所提供的吊环、连接件等附件强度已由灯具制造商在工厂进行过载试验，根据灯具制造标准《灯具第 1 部分：一般要求与试验》GB

7000.1—2007 中 4.14.1 条的规定，对所有的悬挂灯具应将 4 倍灯具重量的恒定均布载荷以灯具正常的受载方向加在灯具上，历时 1h，试验终了时，悬挂装置（灯具附件）的部件应无明显变形。因此标准规定在灯具上加载 4 倍灯具重量的载荷，则灯具的固定及悬吊装置（施工单位现场安装的）就须承受 5 倍灯具重量的载荷。灯具的固定及悬吊装置是由施工单位在现场安装的，其形式应符合建筑物的结构特点。固定及悬吊装置安装完成、灯具安装前要求在现场做恒定均布载荷强度试验，试验的目的是检验固定及悬吊装置安装的可靠性。考虑到灯具安装完成后固定及悬吊装置承受的是静载荷，故试验时间为 15min，试验结束后，固定装置及悬吊装置应无明显变形或松动。

【技术要点】

一方面，灯具安装在高处且大量采用玻璃制品，安装不牢固或不可靠发生灯具坠落，将造成人身伤亡事故。质量大于 10kg 的灯具一般属花灯，有的达上百千克以上，还有的因造型结构复杂特殊，需操作人员在灯具上进行布置安装，因此，这样的灯具固定及悬吊装置施工中要预埋有关部件。另一方面，由于该类灯具一般安装在公共活动场所的正上方，如各类厅堂的中央位置，就是民用住宅一般也是安装在客厅、餐厅的正中间，如固定不可靠牢固，坠落伤人的概率较高，况且擦拭修理时操作人员会使灯具受到附加力，轻度地震、大风吹拂摆动均会使悬吊装置受到动载荷。考虑到灯具安装一般采用多点均匀固定，规定做过载均布试验是必要的。若不执行本条规定，一旦发生事故，其影响面大、危害严重，故将本条确定为建设工程强制性条文。

【实施与检查】

对施工设计文件或灯具随带说明文件中指定安装用吊钩的，可用手拉弹簧秤检测，吊钩不应变形。对施工设计文件有预埋部件图样的灯具固定及悬吊装置，灯具安装前应将灯具全重 5 倍的重物吊于悬吊装置上，做恒定均布载荷强度试验，时间 15min，目视检查固定装置的固定点有无松动、悬吊装置变形等异常情况。请注意试验时过载悬吊用重物高度不要太高，一般离地 20cm 为宜。

核对施工设计文件，抽查已安装灯具的固定件，参与固定装置及悬吊

装置的恒定均布载荷强度试验的旁站检查，以符合本规范要求为判定
依据。

强制性条文 12

18.1.5　普通灯具的 I 类灯具外露可导电部分必须采用铜芯软导线与
保护导体可靠连接，连接处应设置接地标识，铜芯软导线的截面积应与进
入灯具的电源线截面积相同。

【条文说明】

本条与国家工程建设标准《建筑电气照明装置施工与验收规范》
GB 50617—2010 中第 4.1.12 条强制性条文基本等效，在该条文的基础上
增加了铜芯软导线的截面要求。

按防触电保护形式，灯具可分为 I 类、II 类和III类。

I 类灯具的防触电保护不仅依靠基本绝缘，而且还包括基本的附加措
施，即把外露可导电部分连接到固定的保护导体上，使外露可导电部分在
基本绝缘失效时，防触电保护器将在规定时间内切断电源，不致发生安全
事故。因此这类灯具必须与保护导体可靠连接，以防触电事故的发生，导
线间的连接应采用导线连接器或缠绕搪锡连接。II 类灯具的防触电保护不
仅依靠基本绝缘，而且具有附加安全措施，例如双重绝缘或加强绝缘，但
没有保护接地措施或依赖安装条件。III 类灯具的防触电保护依靠电源电压
为安全特低电压，且不会产生高于安全特低电压的、正常条件下不接地的
灯具。因此特别强调 I 类灯具的外露可导电部分的接地要求。接地导线的
截面积要求与《建筑物电气装置 第 5-54 部分：电气设备的选择和安装 接
地配置、保护导体和保护联结导体》GB 16895.3 之 543.1.1 条款相一致。

作为电工电子产品，按防触电保护要求可分为 0 类、I 类、II 类和
III类：

0 类产品采用基本绝缘作为基本防护措施，而没有故障防护措施。电
源线里只有相线（在专业术语中称为"相导体"）和中性线（在专业术语
中称为"中性导体"），而没有接地线（在专业术语中称为"保护导体"、
"保护接地导体"），电源插头没有接地插脚的产品就属于这类。因此这种
产品只能用于非导电场所或采取特殊措施的场所，不能用于一般场所。

I 类产品采用基本绝缘作为基本防护措施，采用保护联结作为故障防

护措施。这些产品的金属外壳应接到保护联结端子上。电源线有将金属外壳连接到保护联结系统的接地线，电源插头有接地的插脚的产品就属于这一类产品。如我们经常使用的有金属外壳的电工电子产品如电冰箱、洗衣机。

Ⅱ类产品采用基本绝缘作为基本防护措施，采用附加绝缘或加强绝缘（能提供基本防护和故障防护功能）作为故障防护措施。电视机属于这类产品。这类产品用外壳作为附加绝缘，因此对产品外壳的绝缘性能要求高。

Ⅲ类产品是将工作电压限制到特低电压值作为基本防护措施，而自身不具有故障防护措施的产品。这类产品的工作电压限制到特低电压值（在干燥环境是交流电压50伏以下；在潮湿环境是交流电压25伏以下），因此大大限制了其使用范围，家用产品中很少使用。

【技术要点】

建筑电气工程中大量使用的是Ⅰ类灯具，分布面广，与人们日常生活关系密切，也是人们经常接触的、触电危险概率较大的用电器具，有着较大的潜在伤害人身的可能性。如不严格执行本条规定，可能会引发安全事故或隐藏着严重的安全隐患，这种隐患有较高的概率爆发而酿成事故，故将本条确定为建设工程强制性条文。

【实施与检查】

认真阅读施工设计文件，检查灯具外露可导电部分专用接地螺栓的符合性，根据灯具电源线的导线截面积选择等同截面积的接地铜芯软导线，接地铜芯软导线与保护导体干（支）线的连接应采用导线连接器或缠绕搪锡连接，且连接紧固。

核对施工设计文件，以符合设计要求、目视检查合格、用专用工具检查接地铜芯软导线连接可靠紧固或必要时对灯具外露可导电部分的接地做电气导通抽测合格为判定依据。

强制性条文 13

19.1.1 专用灯具的Ⅰ类灯具外露可导电部分必须用铜芯软导线与保护导体可靠连接，连接处应设置接地标识，铜芯软导线的截面积应与进入灯具的电源线截面积相同。

【条文说明】

本条文与本规范第 18.1.5 条的条文说明一致。

【技术要点】

建筑电气工程中采用的专用灯具分布面广，用途不同，有用于消防的消防应急照明灯具、游泳池及类似场所的水下灯、橱窗内的霓虹灯、屋顶上用的航空障碍标志灯、手术用手术台无影灯及建筑物景观照明灯等，安装部位复杂，涉及不同的人群，且与建筑物的使用功能有密切的关系，也是人们经常接触的潜在触电危险概率较大的用电器具，有着较大的潜在伤害人身的可能性。如不严格执行本条规定，可能会引发安全事故或隐藏着严重的安全隐患，这种隐患有较高的概率爆发而酿成事故，故将本条确定为建设工程强制性条文。

【实施与检查】

认真阅读施工设计文件，检查灯具外露可导电部分专用接地螺栓的符合性，根据灯具电源线的导线截面积选择等同截面积的接地铜芯软导线，接地铜芯软导线与保护导体干（支）线的连接应采用导线连接器或缠绕搪锡连接，且连接紧固。

核对施工设计文件，以符合设计要求、目视检查合格、用专用工具检查接地铜芯软导线连接可靠紧固或必要时对灯具外露可导电部分的接地做电气导通抽测合格为判定依据。

强制性条文 14

19.1.6　景观照明灯具安装应符合下列规定：

1　在人行道等人员来往密集场所安装的落地式灯具，当无围栏防护时，灯具距地面高度应大于 2.5m；

2　金属构架及金属保护管应分别与保护导体采用焊接或螺栓连接，连接处应设置接地标识。

【条文说明】

本条是在原规范强制性条文的基础上进行了局部的修改。随着城市美化的推进，建筑物立面反射灯应用众多，有的由于位置关系，灯架安装在人员来往密集的场所或易被人接触的位置，因而要有严格的防灼伤和防触电的措施。

【技术要点】

景观照明灯具安装高度有高有低，其中一部分易与人相接触，如安装在可上人的屋顶女儿墙上、人行道上、庭院地面上，还有通过钢索或构架安装的，如建筑物立面轮廓用钢索固定安装的灯具和各类落地支架上的反射灯具等。这些景观照明灯具大多装于室外易受潮湿，易于被人无意间触摸到，有的灯具表面温度较高容易灼伤人体，还有的灯具安装在金属构架上，其金属构架及金属保护管为外露可导电部分，为此规定了防护措施和防电击措施。如不严格执行，可能会引发安全事故或隐藏着严重的安全隐患，这种隐患有较高的概率爆发而酿成事故，故将本条确定为建设工程强制性条文。

【实施与检查】

区别灯具性质是否属于景观照明灯具，注意安装场所及其防护措施。

核对设计图纸，以符合设计要求、目视检查合格、用工具拧紧检查连接处已紧固或必要时进行接地导通抽测合格为判定依据。

强制性条文 15

20.1.3 插座接线应符合下列规定：

1 对于单相两孔插座，面对插座的右孔或上孔应与相线连接，左孔或下孔应与中性导体（N）连接；对于单相三孔插座，面对插座的右孔应与相线连接，左孔应与中性导体（N）连接；

2 单相三孔、三相四孔及三相五孔插座的保护接地导体（PE）应接在上孔。插座的保护接地导体端子不得与中性导体端子连接。同一场所的三相插座，其接线的相序应一致；

3 保护接地导体（PE）在插座之间不得串联连接；

4 相线与中性导体（N）不应利用插座本体的接线端子转接供电。

【条文说明】

本条是在原规范强制性条文的基础上补充了第 4 款。本条第 3 款规定"保护接地导体（PE 线）在插座间不应串联连接"，是为防止因 PE 线在插座端子处断线后连接，导致 PE 线虚接或中断，而使故障点之后的插座失去 PE 线。建议使用符合国家标准《家用和类似用途低压电路用的连接器件》GB 13140 标准要求的连接装置，从回路总 PE 线上引出的导线，单独连接在插座 PE 端子上。这样即使该端子处出现虚接故障，也不会导致其他插座失去 PE 保护。

本条第 4 款规定"相线与中性导体（N 线）不应利用插座本体的接线端子转接供电"即要求不应通过插座本体的接线端子并接线路，以防止插座使用过程中，由于插头的频繁操作造成接线端子松动，而引发安全事故。

【技术要点】

本条是对插座和导线接线位置按每根导线功能做出的规定，符合国际上的统一规定。接至插座的保护接地导体（PE 线）必须单独敷设，不与零线混同。由于插座有并列多个安装的情况，为防止 PE 线串联连接，进一步明确在插座间 PE 线的连接必须遵守规范第 3.1.7 条的规定。

建筑电气工程中存在着面广量大使用多的插座，插座连接可移动用电设备使之受电运行或工作，而可移动用电设备的外露可导电部分均需通过插座获得接地保护，可移动用电设备所带的电源插头接线位置是否合格，或者说是否符合制造标准，是以插头插入插座后用电设备运行功能是否正常来判定的，如 PE 线得到正确的连通，相线接入用电设备所附控制开关的电源侧，零线接至规定位置，则用电设备运行就正常。若插座不按本规范接线，必然会失去保护控制功能，还会造成触电事故。同一场所三相插座相序一致，使有相序要求的可移动用电设备能正常使用，保持功能不致损坏。本条规定涉及可移动用电设备运行功能和使用安全问题，若不严格执行，发生事故后的影响面大，危害严重，故将本条确定为建设工程强制性条文。

【实施与检查】

插座接线前应判定接入导线的性质，PE 线、相线、中性线区分清楚，三相的导线相序应鉴别清楚，并按本规定进行导线连接。

以专用检验器或仪表抽测接线正确性为判定依据。

强制性条文 16

23.1.1　接地干线应与接地装置可靠连接。

【条文说明】

变配电室及电气竖井内接地干线是沿墙或沿竖井内明敷的接地导体，用于变配电室设备维修和做预防性试验时的接地预留，以及电气竖井内设备的接地。为保证接地系统可靠和电气设备的安全运行，其连接应可靠，连接应采用熔焊连接或螺栓搭接连接，熔焊焊缝应饱满、无咬肉，螺栓连接应紧固，锁紧装置齐全。

【技术要点】

建筑电气工程中的接地干线，设计上除作为今后检修用的保护导体外，大部分是作为保护导体的接续导体，用于电气设备外露可导电部分的接地连接和设备的等电位接地连接，接地线干线与接地装置的连接应采用熔焊连接或螺栓搭接连接，连接可靠与否涉及建筑电气装置的运行安全及使用功能、建筑设备的运行安全、建筑智能化工程及其他弱电工程的功能和使用安全问题，若不严格执行，可能会引发安全事故或隐藏着严重的安全隐患，这种隐患有较高的概率爆发而酿成事故，也会严重影响建筑物的使用功能。故本条确定为建设工程强制性条文。

【实施与检查】

接地干线与接地装置连接应采用熔焊连接和螺栓搭接连接，接地装置施工隐蔽前应按设计要求将接地装置引出线引至接地干线附近，并预留足够的搭接长度，同时应检测接地装置的接地电阻，检测方法按所使用的仪器仪表说明执行，检测合格后方可对接地装置进行隐蔽。接地干线与接地装置采用熔焊连接的应三面施焊，采用螺栓搭接连接的应不少于两个防松螺帽，并用力矩扳手拧紧。

核对设计图纸，以符合设计要求且连接可靠为判定依据，目视检查熔焊连接焊缝应饱满、外表光滑；螺栓连接用力矩扳手检查，应已紧固。

强制性条文 17

24.1.3　接闪器与防雷引下线必须采用焊接或卡接器连接，防雷引下线与接地装置必须采用焊接或螺栓连接。

【条文说明】

接闪器与防雷引下线、防雷引下线与接地装置的连接点（处）数量由设计确定。本条规定主要是强调接闪器与防雷引下线及防雷引下线与接地装置连接点（处）的连接要求，以确保相互连接的可靠性。

【技术要点】

接闪器属防直接雷击的外部防雷装置，经接闪器的雷电流是通过防雷引下线和接地装置入地的，由于雷击时产生的雷击电流从几百千安到几千安不等，如果接闪器与防雷引下线或防雷引下线与接地装置没有可靠的连接，如此大的雷电流所产生的冲击足以使建筑物或设备受到严重的摧毁，这是不允许发生的。为保证其连接可靠，不因接触电阻过大而提高闪电压降，导致建筑物及其内部设备的损坏，制定本条文。如不严格执行本条文，可能会引发安全事故或隐藏着严重的安全隐患，这种隐患有较高的概率爆发而酿成事故，故本条确定为建设工程强制性条文。

【实施与检查】

施工时应先将接地装置和引下线施工完成，最后安装接闪器，并与引下线连接，这是一个重要工序的顺序，不准逆反，否则要酿成大祸，若先装接闪器引雷，而接地装置尚未施工，引下线也没有连接，建筑物遭受雷击后引发的事故损失将更严重。对利用屋顶钢筋网等符合条件的钢筋作为接闪器时，在板内钢筋绑扎后，按设计要求与引下线可靠连接，经检查确认后，才能支模。

核对设计图纸，以符合设计要求且连接可靠为判定依据。目视检查熔焊连接焊缝应饱满、外表光滑；螺栓连接用力矩扳手检查，应已紧固。

二、建筑电气工程施工现场的质量管理，除应符合现行国家标准《建筑工程质量验收统一标准》GB 50300 的有关规定外，尚应符合下列规定

1）安装电工、焊工、起重吊装工和电气调试人员等，按有关要求持证上岗。

2）安装和调试用各类计量器具，应检定合格，在有效期内使用。

3）除设计要求外，承力建筑钢结构构件上，不得采用熔焊连接固定电气线路、设备和器具的支架、螺栓等部件；且严禁热加工开孔。

4）额定电压交流 1kV 及以下的应为低压电器设备、器具和材料；额定电压大于交流 1kV、直流 1.5kV 的应为高压电气设备、器具和材料。

5）电气设备上计量仪表和电气保护有关的仪表应检定合格，当投入运行时，应在有效期内。

6）建筑电气动力工程的空载试运行和建筑电气照明工程的负荷试运行，应按本规范规定执行；建筑电气动力工程的负荷试运行，依据电气设备及相关建筑设备的种类、特性，编制试运行建筑电气动力工程的负荷试运行方案或作业指导书，并应经施工单位审查批准、监理单位确认后执行。

7）动力和照明工程的漏电保护装置应做模拟动作实验。

8）接地支线必须单独与接地干线相连接，不得串联连接。

9）高压的电气设备和布线系统继电保护系统的交接试验，必须符合现行国家标准《电气装置安装工程电气设备交接试验标准》GB 50150 的规定。

10）低压的电气设备和布线系统的交接试验，应符合本规范的规定。

11）送至建筑智能化工程变送器的点亮信号精度等级应符合设计要求，状态信号应正确；接受建筑智能化工程的指令应使建筑电气工程的自动开关动作符合指令要求，且手动、自动切换功能正常。

三、与 GB 50300—2013 接轨

具体内容见表2-1、表2-2 和表2-3。

表2-1　检验批最小抽样数量

检验批的容量	最小抽样数量
2～15	2
16～25	3
26～90	5
91～150	8
151～280	13
281～500	20
501～1 200	32
1 201～3 200	50

表2-2 一般项目正常检验一次抽样判定

样本容量	合格判定数	不合格判定数
5	1	2
8	2	3
13	3	4
20	5	6
32	7	8
50	10	11
80	14	15
125	21	22

表2-3 一般项目正常检验二次抽样判定

抽样次数	样本容量	合格判定数	不合格判定数
(1)	3	0	2
(2)	6	1	2
(1)	5	0	3
(2)	10	3	4
(1)	8	1	3
(2)	16	4	5
(1)	13	2	5
(2)	26	6	7
(1)	20	3	6
(2)	40	9	10
(1)	32	5	9
(2)	64	12	13
(1)	50	7	11
(2)	100	18	19
(1)	80	11	16
(2)	160	26	27

说明:(1)和(2)表示抽样数。

(2)对应的样本容量为两次抽样的累计量。

检验批质量验收记录和分项工程质量验收记录应分别填列表2-4和表2-5。

表 2-4　检验批质量验收记录编号

单位（子单位）工程名称		分部（子分部）工程名称		分项工程名称	
施工单位		项目负责人		检验批容量	实际工程量
分包单位		分包单位项目负责人		检验批部位	
施工依据		工艺标准或施工规范	验收依据	《建筑电气工程施工质量验收规范》GB 50303—2015	

	验收项目	设计要求及规范规定	最小/实际抽样数量	检查记录	检查结果
主控项目	1				
	2				
	3				
	4				
	5				
	6				
	7				
	8				
	9				
	10				
一般项目	1				
	2				
	3				
	4				
	5				
施工单位检查结果	专业工长：项目专业质量检查员：年　月　日				
监理单位验收结论	专业监理工程师：年　月　日				

表 2-5　分项工程质量验收记录编号

单位(子单位)工程名称				分部（子分部）工程名称			
分项工程数量				检验批数量			
施工单位				项目负责人		项目技术负责人	
分包单位				分包单位项目负责人		分包内容	
序号	检验批名称	检验批数量	部位/区段	施工单位检查结果		监理单位验收结果	
1							
2							
3							
4							
5							
6							
7							
8							
9							
10							
11							
12							
13							
14							
15							
说明：							
施工单位检查结果			项目专业技术负责人：　　　　年　月　日				
监理单位验收结论			专业监理工程师：　　　　年　月　日				

四、建筑电气工程各子分部工程所含的分项工程和检验批

具体项目如表2-6所示。

表2-6 建筑电气工程各子分部工程所含的分项工程和检验批

分项工程 ＼ 子分部工程	1 室外电气安装工程	2 变配电室安装工程	3 供电干线安装工程	4 电气动力安装工程	5 电气照明安装工程	6 自备电源安装工程	7 防雷及接地装置安装工程
1 变压器、箱式变电所安装	●	●					
2 成套配电柜、控制柜（台、箱）和配电箱（盘）安装	●			●	●	●	
3 电动机、电加热器及电动执行机构检查接线				●			
4 柴油发电机组安装						●	
5 UPS及EPS安装						●	
6 电气设备试验和试运行			●	●			
7 母线槽安装		●	●	●			
8 梯架、托盘和槽盒安装	●	●	●	●	●		
9 导管敷设	●	●	●	●	●		
10 电缆敷设	●	●	●	●			
11 导管内穿线和槽盒内敷线	●			●	●		
12 塑料护套线直敷布线					●		
13 钢索配线					●		
14 电缆头制作、接线和线路绝缘测试	●	●	●	●	●	●	
15 普通灯具安装	●				●		
16 专用灯具安装	●				●		
17 开关、插座、风扇安装				●	●		
18 建筑物照明通电试运行	●				●		
19 接地装置安装	●	●				●	●
20 变配电室及电气竖井内接地干线敷设		●	●				
21 避雷引下线及接闪器安装							●
22 建筑物等电位联结							●

注：有●符号者为该子分部工程所含的分项工程。

第三节　建筑工程质量验收

一、建筑工程质量验收要求

建筑工程施工质量应按下列要求进行验收：

1）建筑工程施工质量应符合标准和相关专业验收规范的规定。

2）建筑工程施工应符合工程勘察、设计文件的要求。

3）参加工程施工质量验收的各方人员应具备规定的资格。

4）工程质量的验收均应在施工单位自行检查评定的基础上进行。

5）隐蔽工程在隐蔽前应由施工单位通知有关单位进行验收，并应形成验收文件。

6）涉及结构安全的试块、试件以及有关材料，应按规定进行见证取样检测。

7）检验批的质量应按主控项目和一般项目验收。

8）对涉及结构安全和使用功能的重要分部工程应进行抽样检测。

9）承担见证取样检测及有关结构安全检测的单位应具有相应资质。

10）工程的观感质量应由验收人员通过现场检查，并应共同确认。

二、检验批合格条件

1. 检验批合格质量应符合下列规定

1）主控项目和一般项目的质量经抽样检验合格。

2）具有完整的施工操作依据、质量检查记录。

检验批是工程验收的最小单位，是分项工程乃至整个建筑工程质量验收的基础。

2. 主控项目和一般项目的质量经抽样检验合格

（1）主控项目检验

1）主控项目验收内容：

建筑材料、构配件及建筑设备的技术性能与进场复验要求。如风机的设备的质量等。

涉及结构安全、使用性能的检测项目，如管道的压力试验；电气的绝缘、接地测试；电梯的安全保护、试运转结果等。

一些重要的允许偏差项目，必须控制在允许偏差值之内。

2）主控项目验收要求：

主控项目的条文是必须达到的要求，是保证工程安全和使用功能的重要检验项目，是对安全、卫生、环境保护和公众利益起决定性作用的检验项目，是确定该检验批主要性能的。主控项目中所有子项必须全部符合各专业验收规范规定的质量指标，方能判定主控项目质量合格。反之，只要其中某一子项甚至某一抽查样本检验后达不到要求，即可判定该主控项目不合格，则该检验批拒收。

（2）一般项目检验

1）一般项目验收内容：

一般项目是指除主控以外，对检验批质量有影响的检验项目，当其中缺陷的数量超过规定比例，或样本的缺陷程度超过规定的限度后，对检验批质量会产生影响。包括的主要内容有：

允许有一定偏差的项目，用数据规定的标准，可以有个别偏差范围，但最多不超过 20% 的检查点可以超过允许偏差值，且不能超过允许值的 150%。

对不能确定偏差值而又允许出现一定缺陷的项目，则以缺陷的数量来区分。

一些无法定量而采用定性的项目，如碎拼大理石地面要求颜色协调，无明显裂缝和坑洼等。

2）一般项目验收要求：

一般项目是除主控项目以外的检验项目，其也应该符合条文的规定，只不过对不影响工程安全和使用功能的少数条文可以适当放宽一些，这些条文虽不像主控项目那样重要，但对工程安全、使用功能、美观程度都是有较大影响的。一般项目的合格判定条件：抽样样本的 80% 及以上符合各专业验收规范规定的质量指标，其余样本的缺陷通常不超过规定允许偏差值的 1.5 倍。具体应根据各专业验收规范的规定执行。

3. 具有完整的施工操作依据和质量检查记录

检验批合格质量的要求，除主控项目和一般项目的质量经抽样检查符合要求外，其施工操作依据的技术标准尚应符合设计、验收规范的要求。采用企业标准的不能低于国家、行业标准。质量控制资料反映了检验批从原材料到最终验收的各施工工序的操作依据，检查情况以及保证质量所必需的管理制度等。对其完整性的检查，实际是对过程控制的确认，这是检验批合格的前提。

三、分项工程质量合格条件

1. 分项工程质量合格要求

1）分项工程所含的检验批均应符合合格质量的规定。

2）分项工程所含的检验批的质量验收记录应完整。

2. 分项工程质量验收要求

1）要核对所含检验批的部位、区段是否全部覆盖该分项工程的范围，有没有缺漏的部位没有验收到。

2）一些在检验批中无法检验的项目，在分项工程中直接验收。

3）检验批验收记录的内容及签字人是否正确、齐全。

四、分部（子分部）工程质量合格条件

1. 分部（子分部）工程质量验收合格应符合下列规定

1）分部（子分部）工程所含分项工程的质量均应验收合格。

2）质量控制资料应完整。

3）地基与基础、主体结构和设备安装等分部工程有关安全及功能的检验和抽样检测结果应符合有关规定。

4）观感质量验收应符合要求。

2. 分部（子分部）工程所含分项工程的质量均应验收合格

1）要求分部（子分部）工程所含各分项工程施工均已完成；核查每个分项工程验收是否正确。

2）注意查对分项工程归纳整理有无漏缺，各分项工程划分是否正确，有无分项工程没有进行验收。

3）注意检查各分项工程是否均按规定通过了合格质量验收；分项工程的资料是否完整，每个验收资料的内容是否有缺漏项，填写是否正确；以及分项验收人员的签字是否齐全等。

3. 质量控制资料应完整

质量控制资料完善是工程质量合格的重要条件，在分部工程质量验收时，应根据各专业工程质量验收规范的规定，对质量控制资料进行系统的检查，着重资料齐全、项目完整、内容准确和签署规范。

质量控制资料检查实际也是统计、归纳工作，主要包括三个方面：

1）核查和归纳各检验批的验收记录资料，查对是否完整。

2）检验批验收时，要求检验批资料准确完整后，方能对其开展验收。

3）注意核对各种资料的内容、数据及验收人员签字的规范性。

第三章
质量管理及控制方法

随着电气智能化技术的迅速发展，电气工程的地位和作用越来越重要，直接关系到整个工程的质量、工期、投资和预期效果。电气工程师应对所负责的电气工程质量具有高度责任心，充分应用自己的专业水平，深入、细致地搞好电气工程的质量管理工作。

本章主要介绍了质量管理的定义、发展和质量控制方法，重点介绍电气工程在人、机、料、法、环等方面如何进行质量管理和控制。

第一节　质量管理

电气工程师首先要有全面的专业知识，建筑工程的施工包括土建、装修、给排水、暖通、电气安装等。在施工中，若某一专业只考虑本专业或本工种的进度，势必影响其他工种施工，同时本专业也很难搞好。

在建筑基础施工阶段，建筑电气安装应做好接地装置及接地引线、防雷装置引下线等工作；在建筑主体施工阶段，应做好配管、配线、预留、预埋工作；在建筑装修阶段，应做好电器安装、调试等工作。

一、工程质量管理的概念

质量是一组固有特性满足要求的程度。就工程质量而言，其固有特性通常包括实用功能、寿命以及可靠性、安全性、经济性等特性，这些特性满足要求的程度越高，质量就越好。

质量管理是在质量方面指挥和控制组织的协调的活动。通常包括制定质量方针和质量目标及质量策划、质量控制、质量保证和质量改进。

组织必须通过建立质量管理体系实施质量管理。其中，质量方针是组织质量宗旨、经营理念和价值观的反映；在质量方针的指导下，制定组织的质量手册、程序性管理文件和质量记录；进而落实组织制度，合理配置各种资源，明确各级管理人员在质量活动中的责任分工与权限界定等，形成组织质量管理体系的运行机制，保证整个体系的有效运行，从而实现质量目标。

二、工程质量管理的原则

对施工项目而言，质量控制就是为了确保合同、规范所规定的质量标准所采取的一系列检测、监控措施、手段和方法。在进行施工项目质量控制的过程中，应遵循以下几点原则：

1）坚持"质量第一，用户至上"。建筑产品作为一种特殊的商品，使用年限较长，是"百年大计"，直接关系到人民群众生命财产的安全。所以，工程项目在施工中应自始至终地把"质量第一，用户至上"作为质量控制的基本原则。

2）"以人为核心"。人是质量的创造者，质量控制必须"以人为核心"，把人作为控制的动力，调动人的积极性、创造性；增强人的责任感，树立"质量第一"观念；提高人的素质，避免人的失误；以人的工作质量保工序质量、促工程质量。

3）"以预防为主"。"以预防为主"，就是要从对质量的事后检查把关，转向对质量的事前控制、事中控制；从对产品质量的检查，转向对工作质量的检查、对工序质量的检查、对中间产品的质量检查，这是确保施工项目的有效措施。

4）坚持质量标准、严格检查，一切用数据说话。质量标准是评价产品质量的尺度，数据是质量控制的基础和依据。产品质量是否符合质量标准，必须通过严格检查，用数据说话。

5）贯彻科学、公正、守法的职业规范。建筑施工企业的项目经理，在处理质量问题过程中，应尊重客观事实，尊重科学，正直、公正，不持偏见；遵纪、守法，杜绝不正之风；既要坚持原则、严格要求、秉公办事，又要谦虚谨慎、实事求是、以理服人、热情帮助。

三、质量管理方法

1. PDCA 循环工作方法

PDCA 循环是指由计划（Plan）、实施（Do）、检查（Check）和处理（Action）四个阶段组成的工作循环，如表 3-1 所示。PDCA 循环是不断进行的，每循环一次，就实现一定的质量目标，解决一定的问题，使质量水平有所提高。不断循环，周而复始，使质量水平不断提高。它是一种科学管理程序和方法，其工作步骤见表 3-1。

表 3-1　PDCA 循环工作步骤

序号	工作步骤	内容
1	计划 （Plan）	这个阶段包含以下 4 个步骤： （1）分析质量现状找出存在的质量问题 首先，要分析企业范围内的质量通病，也就是工程质量上的常见病和多发病。其次是针对工程中的一些技术复杂、难度大、质量要求高的项目，以及新工艺、新技术、新结构、新材料等项目，要依据大量的数据和情报资料，让数据说话，用数理统计方法来分析反映问题。 （2）分析产生质量问题的原因和影响因素 这一步也要依据大量的数据，应用数理统计方法，召开有关人员和有关问题的分析会议。最后，绘制成因果分析图。 （3）找出影响质量的主要因素 为找出影响质量的主要因素，可采用如下两种方法： 1）利用数理统计方法和图表； 2）当数据不容易取得或者受时间限制来不及取得时，可根据有关问题分析会的意见来确定。 （4）制订改善质量的措施，提出行动计划，并预计效果 在进行这一步时，要反复考虑并明确回答以下"5W1H"问题： 1）为什么要采取这些措施？为什么要这样改进？即要回答采取措施的原因。（Why） 2）改进后能达到什么目的？有什么效果？（What） 3）改进措施在何处（哪道工序、哪个环节、哪个过程）执行？（Where）

续　表

序号	工作步骤	内容
		4）什么时间执行，什么时间完成？（When） 5）谁负责执行？（Who） 6）用什么方法完成？用哪种方法比较好？（How）
2	实施 （Do）	这个阶段只有一个步骤，即组织对质量计划或措施的执行。首先，要做好计划的交底和落实。落实包括组织落实、技术落实和物资材料落实。有关人员要经过训练、实习并经考核合格再执行。其次，计划的执行要依靠质量管理体系。
3	检查 （Check）	检查阶段也只有一个步骤，即检查措施的效果。也就是检查作业是否按计划要求去做的？哪些做对了？哪些还没有达到要求？哪些有效果？哪些还没有效果？
4	处理 （Action）	处理阶段包含两个步骤： 第一步，总结经验，巩固成绩。 经过上一步检查后，把确有效果的措施在实施中取得的好经验，通过修订相应的工艺文件、工艺规程、作业标准和各种质量管理的规章制度加以总结，把成绩巩固下来。 第二步，提出尚未解决的问题。 通过检查把效果还不显著或还不符合要求的那些措施，作为遗留问题，反映到下一循环中。

2. 质量管理统计分析方法

数据是进行质量管理的基础，"一切用数据说话"才能做出科学的判断。用数理统计方法，通过收集、整理质量数据，可以帮助我们分析、发现质量问题，以便及时采取对策措施，纠正和预防质量事故。

利用数理统计方法控制质量可以分为 3 个步骤，即统计调查和整理、统计分析以及统计判断。见表 3-2。

表 3–2　数理统计方法

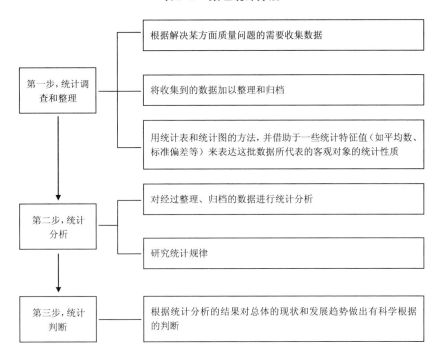

第二节　质量控制手段

项目质量控制是指对于项目质量实施情况的监督和管理。这项工作的主要内容包括项目质量实际情况的度量、项目质量实际与项目质量标准的比较、项目质量误差与问题的确认、项目质量问题的原因分析和采取纠偏措施以消除项目质量差距与问题等一系列活动。项目质量管理活动是贯穿项目全过程的项目质量管理工作。

一、工程质量管理阶段

为了加强对施工项目的质量管理，明确各施工阶段管理的重点，可把施工项目质量分为事前控制、事中控制和事后控制三个阶段。

1. 事前控制

即对施工前准备阶段进行的质量控制，指在各工程对象正式施工活动开始前，对各项准备工作及影响质量的各因素和有关方面进行质量控制。

（1）施工技术准备工作的质量控制要符合要求

1）组织施工图纸审核及技术交底。

2）核实资料：核实和补充现场调查及收集的技术资料，应确保可靠性、准确性和完整性。

3）审查施工方案：重点审查施工方法与机械选择、施工顺序、进度安排及平面布置等是否能保证组织连续施工，审查所采取的质量保证措施是否切实有效。

4）建立保证工程质量的必要试验设施等。

（2）现场准备工作的质量控制要符合质量要求

1）施工场地三通一平是否满足要求；

2）施工道路的布置及路况质量是否满足要求；

3）水、电、热及通讯等的供应质量是否满足要求；

4）现场办公及材料堆放场地等是否满足要求。

（3）材料设备供应的质量要满足要求

1）材料设备供应程序与供应方式是否能满足施工顺利进行。

2）所供应的材料设备的质量是否符合国家法律、法规、标准及合同规定的质量要求。设备应具有产品详细说明书及附图，进场的材料应检查验收，对规格、数量、品种、质量进行检验，做到合格证、试验报告与材料实际质量相符。

2. 事中控制

即对施工过程中进行的所有与施工有关方面的质量控制，也包括对施工过程中的中间产品（工序产品或分部、分项工程产品）的质量控制。

事中控制的策略，是全面控制施工过程、重点控制工序质量。具体措施是：工序交接有检查；质量预控有对策；施工项目有方案；技术措施有交底；图纸会审有记录；材料设备有试验；隐蔽工程有验收；计量器具有证书；设计变更有手续；物资代换有制度；质量处理有复查；成品保护有措施；行使质控有否决；质量文件有档案等。

3. 事后控制

是指对通过施工过程所完成的具有独立功能和使用价值的最终产品

（单位工程或整个建设项目）及其有关方面（例如质量文档）的质量进行控制。其具体内容有：

1）组织试验调试。

2）准备竣工验收资料，组织自检和初步验收。

3）按规定的质量评定标准和办法，对完成的分项、分部工程及单位工程进行质量评定。

4）组织竣工验收标准：按设计和合同规定的内容完成施工，质量达到国际质量标准，能满足生产和使用的要求；交工验收的建筑物要窗明、地净、水通、灯亮、气通、采暖通风设备运转正常；交工验收的工程内外洁净，施工中残余的物料运离现场，临时建筑物拆除，2m 以内地坪整洁；技术档案资料齐全。

二、施工项目质量因素的控制

1. 影响工程质量的因素

影响工程质量的因素，主要有六个方面，即人（Man）、机械（Machine）、材料（Material）、方法（Method）、环境（Enviroment）、检测（Measurement），简称 5M1E 因素。

（1）人员影响

人是经营活动的主体，也是工程项目建设的决策者、管理者、操作者，即工程项目建设的全过程，如项目的规划、决策、勘察、设计和施工，都是由人来完成的。人员的文化水平、技术水平、专业能力、身体素质、职业道德、责任心等，都将直接或间接地影响施工质量形成的全过程，所以人的因素是影响工程质量的重要因素。因此，建筑行业实现各类专业人员持证上岗是保证从业人员实现工程质量的一项重要措施。

（2）机械设备影响

机械设备影响可分为两类：一类是构成工程实体及配套的设备和机械，如电梯、泵机、通风设备等，它们构成了建筑设备安装工程，形成完整的使用功能，是工程实体质量的一个组成部分；另一类是指施工建造过程中使用的各类机械设备，包括大型垂直与水平运输设备、各类操作工具、各种施工安全设施等，是施工生产的手段。上述两种机械设备的性能是否稳定、操作使用是否安全方便也对工程质量有着重要影响。

（3）工程材料影响

工程材料泛指构成工程实体的各类建筑材料、构配件、半成品等，它是工程建设的物质条件，也是工程质量的基础。工程材料选用是否合理、产品是否合格、材质是否经过检验、保管使用是否得当等，都将直接影响建设工程的质量、观感、使用功能及使用安全。

（4）方法影响

方法是指工艺方法、操作方法和施工方案等。在工程施工中，施工方案是否合理、施工工艺是否先进、施工操作是否正确，都将对工程质量产生重大影响。所以，应当大力推进新技术、新工艺、新方法，不断提高工艺技术水平，保证工程质量稳定提升。

（5）环境条件影响

环境条件指对工程质量特性起重要作用的环境因素，包括：工程技术环境，如工程地质、水文、气象等；工程作业环境，如施工环境作业面大小、防护设施、通风照明和通信条件等；工程管理环境，主要指工程实施的合同结构与管理关系的确定、组织体质及管理制度等；周边环境，如工程邻近的地下管线、建（构）筑物等。环境条件往往对工程质量产生特定的影响。所以，应加强环境管理，改进作业条件，把握技术环境并辅以必要的措施，是控制环境对质量影响的重要保证。

（6）测量的因素

测量因素指由于检测工具、测量方法、测量人员操作造成的误差，会使质量处于异常状态，从而直接影响到工程质量和对施工质量的正确评定。工程施工中，除应配备满足精度要求的先进仪器外，还要对操作人员进行必要的业务技术和基本素质培训。这些操作人员的技术水平、责任心和工作态度将关系到仪器的可靠性和数据的准确性，并直接影响工程质量。

2. 施工项目质量控制的方法

（1）审核有关技术文件、报告或报表

1）审核有关技术资质证明文件；

2）审核开工报告，并经现场核实；

3）审核施工方案、施工组织设计和技术措施；

4）审核有关材料、半成品的质量检验报告；

5）审核反映工序质量动态的统计资料和控制图表；

6）审核设计变更、修改图纸和技术核定书；

7）审核有关质量问题的处理报告；

8）审核有关应用新工艺、新材料、新技术、新结构的技术鉴定书；

9）审核有关工序交接检查，分项、分部工程质量检查报告；

10）审核并签署现场有关技术签证、文件等。

（2）现场质量检查的内容

1）开工前的检查；

2）工序交接检查；

3）隐蔽工程检查；

4）停工后复工前的检查；

5）检验批、分项、分部工程完工后的验收；

6）成品保护检查。

3. 现场质量检查的方法

现场进行质量检查的方法有目测法、实测法和试验法三种。

（1）目测法

其手段可归纳为看、摸、敲、照四个字。

1）看，就是根据质量标准进行外观目测。

2）摸，就是手感检查，主要用于装饰工程的某些检查项目。

3）敲，是运用工具进行音感检查。

4）照，对于难以看到或光线较暗的部位，则可采用镜子反射或灯光照射的方法进行检查。

（2）实测法

就是通过实测数据与施工规范及质量标准所规定的允许偏差对照，来判别质量是否合格。实测检查法的手段，可归纳为靠、吊、量、套四个字。

1）靠，是用直尺、塞尺检查墙面、地面、屋面的平整度。

2）吊，是用托线板以线锤吊线检查垂直度。

3）量，是用测量工具和计量仪表等检查断面尺寸、轴线、标高、湿度、温度等的偏差。

4）套，是以方尺套方，辅以塞尺检查。

（3）试验检查

指通过试验手段，对质量进行判断的检查方法。如配电系统绝缘摇测、通电安全检查、漏电保护器测试等。

三、过程质量控制

1. 过程质量控制主要事项

（1）严格遵守工艺规程

施工工艺和操作规程是进行施工操作的依据，是确保工序质量的前提，任何人都必须执行。

（2）主动控制工序活动条件的质量

工序活动条件主要是指影响质量的六大因素——人、设备、材料、方法、环境和测量。

（3）及时检验工序活动效果的质量

工序活动的效果是评价工序质量是否符合标准的尺度。

（4）设置工序质量控制点

质量控制点是指为保证工序质量而确定的重点控制对象、关键部位或薄弱环节。电气工程的质量控制点应根据电气工程的分项工程来具体划分。质量控制点的设置要求如下：

1）施工过程中的关键工序或环节以及隐蔽工程。

2）施工中的薄弱环节，或质量不稳定的工序、部位或对象。

3）对后续工程施工或对后续工序质量、安全有重大影响的工序、部位或对象。

4）质量控制点重点控制的对象为：

人的行为。对某些作业或操作，应以人为重点进行控制，例如高空、高温、水下、危险作业等对人的身体和心理素质有相应要求的；技术难度大或精度要求高的作业，如复杂模板放样，精密、复杂的设备安装，以及重型构件吊装等对人的技术水平有较高要求的。

物的状态。在某些工序或操作中，则应以物的状态作为控制重点。如计量不准与计量设备、仪表有关，危险源与失稳、倾覆、冲击、振动等有关。材料的质量和性能是直接影响工程质量的主要因素，尤其是某些工序，更应将材料质量和性能作为控制的重点。关键的操作如电缆电线接头施工质量控制、防雷接地焊接质量控制等，是可靠地建立系统连接的关键过程。另外，有些技术参数与质量密切相关，也必须严格控制，如电线电缆的绝缘电阻值、接地装置的接地电阻值等。

施工顺序。有些工序或操作，必须严格控制相互之间的先后顺序。如灯具等设备安装必须在土建装修完成后才能安装等。技术间隙：有些作业之间需要有必要的技术间歇时间。新工艺、新技术、新材料的应用。

容易对工程质量产生重大影响的施工方法。例如，配电箱柜的安装等，都是一旦施工不当或控制不严，即可能引起重大质量事故问题，也应作为质量控制的重点。特殊地基或特种结构，如大跨度和超高结构等难度大的施工环节和重要部位等都应予以特别重视。

2. 过程质量的实现

（1）标准具体化

将设计要求、技术标准、工艺操作规程转化为具体明确的质量要求。

（2）度量

对工程或产品的质量特性进行检测度量。

（3）比较

将度量出来的质量特性值与工程或产品质量技术标准进行比较。

（4）判定

判定合格与否。

（5）处理

合格予以认定，不合格找原因、采取对策措施予以纠正或返工。

（6）记录

过程检验要留下相关的质量资料。

3. 过程质量检验的判定

1）实测，即采用必要的检测手段，对实体进行的几何尺寸测量、测试或对抽取的样品进行检验，测定其质量特性指标。

2）分析，即是对检测所得数据进行整理、分析，找出规律。

3）判断，根据对数据分析的结果，判断该工序活动效果是否达到了规定的质量标准；如果未达到，应继续找出原因。

4）纠正或认可，如发现工序质量不符合标准规定，应采取措施纠正；如果质量符合要求则应予以确认。

4. 过程质量检验的主要方法

（1）目测法

目测法即凭借感官进行检查，也可以称为观感检验。主要采用看、摸、敲、照等手法进行检查。

（2）量测法

量测法就是利用量测工具或计量仪表，对实际量测结果与规定的质量标准或规范的要求相对照，从而判断质量是否符合要求。量测手法主要是靠、吊、量、套。

（3）试验法

试验法指通过进行现场试验或试验室试验等理化试验手段取得数据，分析判断质量情况。主要是理化试验、无损测试或检验内部组织结构或损伤。

第四章
质量策划

电气工程质量策划的内涵是以现行有效的规范、标准和工艺为依据，通过全员参与的管理方式对工序全过程进行精心操作、严格控制和周密组织，使整个电气安装工程最终达到符合要求的内在品质和精致的外观效果，并能够最大程度地满足用户需求。

质量策划由项目经理主持，质量员应全程参与质量策划工作，应根据工程的质量目标，对工程各分项、分部工程的控制指标进行分解，根据设计图纸确定关键工序并明确其质量控制点及控制措施。

第一节　电气工程质量策划的内容

开展工程项目质量策划，一般可以分两个步骤进行，即总体策划及细节策划。电气质量员应参与项目细节质量的策划工作。

一、总体策划

总体策划由公司总部总工程师、质量职能管理部门主持进行。

1）成立工程项目组织机构，确定项目经理、项目总工程师等主要项目管理人员。应挑选有相应资格、有工程施工管理经验的人员，持证上岗。

2）确定项目总体质量目标。

3）确定项目进度目标。

4）物资供应。

5）项目部的临建设置。

二、细节策划

细节策划由项目经理、项目总工程师负责，质量员应全程参与，并对质量相关部分提出建议和意见。

1）质量目标的分解。

2）管理职责的确定。

3）资源提供的策划。

4）项目实现过程的策划。

5）业主提供物资设备的过程控制。

6）物资设备采购过程控制。

7）产品标识和可追溯性的控制。

8）施工工艺过程控制。

9）搬运、储存、包装、成品保护和交付过程的控制。

10）安装和调试的过程控制。

11）检验、试验和测量过程及设备的控制。

12）不合格品的控制。

质量策划是对外的质量保证和对内的质量控制的依据文件，质量策划的好坏对工程质量目标的实现意义重大。

第二节　如何有效进行质量策划

电气施工管理工作的重点在于事前控制（预控）和主动控制。因此，电气施工策划应切实做好施工的前期准备工作，对影响工程质量的人、机、料、法、环、测等因素进行全面质量策划和控制，严把分包单位的资质审查、方案审批、技术交底和质量验收关，实现一次成优、降低成本、提高效益。

强调事前预控，应在施工准备环节做好充分的计划、策划、准备，以确保过程实施能够在受控状态下进行。

一、施工准备期间质量策划工作

1. 图纸会审

首先要做好机电施工图纸的会审工作。仔细熟悉施工图纸和进行详细的施工图纸会审是做好技术工作的前提。

2. 编制施工方案和技术交底

根据施工图纸会审的记录和施工图纸分阶段编制专业施工方案和专项技术交底，把施工的标准尽量进行量化。提早发现图纸问题，及时做好设计变更、洽商记录。

3. 编制细部做法统一标准

要提前编制好机电规矩集、机电节点细部做法图，做到在分部工程中相同的工序在同一项目中统一标准、统一做法。

4. 根据施工进展编制各阶段方案

根据工程进展情况分阶段编制以下方案（根据工程具体情况进行编制）。

（1）专业施工方案

电气工程施工方案、智能建筑施工方案、电梯工程施工方案、总图工程施工方案、冬季施工方案、雨季施工方案等。

（2）专项施工方案

变配电室施工方案、智能建筑机房施工方案、发电机房施工方案、消防中控室施工方案、各种机房泵房施工方案、精装修电气施工方案等。

（3）关键工序施工方案

结构预留预埋施工方案、防雷与接地施工方案、通电调试方案、大型设备吊装施工方案、各系统调试方案、系统联合调试方案等。

（4）深化以下图纸

地下室管道留洞图、地上部分管道留洞图、地下室管线综合图、走廊管线综合布置图、其他部分管道综合图、设备基础图、竖井排布图（管道、电气）、电缆排位图、机房施工大样图、机电器具吊顶布置图、机电器具墙面布置图、检查口布置图等。

5. 电气施工方案编制要求

1）编制要求：总承包项目部应编制电气施工组织设计和施工资料设计。通常，建筑面积 3 000m² 以上的工程，有 10kV 及以上的变配电系统，有火灾自动报警系统，有电视共用天线、闭路电视、电视监控、防盗报警系统，有楼宇自控、综合布线系统的工程等应编制电气施工组织设计（施工方案）；其他工程可编制电气施工方案。对技术复杂和关键性的施工部位或采用新技术、新材料、新工艺、新设备分项工程等应编制专项电气施工方案。

2）编制审批职责要求：电气施工组织设计（施工方案）应由项目部电气技术人员编制，总承包项目部电气负责人或报上级技术部门电气技术负责人审批；分包单位编制相应的电气施工方案，并报总包单位电气负责人审批，同时按规定报项目监理审批。对需要钢结构等特殊工程、设施上安装的电器设备、管线，编制的施工方案应会同结构工程师审批，必要时取得设计书面同意后进行施工。

3）电气施工组织设计（施工方案）编制审批流程。

6. 电气施工组织设计、方案编制的主要内容

（1）编制依据

施工合同、施工图、设计交底，现行电气规范、标准、规程、图集等。

（2）工程概况

工程组成、面积、位置、层数、层高、结构形式，用途，开发商、设计、监理、施工单位和开竣工日期等。

（3）施工部署

施工组织机构图、工程任务划分（明确分包工程或索引分包方案）、工程质量目标、施工进度计划（网络图）等。

（4）施工准备

1）技术准备：图纸会审、设计交底、洽商、质量控制重点、技术交底和组织班组人员学习培训等；

2）物资准备：材料、设备采购订货和加工计划及进场验证等；

3）机具准备：五金工具、电动机具、测量仪表等。

（5）系统简介

1）供电电源：电源电压、容量，电源引入方式等；

2）计量方式：变配电室计量柜、动力总表、住宅户表等；

3）保护方式：一般采用 TN-C-S、TN-S 系统，N、PE 线严格分开，N 线对地绝缘，所有电气装置不带电的金属外壳与 PE 线可靠连接；

4）照明系统：负荷等级、消防、公共部分照明、应急照明电源等；

5）动力系统：电力控制、水泵、风机、电梯、消防设备、柴油发电机等；

6）防雷接地系统：接地方式、接闪器、防雷引下线、均压环、等电位、设备接地、接地装置、接地电阻测试点、接地电阻值等；

7）弱电系统：电话、电视、楼宇对讲、自动报警及消防联动、信息系统、综合布线、电源、接地等。

（6）主要施工方法、技术质量措施

1）管路敷设：钢管、电线管、PVC 管等明、暗敷，管、盒、箱间的连接、定位固定、防腐等措施；

2）槽盒、母线安装：槽盒、母线规格型号，过墙、地面、吊顶、竖井内安装方法、防火封堵等措施；

3）导线敷设：导线在导管、槽盒中敷设，导线分色、接头处理、绝缘摇测等措施；

4）电缆敷设：电缆穿管、槽盒、直埋，接头处理、绝缘摇测、标志等措施；

5）器具安装：灯具、开关、插座、吊扇的选型、安装要求等；

6）成套设备安装：明、暗、落地安装固定，配线、调试、检测、标识、系统图等措施；

7）防雷接地装置安装：避雷网、引下线、均压环，人工、自然接地装置连接、防腐、埋设、测试等措施；

8）等电位联结：总、局部、辅助等电位安装、固定、连接、防腐、检测等措施；

9）图纸上的其他主要分项工程的主要施工方法及措施；

10）分包工程的主要施工方法（可执行分包工程施工方案）；

11）设备调试：动力、照明、消防等试运行；

12）技术节约、节能措施：推广应用新材料、新技术、新工艺、新设备等；

13）成品保护措施：对安装好的电器设备、设施、器具的保护等；

14）安全、消防措施：个人劳动保护用品佩戴，使用机电设备，易燃、易爆，工具，梯架，施工用电，冬、雨季施工的安全技术措施和文明施工等；

15）环保措施：防止扬尘、噪声、污染等；

16）主要材料、设备计划；

17）进度计划等。

在施工准备期间，正式施工过程开始之前，质量策划和质量施工组织设计、施工方案需要完善上述内容，以实现对工程施工过程中实体质量的预控。

二、施工过程期间质量策划和控制

施工过程的预控主要通过技术交底来实现施工环节的策划和保证。

1. 技术交底主要编制内容

1）交底应参照图纸、施工组织设计和现行规范、标准，结合工程实际，全面，有针对性和可操作性，相关数据应具体量化，文字简单明了、通俗易懂。

2）分项工程施工技术交底主要内容：施工准备，包括技术、材料、机具准备，劳动力安排，作业条件；操作工艺，包括工艺流程、质量标准、操作要点、技术要求等；质量要求，包括主控项目、一般项目要求；其他措施，包括成品保护、安全措施、文明施工、环境保护。

3）按图纸内容各分项工程均需交底，项目上不得遗漏，分项工程技术交底主要项目包括塑料管明、暗敷设；钢管明、暗敷设；吊顶内管路、槽盒敷设。

4）槽盒安装、布线。

5）管内穿线。

6）灯具、开关、插座、风扇安装。

7）配电柜、箱、盘安装。

8）电缆敷设、电缆头制作，电缆穿过竖井、墙壁、楼板或进入配电柜、箱、盘等处理。

9）母线安装。

10）电动机及相关设备安装。

11）变压器安装。

12）防雷接地装置、等电位、均压环等安装。

13）照明、动力检测、试运行等。

14）技术交底还应针对图纸的变更、洽商内容，对施工班组进行交底，以确保与原图纸不一致的内容能够及时被施工班组知晓并及时按变更洽商的内容执行。防止现场施工错漏造成的返工和对质量造成的影响。

15）对新技术、新材料、新工艺、新设备涉及的分项工程，也要进行施工前的技术交底，以确保现场能够按照四新技术工艺的要求实施。

16）在正式施工过程开始之前，通过技术交底使施工班组对要进行施工的项目、内容、要求、质量标准一目了然，心中有数，通过技术交底将质量策划内容具体进行落实实施。技术交底也是施工过程质量控制的重要手段，通过被交底方的签字确认，表示施工班组（被交底方）知晓了质量控制的相关事项，以实现对工程施工过程中实体质量的预控。

2. 进场物资设备的策划和控制

1）采购电气材料、设备时应优选合格的供应商，对大批量电气材料、设备和大型设备应到厂监造、检验，对进场检验中有怀疑的产品应取样送有资质的检测机构检验，对相关质量证明资料的真实性进行追溯确认，确保工程使用合格的电气材料、设备。

2）电气作业人员应坚持不合格的材料、构配件、半成品、设备不使用，不合格或未经检验的工序不进入下道工序施工。

3）关于物资设备的策划和控制，详见第五章"材料质量管理"中的相关内容。

3. 施工过程控制和工序质量控制要求

1）电气施工质量控制的重点部位（一般情况）：屋面、电梯机房、水箱间、强弱电竖井、变配电室、水泵房、通风机房、发电机房、锅炉房、中控室和通向屋面及其他强弱电设备房间等。

2）槽盒、母线安装，等电位、防雷接地安装和吊顶上灯具布置，以及强、弱电竖井内的电气设备布置、结构内导管预埋等应与土建、暖通等专业密切配合，做好深化设计和细部节点做法工作，以样板引路带动施工的全面开展。

3）电气技术、质量管理人员应加强过程检查，及时纠正违规操作，消除质量隐患，对关键工序和重点部位施工过程，应进行巡视或旁站。

4）工序质量策划及控制，详见第六章"工序质量管理"中相关内容。

4. 检验批、分项、分部工程控制

检验批、分项、分部工程质量验收记录的检查重点内容，是依据《建筑电气工程施工质量验收规范》GB 50303—2015 中，每个分项工程的主控项目和一般项目进行检查，并将检查结果填写到检验批、分项、分部质量验收记录中。

填写的顺序要根据工程施工顺序，从地基基础、地下室、地上结构施工、屋面施工，电气施工需配合土建施工进度，将涉及的施工检验批、分项、分部工程按照验收规范中的主控、一般项目对应填写。

三、竣工验收核查

工程项目施工完毕，各项过程检验完成后，需要进行单位工程（子单位工程）质量验收。一般顺序是：

检验批→分项工程→分部（子分部）工程→单位工程（子单位工程）质量验收。

单位工程竣工验收主要涉及下列内容：

1. 单位工程（子单位工程）质量验收标准

所含分部（子分部）工程质量均合格，质量控制资料完整，有关安全及功能的检验和抽样检测资料完整，主要功能项目抽查结果符合规定，观感质量符合要求。

2. 质量验收记录齐全

检验批、分项工程、分部（子分部）工程质量验收，质量控制资料核查、安全和功能检验资料核查、观感质量检查记录、单位（子单位工程）质量施工验收记录。

3. 建筑电气工程质量控制资料核查主要内容及要点

1）图纸会审、设计变更、洽商记录；

2）材料、设备出厂合格证书及进场检验（试）报告；

3）设备调试记录；

4）接地、绝缘电阻测试记录；

5）隐蔽工程验收记录，施工记录，分项、分部工程质量验收记录。

4. 建筑电气工程安全和功能检验内容

1）照明全负荷试验记录；

2）大型灯具牢固性试验记录；

3）接地电阻测试记录；

4）线路、插座、开关检验记录。

5. 建筑电气工程观感质量评价内容

1）配电箱、盘、板、接线盒；

2）设备器具、开关、插座；

3）防雷、接地。

将涉及相关规范要求的内容，按照检验批表格规定的格式，填写检查情况和结论，并且签字齐全。

四、电气施工质量策划

1. 成套配电柜、控制柜（屏、台）和动力、照明配电箱（盘）安装

1）成套配电柜、控制柜（屏、台）和动力、照明配电箱（盘）（以下简称成套设备）制造厂应有生产许可证，产品应有合格证、CCC 认证、出厂检验报告和相应的安装技术资料等技术质量证明文件，并经进场检验合格后方可进行安装。

2）成套设备内装配的主要控制电器元件的规格、型号和布置等应以设计图为准，需改动时应经设计确认，并办理相关变更手续。

3）人防地下室应单独设置配电箱，即：防护区内配电箱除有平时电源外，还应有战时电源供电。

4）成套设备结构要求：室外应选用户外型、防水保护等级的成套设
备，即成套设备有防雨檐、密封条等措施；强度、刚度应满足正常吊装、
运输和正常操作及电器动作等要求，防护等级不应低于 IP54 级；门转动应
灵活、不擦漆、无明显抖动，金属门厚度不应小于 2mm，箱（盘）金属安
装板厚度不应小于 1.5mm、绝缘安装板厚度不应小于 8mm；平面凹凸值不
应超过 2mm，并不得有明显痕迹和变形；进出线开孔（口）应与导管、槽
盒相匹配，并有护口措施，严禁用电气焊开孔。

黑色金属构件的表面应有防锈涂层或镀层，紧固件均应镀锌。涂层不
应有脱落、起皮、皱纹、流痕、针孔、起泡、透底等缺陷；在阳光不直接
照射下，距成套设备 1m 处目测应色泽均匀，同批、并列使用不应有明显
色差；每台成套设备或每个抽出式功能单元均应有铭牌，铭牌应牢固耐
用，固定位置便于查看，铭牌上应标明制造厂名、商标、型号等内容。

成套设备的基础型钢、金属框架（箱、柜体）、金属安装板（二层
板）、金属手动操作装置（手柄、转轮）等应分别设专用接地螺栓，并与
PE 排直接连接；成套设备金属盖板、门、遮板等部件上装有电器时应接
PE 线，PE 线应选用截面积不小于 4mm^2 的黄绿色绝缘铜芯软导线。成套
设备内的电器元件上不能借助其安装措施和保护电路相连接的可导电件，
应用铜导线将其和成套设备内的保护电路相连接。铜导线截面积见表 4-1。

表 4-1　铜导线的截面积

额定工作电流/A	保护导体截面积/mm^2
Ie≤20	S
20<Ie≤25	2.5
25<Ie≤32	4
32<Ie≤63	6
Ie>63	10

跨门轴 PE 线应为黄绿双色软铜线，一端与门上专用接地螺栓连接，
另一端直接与成套设备内 PE 排连接或通过箱体专用接地螺栓过渡（不断
开）后与 PE 排连接；成套设备内非镀锌安装框、支撑结构、安装板间采

用螺栓连接时应使用爪形垫紧贴（抓破）涂层，以达到整个金属构架有良好的导电性和可靠接地；成套设备内的保护导体（PE 线）的截面积见表4-2。

表4-2　保护导体的截面积

单位：mm^2

相线截面积 S	保护导体截面积 Sp
S≤16	S
16<S≤35	16
35<S≤400	S/2
400<S≤800	200
S>800	S/4

注：S 为成套设备电源进线相线截面积，S 与 Sp 材质相同

接地（PE）支线必须分别与接地（PE）干线相连接，不得相互串联连接。成套设备内的 PE 支线必须分别与 PE 排相连接；PE 线使用绝缘导线时，应为黄绿双色软铜线，软铜线应用专用线鼻子经涮锡后压接。成套设备专用接地螺栓应使用镀锌螺栓或铜螺栓，平垫、弹簧垫应配套齐全，非铜平垫、弹簧垫应镀锌，且应有明显的接地标志，接地螺栓规格见表4-3。

表4-3　成套设备专用接地螺栓规格

电源开关额定电流/A	螺栓规格
I≤20	M4
20<I≤200	M6
200<I≤630	M8
630<I≤1 000	M10
I>1 000	M12

5）成套设备基础设置

柜、屏、台、落地式配电箱等室外安装时应设不低于 250mm 的基础，周围排水通畅；室内潮湿场所和电梯机房等处，除设计要求外应

设 150~200mm 的基础；在基础上预埋型钢或地脚螺栓以便于固定，室外安装的成套设备固定后与基础间应有密封措施，以防雨水浸入；基础宜用混凝土浇筑且四周应封闭，基础内地面应比基础外地面高出 20mm。基础表面应平整、光滑，宜刷与周围环境相协调的涂层或直接贴相应的面砖。

室内一般场所安装的柜、屏、台、落地式配电箱等底部宜高出地面 50mm 以上；变配电室、控制室内安装柜、屏、台等基础型钢顶部距地面的高度，按设计和产品技术要求施工；基础底框一般应用不小于 10# 的槽钢等型钢加工，型钢应预先调直平整，按施工图纸所标位置和实际柜体尺寸加工，拐角部位打磨坡口使角缝严密、角度正确，现场用水准仪或水平尺找平、校正后固定，固定点间距不应大于 1m。基础型钢安装允许偏差值见表 4-4。

表 4-4　基础型钢安装允许偏差值

基础型钢	允许偏差	
	mm/m	mm/全长
不直度	≤1	≤5
水平度	≤1	≤5
不平行度		≤5

独立成套设备型钢基础内侧面应焊一段镀锌扁铁或一个镀锌专用接地螺栓，成排型钢基础的长边内侧面明显处每边焊一段镀锌扁铁或一个专用接地螺栓，以便与成套设备内 PE 排连接；型钢和接地螺栓等焊接处均应清理、打磨、除锈，刷防锈漆（埋在砼内的部分型钢除外），外表面再刷两道与环境相协调的油漆。

进入基础内的导管管口应高出基础内地面 50~80mm，管口高度一致、排列整齐，镀锌导管应用黄绿双色软铜线跨接连成一体后与 PE 排连接；壁厚大于 2.5 mm 的非镀锌金属导管用圆钢相互焊成一体后另焊一根不小于 25mm×4mm 的镀锌扁钢引出地面，扁钢端部打一个不小于 Φ8 孔，以便与 PE 排连接。

6）配电箱（盘）明装：除设计要求外，箱（盘）明装时底边距地1.2 m，照明配电板安装底边距地1.8 m；用铁架固定或用金属膨胀螺栓在墙体固定时，应根据设计图纸和箱（盘）外形尺寸进行弹线，找出准确位置固定；采用暗配管、暗分线盒的应将盒内清扫干净，盒口修理方正，并与墙面平齐；铁盒内设专用接地螺栓，以便将 PE 线引至配电箱（盘）内的 PE 排；采用明配管时应将导管排列整齐，管口标高一致，在距地300mm、距箱底150~500mm 处设管路固定支架，同一场所支架固定方式、标高应统一；在轻体结构、空心结构、木结构或轻钢龙骨护板，有保温、隔离层等墙上安装应采取加固措施，可燃材料处应采取刷防火涂料或加垫石棉布等防火措施。

7）配电箱（盘）暗装：除设计有要求外，动力配电箱暗装底边距地1.4 m，照明配电箱（盘）暗装底边距地1.5 m，消防、弱电箱底边距地1.5 m；在混凝土墙内暗装时，应按图纸位置预埋比箱（盘）周边实际尺寸大50mm（当箱有上下出线管时，应大150~200mm）的模具，进箱导管应排列有序，并做好保护措施。

在砌体或其他墙体内暗装时，应随土建施工将箱（盘）体直接放入指定位置并固定，或参照混凝土墙做法在箱（盘）位置处预留孔洞；按测定位置固定箱（盘），挂线找平、找直，并留出墙体装修量，箱（盘）门贴脸应紧贴装饰后的墙面；箱（盘）外围与墙体间隙用1：3混凝土砂浆填实，当箱（盘）背面需抹灰时，应先铺直径为2mm、网目为10mm×10mm的铁丝网，再用1：2水泥砂浆抹好，以防空裂。

8）配电箱（盘）不宜在楼梯间、复式（跃层）住宅的楼梯踏步边墙上安装，也不宜安装在门后

9）户内照明配电箱（盘）与燃气管道的距离不应小于300mm。

10）带铰链门而非盖板的嵌入式配电箱安装时，箱体应凸出墙面5mm，以保证箱体与墙间接缝平整、顺直。

11）进入配电箱（盘）的导管应上进或下进，管口应在二层板后面，需用专用开孔器开孔，孔径应与导管相匹配，导管入箱后管口高出箱底面3~5mm 或露出锁母2~3 扣；导管与箱体连接宜采用丝扣加根母的连接方法，即用专用锁紧螺母或爪形螺母固定，管口平齐、光滑，护口完整

齐全。

12）柜、屏、台安装：按施工图纸对柜、屏、台编号后按顺序摆放到基础型钢上；按柜、屏、台底座固定螺孔尺寸钻孔，一般低压柜用 M12、高压柜用 M16 的镀锌螺栓固定；单独安装的柜、屏、台只找正面、侧面的垂直度，成排柜、屏、台、箱先找正首末两端，然后挂小线，以正面为准逐台找正，需加垫片处用 0.50mm 厚的铁片，每处不超过三片；柜、屏、台就位找正、找平后相互间或与基础型钢间用镀锌螺栓固定，且防松零件齐全。

13）成套设备与槽盒（槽盒）固定宜采用抱角连接或将槽盒的下口加工成向外三个侧方向的直角，然后分别在直角边上打孔，用 M8~10 的螺栓固定。抱角和开孔宜在订货时向厂家提出要求，由厂家统一加工制作；成套设备上开孔，孔内周边应无毛刺、变形，并设有绝缘保护措施。

14）成套设备安装应稳固、平正，允许偏差见表 4-5。

表 4-5　成套设备安装允许偏差

单位：mm

成套设备		允许偏差
		国家规范标准
每米垂直度		≤1.5
同一场所安装高度		≤10
顶面平直度	相邻两面	≤2
	成排	≤5
侧面平直度	相邻两面	≤1
	成排	≤5
相间接缝		≤2

2. 成套设备内元件安装

1）对实行生产许可证和安全认证制度的产品，元件应采用取得生产许可证和安全认证厂家生产的合格产品，其他元件也必须是合格产品；计量器具、仪表应在检定有效期内；元件参数必须符合设计及有关规范标准要求，有异议时应送有资质的试验室进行抽样检测，确认合格后方可投入使用，严禁使用淘汰元器件。

2）住宅总电源进线断路器应具有剩余电流动作功能，额定剩余动作电流不应大于 500mA。

3）公共场所的应急电源、通道照明、消防设备的电源，如消防电梯、消防水泵、消防通道照明、防盗报警电源和其他不允许停电的特殊设备和场所应安装报警式剩余电流保护装置（报警装置应设在有人值班场所）。

4）安装在游泳池、水景喷泉水池、水上游乐园、浴室等特定区域的电气设备除设计要求外，应选用额定剩余动作电流≤10mA、一般型（无延时）剩余电流保护装置，潮湿场所的用电设备选用额定剩余动作电流应为 16～30mA、一般型（无延时）剩余电流保护装置。

5）面对盘面上的电器，竖向安装的电器上端应接电源，下端接负荷；横向安装的电器应左侧接电源、右侧接负荷；电源指示灯电源应从电源总开关的电源侧引入，并应单独装熔断器。

6）低压电器发热元件应安装在散热良好的位置，熔断器、自动开关的额定值应符合设计要求，切换压板接触良好，相邻电器元件间有安全距离，信号回路的信号灯、按钮、光字牌、电铃等动作和显示正确。

7）固定电器的金属板、绝缘板应平整，当采用卡轨支撑安装时，应与电器相匹配，固定牢固，严禁使用变形或不合格的卡轨。

8）落地安装的成套设备，其面板上元件中心高度应符合表4-6。

表4-6　落地安装的成套设备面板上元件中心距地高度

元件名称	安装高度/m
指示仪表、指示灯	0.6～2.0
电能计量仪表	0.6～1.8
控制开关、按钮	0.6～2.0
紧急操作件	0.8～1.6
杠杆式操作手柄高度	1.2～1.5

9）手车、抽出式成套配电柜推拉应灵活、无卡阻碰撞现象。动触头与静触头的中心线应一致，且触头接触紧密，投入时接地触头先于主触头

接触,退出时后于主触头脱开。抽出式装置的功能单元其面板上元件应便于操作与观察。

10)备用开关接线时,应注意导线截面与开关规格相匹配,并与系统图一致。

11)成套设备内接线端子(PE、N)排距基础底面的距离不应小于200mm,变配电所成套设备内接线端子(PE、N)排距基础底面的距离不应小于350mm,以便与电缆线连接。

12)成套设备内不同相、极的裸露带电导体间及与金属构件间的电气间隙与爬电距离不应小于表4-7的规定;电器元件内部及端子间的电气间隙与爬电距离应符合其技术条件的规定。

表4-7 裸露带电导体间及与金属构件间的电气间隙与爬电距离

额定电压/v	电气间隙/mm		爬电距离/mm	
	≤63A	>63A	≤63A	>63A
U≤60	3	5	3	5
60<U≤300	5	6	6	8
300<U≤660	8	10	10	12
U>660	由产品技术条件规定			

13)成套设备内电器开关应标明用途名称,字体应清晰、工整、不易脱色,标识明显、大小适宜、粘贴位置统一;门里则面应贴本箱一次系统图,系统图宜使用立式幅面标准的图纸,与箱门大小相协调,图纸清晰、工整,且与箱内电器开关用途标识一致,粘贴牢固。消防标识宜用红色色标,以便与其他开关电器及箱柜有明显区分。

14)元件标识应标明被控设备编号及名称或操作位置,接线面每个元件附近应有标志牌,接线端子应有编号,且端子板安装牢固,端子有序号,强、弱电端子隔离布置,并有明显区分和标识,线号编码齐全、清晰,端子规格与芯线截面积大小适配。

15)每套住宅配电箱的进线开关应同时断开相线和中性线,即进线断路器应为双极开关。

16）每台成套设备内必须设主 PE 排；照明箱内必须设 N、PE 排，工作零线和保护地线经汇流排配出；N、PE 排上应用内六角螺丝固定。

17）N、PE 排应用镀锡铜母线，接线螺丝数量应多于输入、出回路数，接线顺序与开关电器安装顺序一致，接线整齐美观，端子排及接线应有清晰标志符号。

3. 成套设备内配线

（1）主电路

1）母线表面应光洁平整，不应有裂纹、折皱、划痕、锤痕及不允许的变形扭曲，母线接触面应清洁，并涂电力复合脂。

2）母线与母线、母线与电器接线端子搭接，搭接面的处理：铜与铜——干燥的室内可不搪锡，室外、高温及潮湿的室内应搪锡；铝与铝——直接连接；钢与钢——应搪锡或镀锌；铜与铝——干燥的室内，铜导体搪锡，在室外、高温及潮湿的室内铜导体搪锡，且采用铜铝过渡板与铝导体连接；钢与铜、钢与铝——钢搭接面应搪锡。

3）交流主电路穿过形成闭合磁路的钢制框架时，三相母线应在同一孔穿过，当一条电路采用多片矩形母线并联使用时，片间应保持不小于母线厚度的间距。

4）交流母线的固定金具或其他支持金具不得形成闭合铁磁回路；当母线平置时，母线支持夹板的上部与母线间应有 1~1.5mm 的间隙；当母线立置时，上部压板与母线间有 1.5~2mm 的间隙；母线固定点每段不应少于 1 个，母线连接处距绝缘子的支持夹板边缘不应小于 50mm。

5）绝缘子的底座、套管的法兰、保护网（罩）及母线支架等可接近裸露导体应接地可靠。

6）母线固定不得利用与开关的连接点作支撑，应设独立固定点，固定牢固，固定螺母应置于维护侧，即上侧、外侧或右侧，螺栓应露出螺母 2~3 扣为宜。螺栓强度不应低于 4.6 级，紧固力矩应符合表 4-8 的规定。

表4-8 母线固定螺母紧固力矩

螺栓规格	M8	M10	M12	M14	M16
力矩值/Nm	8～11	17～23	30～140	50～160	80～1 100

7) 母线的相序排列正确, 并应涂色或表面热塑。标志色漆或色标颜色应符合表4-9的规定, 并能区分母线所有可见面的相名或极性, 在距连接处或支持件两侧10mm以内不涂色或热塑, 当母线全部涂黑色油漆或包覆绝缘时仍应加色标。

8) 母线集中排列在人易接触处应有保护措施, 宜设透明挡板或将母线包覆绝缘层。

9) 当主电路采用绝缘导线敷设时, 多股铜线端部应加冷压端头(线鼻子)刷锡, 色标符合表4-9的规定; 布线应整齐、横平竖直、拐弯呈圆弧形, 绑扎固定方式一致, 线束穿过钢板孔时孔周边采取绝缘保护措施。

表4-9 母线色标与安装排列顺序 (从装置正面观察)

类别		颜色	垂直排列	水平排列	前后排列
交流	1 相 L1	黄	上	左	远
	2 相 L2	绿	中	中	中
	3 相 L3	红	下	右	近
	中性线 N	淡蓝			
	中性保护线 PEN	黄绿相间	最下	最右	最近
	保护线 PE	黄绿相间	—	—	—
直流	正极 L+		上	左	远
	负极 L-	蓝	下	右	近
	接地中线 M	淡蓝	—	—	—

10) 导电螺杆端子连接主电路时, 应采用铜质螺母与铜质垫圈, 不应采用弹簧垫圈, 当采用弹簧垫圈时, 应另加铜质螺母锁紧。

11) 成套设备内导线预留量不应少于其周长的一半, 导线应分回路、分电压绑扎整齐, 固定牢固, 导线接续开关或端子前应固定, 不应使开关或端子受力。

12）线路间、线对地间绝缘电阻值应大于0.5MΩ。

（2）辅助电路接线

1）辅助电路应采用绝缘铜导线，导线的额定电压不应低于450/750V。

2）采用单股导线时，导截面积不应小于1.5mm²，采用多股导线时，导线截面积不应小于1mm²。电流回路导线截面积不应小于2.5mm²；电子元件等弱电回路采用锡焊连接时，应满足载流量和电压降要求，在没有足够机械强度的情况下，导线截面积不应小于0.5mm²。

3）线路间、线对地间绝缘电阻值应大于1MΩ；二次回路交流耐压试验，当绝缘电阻值大于10MΩ时，用2500V兆欧表摇测1min，应无闪络击穿现象；当绝缘电阻值在1~10MΩ时，用1 000V兆欧表摇测1min，应无闪络击穿现象。

4）电子元件、48V及以下回路不做交流工频耐压试验，检查电路时不得用摇表测试，应用万用表测试回路通断。

5）直流屏试验，应将屏内电子器件从线路上退出，检测主回路线间、线对地间绝缘电阻值应大于0.5MΩ。

6）导线颜色：接地保护线（PE）应采用黄绿双色线，其他不需标明电路特征的辅助电路，宜采用黑色线。

7）导线中间不应有接头，与电器连接时，导线截面≤2.5mm²的多股铜导线端部拧紧刷锡，且不应松散、断股；截面2.5mm²以上多股铜导线使用线鼻子，线鼻子应使用OT鼻子，线鼻子外露平直段应用热塑管作绝缘保护，热塑管颜色宜与导线色一致。

8）电流回路宜经过试验端子接至测量仪表；其他需断开的回路宜经特殊端子或试验端子接出。接线座上的每个端子的导线端部均应有耐久、清晰的标记。

9）不同电压等级、交直流线路及计算机控制线路等应分别绑扎成束，无绞接现象、排列整齐、横平竖直、走向合理，拐弯一致成圆弧形，并标识清晰、齐全。线束绑扎间距不宜大于100mm，水平线束固定间距不宜大于300mm，垂直线束固定间距不宜大于400mm，线束不得紧贴金属板，穿过金属板孔时应采取绝缘防护措施。

10）采用槽盒布线应横平竖直、固定牢固，槽盒内电缆线应无接头。

11）可动部位导线应采用多股软线，敷设长度应有适当余量。可动线束不得用捆扎带捆扎，应采用塑料缠绕管作防止线束散乱的缠绕，可动线束两端应采用线夹固定。

12）导线连接紧密，不伤线芯、不断股，接线端子每个螺丝压接导线不应超过两根；对于插接式端子，不同截面积的两根导线，不得在同一端子上；对于螺栓连接端子，当压接两根线时中间应加垫片，导线绝缘层剥除长度以垫片边缘和紧贴孔边为宜；多股导线入孔时刷锡或用专用鼻子。

13）从母排上引出分支线时不应利用母排本身连接的固定螺栓，如电源指示灯、信号线等应单独设专用螺栓固定。

14）交流低压母线装置各部位的允许温升值应符合表4-10的规定。

表4-10　交流低压母线装置各部位的允许温升值

部位	周围空气环境温度为40℃的允许温升/K
母线上的插接式触点	
铜母线	≤60
镀锡铝母线	≤55
母线相互连接处	
铜—铜	≤50
铜搪锡—铜搪锡	≤60
铜镀银—铜镀银	≤80
铝搪锡—铝搪锡	≤55
铝搪锡—铜搪锡	≤55

15）低压电器与外部连接线端子的允许温升值应符合表4-11的规定。

表4-11　低压电器与外部连接线端子的允许温升值

接线端子材料	周围空气环境温度为40℃的允许温升/K
铜	≤60
裸黄铜	≤65
铜镀锡	≤65
铜镀银或镀镍	≤70
日光灯镇流器线圈未标注 tw	≤85
霓虹灯专用变压器外壳	≤50

16）成套设备出厂应附合格证或合格证明书、装箱单、接线图或接线表、电器元件一览表、使用说明书等资料。

4. 导管敷设

1）导管应是无缝管或焊缝接合管，其外表应无明显的凹凸不平等缺陷，不得有裂纹、结疤和深的划道，管口边缘应平滑（可作 0.5×45° 的倒角）。

2）镀锌或其他涂层的导管外表应有完整、均匀的镀、涂层。镀、涂层不得有裂痕、气泡和剥落，管内焊缝应平滑、圆顺，焊缝高度不得超过 0.3mm，不得伤导线、电缆的绝缘层。

3）金属导管无压扁、内壁光滑，非镀锌导管无严重锈蚀；金属导管电气连续性试验时，其电阻值不应大于 0.05Ω；绝缘导管及配件不应碎裂，绝缘电阻值不应小于 100MΩ。

4）金属导管的螺纹应整齐、光滑、无裂缝，螺纹的断缺或齿形不全的长度总和不应超过规定长度的 10%，相邻扣的同一部位不得同时断缺，经清理干净后连接。

5）除设计要求外，常用导管适用场所见表4-12 的规定。

表 4-12　常用导管适用场所

导管名称	适用场所
PVC 管	屋内场所和有酸碱腐蚀介质的场所,不适用于高温和易受机械损伤场所明敷及吊顶内敷设
薄壁电线管(普通碳素钢电线管 MT、套接扣压式薄壁钢导管 KBG、套接紧定式钢管 JDG)	干燥场所和非直埋地下
非镀锌钢导管(水煤气 SC)	潮湿场所或埋地敷设,对金属严重腐蚀的场所不宜使用
镀锌钢导管	潮湿及有腐蚀性的场所
金属、非金属柔性导管	一般在刚性导管与电气设备器具间的连接,在潮湿等特殊场所使用时,应采用带有非金属护套且附配套连接器件的防液型金属柔性导管

6)壁厚小于等于 2mm 的金属导管不应埋设于土壤中,金属导管室外埋地敷设埋深不小于 0.7m。

7)导管在混凝土内并列敷设,管与管的间距不宜小于 25mm,多根导管穿梁时,应在梁受剪应力较小的轴线处,多根导管在普通楼板或墙体内敷设时,应尽量减少相互交叉重叠,导管集中引出处应排列整齐一致。

8)暗配管保护层厚度不小于 15mm,消防工程暗配管保护层厚度不小于 30mm。砌体上剔槽埋设导管应用强度等级不小于 M10 的水泥砂浆保护。

9)每根导管应标有制造厂名称、商标或其他识别符号、型号或制造材料、外径尺寸、性能、附加性能标记,第一个标记离导管端部约 50mm,以后每隔 1~3m 重新标记,标记应耐久、易识别,并用一块充分浸水的布以 2 次/s 的速度在标记上擦拭 15s,再用一块充分浸透汽油的布以同样速度擦拭 15s,应保持清晰可见;导管制造长度通常为 4m,公差为+10mm。

10)标记排列顺序:型号→外径尺寸→生产厂名(商标)→性能数码(××/××××××);强制性的性能标记见表 4-13 的规定。

表4-13 强制性的性能标记

金属导管		绝缘导管			
力学性能等级	数码表示	力学性能	数码表示	温度等级/℃	数码表示
超轻型	1	–	–	–5	5
轻型	2	轻型	2	–15	15
中型	3	中型	3	–25	25
重型	4	重型	4	–45	45
超重型	5	–	–	90	90
–	–	–	–	–3.6	95

附加性的性能标记见表4-14的规定。

表4-14 附加性的性能标记

附加性能	金属导管数码表示	绝缘导管数码表示
可弯曲性	1	1
电器性能	1	2
防入水	0	0
防异物入侵	0	0
防护程度	1、2、3、4、5、6	–
防腐蚀	–	0
防太阳辐射	0	0
耐燃性	–	耐燃为1
	–	不耐燃为2

11）焊接钢管连接、导管与箱（盒）等处应用圆钢跨接焊连成一体，暗敷管进箱（盒）管端宜套丝固定；镀锌金属导管连接处跨接 PE 线不应小于4mm² 铜芯软导线，接地线卡使用镀锌铁板厚度：φ16～34 的导管为0.8mm，φ38～48 的导管为1mm，φ50～60 的导管为1.2mm。

12）焊接钢管跨接线的规格和焊接长度见表4-15的规定。

表 4-15　焊接钢管跨接线的规格和焊接长度

钢管	跨接线		
	圆钢	扁钢/mm	焊接长度/mm
≤25	φ6	－	40（双面焊）
32	φ8	－	50（双面焊）
40～50	φ10	25×3	60（双、三面焊）
≥70	φ2×8	25×4	50（双、三面焊）

13）焊接钢管明敷进入成套设备，在距导管口 50～100mm 焊专用镀锌接地螺栓；镀锌钢管、可挠金属导管应用接地卡连接 PE 线；成排焊接钢管应用圆钢弯成 S 形将成排钢管焊成一体；成排镀锌钢管须用专用接地卡和 PE 线将钢管连成一体。最后用 PE 线与 PE 排连接。

14）导管通过伸缩缝、沉降缝处应设补偿装置，并用 PE 线跨接。

15）套接紧定式、扣压式导管不宜敷设在潮湿场所或直接敷设在设备、建筑物基础内。套接紧定式导管连接应用紧定螺钉固定，紧定螺钉应处于可视部位，定位后旋紧螺帽至脱落，与箱（盒）连接处应用爪形螺纹帽和螺纹管接头锁紧。在混凝土内敷设时连接接头应满涂导电膏密封处理。

16）绝缘导管管口应平整光滑，管与管、管与箱（盒）等器件采用插入法连接时，连接处结合面涂专用胶合剂，接口牢固密封；套管长度不小于管径的 3 倍，沿建筑物、构筑物表面和支架上敷设的刚性绝缘导管按设计要求设温度补偿装置，塑料导管、器件氧指数应大于 32。

17）埋于砌体、混凝土内的刚性绝缘导管应用中型以上导管，出地面的一段要加保护。

18）电气导管应敷设在热水管、蒸气管的下面，距热水管净距不小于 200mm，必须在热水管上方敷设时净距不小于 300mm，在有保温措施的蒸气管上、下敷设时距蒸气管净距不小于 200mm，与其他管道（不包括可燃气体）的平行净距不小于 100mm，与水管同侧敷设宜在水管上面；交叉时净距不应小于 50mm，当不能满足上述要求时应采取措施。

19）金属导管严禁对口熔焊连接，镀锌和壁厚小于 2mm 的钢导管及明配管不得套管熔焊连接，连接处两端跨接地线也不得熔焊跨接。

20）管路敷设时，管路长度超过表4-16的规定时，应加接线盒（过线盒）。

表4-16 管路敷设加接线盒的规定

管路敷设	长度/m	备注
无弯时	30	1. 无法加接线盒时，应将管径加大一级；
一个弯	20	2. 管子最小弯曲半径≥6D（混凝土内敷设≥
二个弯	15	10D），弯扁度≤0.1D（D为管外径）。
三个弯	5	

21）接线盒不得随意留设，卫生间不应留接线盒，所留接线盒标高应一致，盒口须配套加盖板，且不得在抹灰装修时将其隐蔽。

22）金属导管丝扣连接时，应用通丝管箍，套管长度为管径的2.2倍，两端丝扣外露2～3扣，金属导管入箱、盒的端部应套丝，根母、锁母（护圈帽）齐全，丝扣外露不超出2～3扣，多尘、潮湿场所外侧并加橡皮垫圈。如用定型箱（盒）其敲落孔大而管小时，可用镀锌铁皮垫圈或砂浆石膏补平齐或保留敲落孔另行开孔。

23）明配导管应排列整齐，管间通常留有10mm以上的间隙，并按管径大小依次排列，垂直度、平整度每2m偏差不应大于2.5mm，固定点间距均匀、牢固，在终端、弯头中点、距成套设备和槽盒的距离150～500mm内设管卡，直线段卡间最大距离见表4-17的规定。

表4-17 导管直线段卡间最大距离

敷设方式	导管种类	导管直径/mm				
		15～20	25～32	32～40	50～65	65以上
		卡间最大距离/m				
支架或沿墙明敷	壁厚>2mm钢导管	1.5	2.0	2.5	2.5	3.5
	壁厚≤2mm钢导管	1.0	1.5	2.0	–	–
	刚性绝缘导管	1.0	1.5	1.5	2.0	2.0

24）吊顶内配管应按明配管要求施工，设专用吊架，接线盒、灯头盒应固定牢固，成排吊管端部应设防晃支架。

25）不可进人的吊顶内配管，其接线盒的位置和朝向应便于维修。室外导管口应设在箱、盒内，室内引向室外的导管应向室外倾斜 5～10 度。

26）防爆导管应采用厚壁钢管，过墙或楼板处应封堵严密。防爆导管不应采用倒扣连接，应用防爆活接头连接。

27）防爆导管间及与灯具、开关、接线盒等的螺纹连接应紧密牢固，除设计要求外，连接处不跨接地线，在螺纹上应涂电力复合酯。

28）水泵、风机等设备电源配管的长度和位置应在预埋管时考虑周到，尽量减少接管，出地面管口距地面不应低于 200mm，应一次甩到位，留够长度，避免接管，且接地可靠。管口预先套丝，用专用接头或防水弯头配套柔性导管弯成滴水弯与设备连接。

29）柔性导管在动力工程中敷设长度不应大于 0.8m，照明工程和弱电工程中敷设长度不应大于 1.2m，连接应用专用接头，不得脱落、锈蚀；潮湿场所应使用防液型柔性导管，防液层完好；柔性导管两端 300mm 处应进行固定，以防止脱落。

30）柔性导管与刚性导管、盒（箱）连接处，应采用其专用接地线夹进行连接，其 PE 线不应小于 $4mm^2$。

31）屋面、泵房等场所多台同类设备安装时，配管标高、位置、固定方式应协调统一，做到横成行、竖成线。

32）卫生间、厨房等瓷砖或干挂石材等装饰墙面安装开关、插座需接短管，应预先将管口套丝，以免无法接管，并做好跨接地线。装饰墙面上开关、插座出线口应提前编排、对称布置、认真套割。

5. 槽盒、母线安装

1）槽盒（含槽盒）、母线（含封闭母线、插接式母线）安装应有施工方案和技术交底。

2）母线应有 3C 认证和试验报告。

3）槽盒配件应齐全，表面光滑、不变形；钢制槽盒涂层完好、无锈蚀；玻璃钢槽盒色泽均匀，无破损、碎裂；铝合金槽盒涂层完整，无扭曲变形，表面无划伤。

4）托盘、梯架允许最小板材厚度符合表4-18的规定。

表4-18　托盘、梯架允许最小板材厚度

单位：mm

托盘、梯架宽度	允许最小厚度
<400	1.5
400~800	2.0
>800	2.5

5）非镀锌金属槽盒连接板两端应使用编织铜线跨接，截面不应小于6mm²，跨接线设在同一侧、弧度一致，螺母在外侧，弹簧垫、平垫、爪形垫齐全，接地螺栓不应小于M6。或在槽盒内全线敷设一根镀锌扁铁作专用保护接地线，并与每段槽盒作电气连接，此时连接板处不跨接地线。

6）设计无要求时，金属槽盒全长不少于两处（始端与终端）与接地PE干线相连接；镀锌支吊架接地应用镀锌螺栓（平垫、弹簧垫）与镀锌槽盒固定，非镀锌支吊架或槽盒应分别增加爪形垫固定，确保良好导通，否则应设跨接地线；从槽盒引出的金属导管与桥墩架宜设爪形锁母，以使良好导通，否则应加跨接地线。

7）槽盒在建筑物变形缝处应设补偿装置，即断开槽盒用内连接板只固定一端，断开的两端需要跨接地线；钢制槽盒直线段超过30m，铝合金、玻璃钢槽盒直线段超过15m，应设伸缩节；在伸缩连接板的每侧600mm处设一个支吊架。

8）槽盒连接板不应设在墙体、楼板内，盖板接头距墙体、楼板应为200~300mm，穿越墙体、楼板处四周应留有50mm间隙，洞口方整，在地面洞口周边设50mm×50mm的挡水台，挡水台应方整光滑。

9）槽盒连接应配套相应的连接板，连接板宜设在支吊架处，螺栓为半圆头，螺母在槽盒外侧；与成套设备连接处应加工专用连接板抱角固定或翻边，并在距箱、柜侧面200~300mm处的槽盒侧面设专用接地螺栓，用PE线与成套设备内的PE排连接，PE线鼻子应在外侧面明露或贴接地标志。

10）槽盒盖板应严密，不跷角，端头应封堵严密。

11）室外安装的槽盒应设有盖板，并使用有孔托盘或设专用泄水孔，在进入室内处做密封处理，防止雨水顺槽盒流入设备或室内。

12）槽盒不宜紧贴墙面敷设，宜设支架（扁担式）距墙 50mm；吊架间距应满足槽盒自重和所敷线缆的重量；直线段吊架与槽盒垂直，位置正确、间距均匀，锚固件方向一致，涂层均匀、完好，槽盒安装协调、整洁、美观。

13）槽盒垂直度、平直度不应大于 2/1 000，全长不应大于 20mm，在进出成套设备、拐角、转弯和变形缝两端及丁字接头的端头 500mm 以内设支吊架。

14）槽盒水平安装支吊架间距为 1.5～3m；垂直安装支架间距为 2m。当铝合金槽盒与钢支架固定时，铝与钢接触处应加橡胶垫等绝缘措施，或使用镀锌支吊架，以防电化腐蚀。

15）槽盒水平敷设距地不应低于 2.2m，距顶板不应小于 300mm，在过梁处或其他障碍处间距不应小于 50mm。

16）钢结构中一般使用万能吊具，可预先将吊具、卡具、吊杆、吊装器具组装成一个整体，在标出的固定点位置进行吊装，逐件将卡具压接在钢结构上，将顶丝拧紧，组装时先干线后分支，将吊装器具与槽盒用蝶形夹卡固定在一起。

17）地面槽盒不宜通过不同的防火分区和伸缩缝，地面槽盒支架安装间距在现浇层内一般为 1 500mm，在垫层内为 1 000mm，末端 200mm 处及拐弯处应加装支架。

18）塑料槽盒、电气制品氧指数应大于 32，表面应有制造厂标和阻燃标记。

19）电梯机房槽盒在地面上明敷时，其钢板厚度不应小于 2mm，盖板宜用花纹钢板。

20）槽盒敷设应避开易燃易爆气体、热力管道，当无法避开时应敷设在管道的下方，按 11 条执行，当设计无要求时与管道的最小净距符合表 4-19 的规定。

表4-19 槽盒与管道的最小净距

单位：mm

管道类别		平行净距	交叉净距
一般工艺管道		400	300
易燃易爆气体、有腐蚀性液体管道		500	500
热力管道	有保温层	500	300
	无保温层	1 000	500

21）槽盒、母线等通过变配电室、电梯机房、锅炉房及防火分区楼板、墙体的孔洞和缝隙应用防火材料进行封堵，封堵应严密平整，同一处应使用同一防火材料；竖井中槽盒内可三层一封堵，在过楼板处槽盒内侧封堵时可横向设两根 φ8 的镀锌圆钢，以便将阻火包（防火枕）码放整齐严密，防火枕与电缆之间的空隙不应大于10mm；过墙处防火材料封堵（防火泥或阻火包）后可用防火板封严，过楼板处应用防火板封托住防火堵料（防火泥或防火灰泥）。防火封堵厚度不应小于240mm或墙体厚。

22）母线的外壳防护等级选择应符合下列规定：室内专用洁净场所，采用IP30及以上等级；室内普通场所，采用不低于IP40等级；室内有防溅水要求的场所，采用不低于IP54等级，如经过水泵房等潮湿场所；室内潮湿场所或有喷水要求的场所，采用IP65及以上等级，如母线旁设有消防喷淋；有防腐要求的场所或室外，采用不低于IP68等级的无金属外壳的全封闭树脂浇注母线。

23）母线在不同形状的建筑中沿平面安装时，宜选用外壳为矩形的母线；当沿圆弧面安装时，应选用无金属外壳树脂浇注母线或圆筒形母线。

24）当电流为100A及以下时，应选用分置型或空气型母线；对大电流容量宜选用密集型或树脂浇注母线。

25）当母线垂直安装时，宜选用密集绝缘或树脂浇注母线，且绝缘材料应采用适用于长期工作温度不低于130℃的材料。当选用空气绝缘母线时，母线壳体每单元间应设置阻火隔断。

26）当用于应急电源时，应选用耐火且防水的母线。

27）母线应防潮、密封良好，各段编号标志清晰，附件齐全，外壳无变形，内部无损伤；母线搭接面应平整、镀银层覆盖完整、无起皮和麻面，插接母线上静触头无缺损、表面光滑、镀层完好。

28）母线与外壳同心，允许偏差为±5mm，当段与段连接时两相邻段母线及外壳对准，连接后不使母线受额外应力。母线搭接面用0.05mm×10mm的塞尺检测，当母线宽度≥63mm时，塞尺允许塞入深度为6mm；当母线宽度≤56mm时，塞尺允许塞入深度为4mm。

29）母线吊架间距一般为2~3m，1 000A以上的不大于2m，母线的分线口应设防晃支架，防晃支架应紧贴母线外壳。母线分线口高度，当设计无规定时，中心距地宜为1.3~1.5m。

30）母线的允许温升见表4-20的规定。

表4-20　母线允许温升值

母线槽部位	允许温升/K
用于连接外部绝缘导线的端子	60
通道上插接头触处与母线间固定连接处	
铜—铜	50
铜镀锡—铜镀锡	60
铝镀锡—铝镀锡	55
铜镀银—铜镀银	60
可接触的外壳和覆板	
金属表面	30
绝缘材料表面	40

31）母线支吊架与预埋铁焊接时，焊缝应饱满，并清除药渣后作防腐处理，预埋铁在预埋时应可靠接地。

32）母线的金属壳体、外露穿芯螺栓应可靠接地，母线始末端金属外壳上设置的接地端子与PE排应有可靠明显的连接；每段母线间应用不小于16mm²编织铜线跨接（如母线内PE排与外壳良好导通时则可不作跨接），不得用母线外壳作PE线。

33）母线与设备连接宜采用软连接，采用螺栓固定时，螺纹宜露出螺帽2~3扣。母线过建筑物的沉降缝或伸缩缝处，应配置母线的软连接单元。

34）母线并列敷设间距应大于 400mm，垂直安装穿过楼板处应按产品使用技术要求加装防振装置，挡水台高度一般为 100mm，此高度宜与弹簧支承器的底座高度相同。

35）母线安装前，每节用 1 000V 的摇表摇测，绝缘电阻值不应小于 20 MΩ，安装后系统绝缘电阻值不应小于 0.5MΩ。

36）母线安装完毕，并经质量检查合格后，方可通电试运行。在空载情况下通电 1h 后，测量外壳和穿芯螺栓的温度和各插接箱的空载电压；正常后接负载测量母线温度和压降，无异常则合格。

6. 线缆敷设

1）国家强制性认证的电缆、电线应有安全认证标志。电线绝缘层完整无损、厚度均匀，电缆无压扁、扭曲、铠装不松卷；耐热、阻燃电线、电缆外保护层有明显标识和制造厂标，每段标识间距：护套线≤500mm，绝缘导线≤200mm。

2）在环境 60℃以上的高温场所或−20℃以下低温环境内，不宜用普通聚氯乙烯电缆。

3）选择电缆及导线截面积除应考虑负荷计算电流，还应考虑用电设备端电压、敷设方法和环境。用电设备端电压偏差允许值要求：电动机为 ±5%，一般工作场所的照明为±5%，远离变电所的小面积一般工作场所照明、应急照明、道路照明和警卫照明+5%、−10%，其他用电设备当无特殊规定时为±5%，并应按电压损失校验。

4）按制造标准，线芯直径误差不大于标称直径的 1%；常用的 BV 型绝缘电线的绝缘层厚度不小于表 4–21 的规定。

表 4–21　BV 型绝缘电线的绝缘层厚度

序号	1	2	3	4	5	6	7	8	9	10	11	12	13	14	15	16	17
电线芯线标称截面积/mm²	1.5	2.5	4	6	10	16	25	35	50	70	95	120	150	185	240	300	400
绝缘层厚度规定值/mm	0.7	0.8	0.8	0.8	1.0	1.0	1.2	1.2	1.4	1.4	1.6	1.6	1.8	2.0	2.2	2.4	2.6

5) 低压配电线路绝缘水平详见表4-22的规定。

表4-22 低压配电线路绝缘水平

单位: kV

项目	线路绝缘水平
吊灯软线	0.25
室内配线（包括电线）	0.45/0.75
IT系统配线	0.45/0.75
架空线	0.45/0.75
架空进户线	0.6、1.0
室内外电缆配线	0.6、1.0

6) 装饰工程如有可燃性装饰材料，配线应采用铜导线，导线接头应刷锡后作绝缘包扎。

7) 住宅进户线截面积应不小于10mm²，户分支线截面积应不小于2.5mm²，厨房、空调分支线截面积应不小于4mm²，导线均为铜芯绝缘导线；空调、照明、插座应分路设计，插座回路应设额定剩余动作电流≤30mA、一般型（无延时）剩余电流保护装置，插座应为安全插座。

8) 绝缘导线穿管敷设时总截面积不应超过管内截面积的40%，在槽盒内敷设时，电缆总截面积与槽盒横断面积之比，电力电缆不应大于40%~50%，控制电缆不应大于50%~70%。不同电压等级的导线及控制电线应分开敷设，当并列明敷时，其净距不应小于150mm。

9) 穿金属导管和金属槽盒的交流线路，应将相线、N线、PE线在同一管内或槽盒内敷设。三相或单相的交流单芯电缆，不得单独穿于钢导管内。管内穿线应待土建湿作业基本完成后，盒口修抹方正光滑并清扫干净后进行，穿线后应作保护，防止污染导线。

10) 电缆敷设严禁有绞拧、铠装压扁、保护层断裂和表面严重划伤等缺陷，尤其是氧化镁电缆敷设应防止扭绞、不平直现象。金属电缆支架、导管必须接地可靠。

11) 电缆线在槽盒内应留有余量，且不得有接头。电线应按回路编号分别绑扎，大于45度倾斜的电缆每隔2m处设固定点，引至成套设备的电缆，应在成套设备端、槽盒或梯架拐弯处增设固定点。

12）电缆敷设排列整齐，水平敷设的电缆，首尾两端、拐弯两侧及每隔5~10m处设固定点；敷设于垂直槽盒内的电缆固定点间距不大于表4-23的规定（每段至少有两个固定点）。

表4-23　槽盒内的电缆固定点间距

单位：m

电缆种类		固定点间距
电力电缆	全塑型	1
	除全塑型外	1.5
控制电缆		1

13）在用电缆支架敷设电缆时，支架最上层至竖井顶部或楼板的距离为150~200mm，最下层至沟底或地面的距离为50~100mm；控制电缆层间距离不应小于120mm，10kV及以下电缆层间距离不应小于150~200mm。

14）电缆在支架上敷设：垂直或大于45°倾斜敷设的电缆应在每个支架上固定，交流单芯电缆或分相后每相电缆固定的夹具和支架不得形成闭合铁磁回路；电缆排列整齐，支持点间距不大于表4-24的规定。

表4-24　电缆支持点间距

单位：m

电缆种类		敷设方式	
		水平	垂直
电力电缆	全塑型	0.4	1
	除全塑型外的电缆	0.8	1.5
控制电缆		0.8	1

15）金属电缆支架、电缆导管必须接地可靠。支架采用预埋铁固定时，在预埋时将预埋铁可靠接地；当采用螺栓固定时，应沿电缆支架单独敷设接地线，以便支架接地。

16）电缆在电缆沟内敷设前，应对电缆沟进行验收，电缆沟内（含配电柜下的电缆沟）应整洁、无杂物，沟内应无积水、渗水现象；两路电缆不应通过同一电缆沟，当无法分开时，两路电缆应采用阻燃电缆，分别敷设在电缆沟两侧的支架上，电缆沟中通道净宽不应小于500mm，电缆沟进入建筑物时应设防火墙。

17）电缆的首、末端，分支处和主要转弯处及直线段每隔50m应设标志牌，标明电缆编号、型号、规格、起点和终点，标志牌应牢固、字迹应清晰、不易脱落，并防腐，挂牌位置、方式应统一。

18）电缆应敷设在易燃易爆气体管道和热力管道的下方，竖井内的高压、低压和应急电源线路相互间距应大于300mm，或采取隔离措施。

19）管线穿入电缆沟、竖井、建筑物和成套设备等处，出入口应做密封处理；电缆穿越防火分区、楼板、墙体的洞口和进入重要机房地板下的电缆夹层时应进行防火封堵。

20）铠装电力电缆头的接地线应采用镀锡编织铜线，截面积不应小于表4-25的规定。

表4-25　电缆头的接地线截面积

单位：mm²

电缆截面积	接地线截面积
120及以下	16
150及以下	25

注：电缆截面积在16mm²及以下，接地线截面积与电缆PE线截面积相等。

21）电线、电缆接线必须正确，并联运行的电线或电缆型号、规格、长度、相位应一致。

22）槽盒内的弱电线路应根据线路的类别、数量、规格理顺分路绑扎，绑扎间距均匀一致，排列整齐，并与槽盒内专用支件固定，固定间距不应大于1 500mm，固定松紧适度，标识清楚。

23）导线必须分色，同一建筑物导线分色应一致。PE线必须用黄/绿双色线（个别电缆内PE线未使用黄绿双色线时，应在接线处进行人工标色），中性线用淡蓝色，相线A相用黄色，B相用绿色，C相用红色；消防系统的烟感探头：（+）极接红色线，（-）极接深蓝色线。

24）导线接头应设在盒（箱）或器具内，铜铝导线连接应采用铜铝过渡措施，导线连接各支线不应有外力影响，绝缘导线连接处应包扎绝缘，其绝缘水平不应低于导线本身的绝缘等级。

25）低压电缆、电线的绝缘摇测：1kV 以下电源线用 1000V 摇表摇测，照明线路的绝缘电阻值不应小于 0.5MΩ，动力线路的绝缘电阻值应不应小于 1MΩ，电力和控制电缆绝缘电阻值一般不低于 10MΩ，矿物绝缘电缆绝缘电阻值应大于 200MΩ，火灾自动报警系统每回路的导线绝缘电阻值不小于 20MΩ。

7. 钢索配线

1）钢索配线应采用镀锌钢索（不含油芯），钢索的钢丝直径应小于 0.5mm，且不应有扭曲、断股等缺陷。

2）钢索的终端拉环埋件应牢固，钢索与终端拉环套接处应采用心形环，固定钢索卡应不小于两个，钢索端头应用镀锌铁丝绑扎紧密，且应接地可靠。

3）钢索长度在 50m 及以下时，在钢索的一端装设花蓝螺栓紧固，当钢索长度大于 50m 时，在钢索两端装设花蓝螺栓紧固。钢索吊架间距不应大于 12m，吊架与钢索连接处的吊钩深度不应小于 20mm，并有防止钢索跳出的锁定措施。

4）电线和灯具在钢索上安装后，钢索应承受全部负载，且钢索应整洁、无锈蚀。

5）钢索配线的支持件间距应符合表 4-26 的规定。

表 4-26　钢索配线的支持件间距

单位：mm

配线类别	支持件之间最大距离	支持件与灯头盒之间最大距离
钢管	1 500	200
刚性绝缘导管	1 000	150
塑料护套线	200	100

8. 开关、插座安装

1）开关、插座面板及接线盒应有合格证和 CCC 认证，防爆开关还应有防爆标志，开关、插座面板及接线盒应完整、无碎裂。

2）同一建筑物内的开关、插座应采用同一系列的产品，开关的通断位置一致、操作灵活、接触可靠，相线经开关控制，开关与灯具控制顺序相对应。

3）无障碍住房电气照明开关应选用搬把开关，开关距地为 0.9～1.1m，起居室、卧室插座距地为 0.4m，厨房卫生间插座距地为 0.7～0.8m，电源、电视天线和电话插座距地为 0.4～0.5m，对讲机按钮与通话器距地为 1m，卡式电表距地不应大于 1.2m。

4）电源插座除设计注明外，暗装插座一般距地 0.3m。其中：空调电源插座距地 1.8～2m，洗衣机电源插座距地 1.5～1.8m，排气扇、电热水器电源插座距地 1.8m；卫生间插座应在淋浴喷头水流之外，离浴盆外沿水平距离不应小于 600mm。

5）安装接插有触电危险的家用电器插座时，如洗衣机等应采用能断开电源的带开关插座；厨房、卫生间应安装防溅型插座，且开关应安装在门外开放侧的墙上；潮湿场所及室外应采用密封型带接地保护的保护型插座，距地应为 1.5～1.8m；住宅、幼儿园、小学等儿童活动场所暗装插座距地 300mm 时，必须使用安全插座。

6）在木结构等易燃材料上安装的开关、插座，应在其四周采用石棉布、防火漆等作防火处理。

7）燃气锅炉房等易燃易爆场所应安装防爆型安全开关、插座。

8）电源插座接线时，面向插座：左侧接 N、右侧接 L、（三孔插座）中间上方接 PE 线，插座间 PE 线不得串联连接，导线分色一致。三孔插座 PE 孔应保持在正上方。

9）开关、插座不同极性带电部件间电气间隙和爬电距离不应小于 3mm，绝缘电阻值不应小于 5MΩ；用自攻锁紧螺钉或自切螺钉安装的，螺钉与塑料固定件旋合长度不应小于 8mm，软塑料件在经受 10 次拧紧、退出试验后，无松动或掉渣，螺钉及螺纹应无损坏现象；金属间相旋合的螺钉、螺母拧紧后退出 10 次、反复 5 次仍能正常使用。

10）除壁挂空调插座外，插座不应安装在暖气管的上部和平行暖气管之间，插座与采暖、燃气管的水平距离不应小于 300mm；排风扇插座不应倒装在顶板上。

11）在保温材料、干挂石材等墙面安装开关、插座等电器时，宜在结构施工时只进行管路敷设，待装饰时固定接线盒或在装饰施工前把管路敷设在装饰层与结构面之间，以便于与饰面协调美观。在饰面砖上安装的开关、插座应避开砖缝，以使面板与面砖紧贴严密。

12）同一场所安装的开关、插座和弱电出线口应选用同一系列产品，除设计要求外，电源、电话、电视、信息等插座安装距地高度（面板）下皮距地板不应小于 300mm，卫生间电话距地板不应小于 1m，对讲可视电话距地板 1.4m。电源插座与信息插座水平间距不应小于 300mm，电视管线及插座与交流管线及插座间距不应小于 500 mm。

13）地插座面板应与地面齐平或紧贴地面，保护盖板固定牢固，密封良好。

14）开关安装位置应方便操作，除设计要求外，开关边缘距门框边缘 0.15 ~ 0.2m、距地不小于 1.3m，拉线开关距地 2 ~ 3m，层高小于 3m 时拉线开关距顶板不小于 100mm，拉线出口垂直向下；相同型号并列安装及同一室内开关安装高度应一致，且控制有序不错位。

15）同一场所宜使用同系列开关、插座，同标高安装时，高度偏差不大于 5mm，并列安装板面间宜留 5mm 缝隙，水平偏差不大于 0.5mm，垂直偏差不大于 0.5mm，观感不应有偏差。

16）开关、插座接线盒内应整洁、无杂物，预埋盒口与墙面间距大于 25mm 时应补加套盒，并注意接地连续性，盒口收口应方正光滑平整，导线无污染，接线正确，面板表面光洁、无损坏、划伤，且与墙面紧贴严密，螺丝均为同一系列镀锌螺丝、装饰帽齐全。

17）开关、插座及接线盒内导线余量不少于 150mm，压接时导线剥皮、盘圈均不得伤线芯，盘圈应顺向螺丝拧紧方向，盘圈开口不大于 2mm。针孔式接线柱，针孔直径大于导线一倍时，导线需折回头插入压紧，导线外露导体不应超过 1mm。

18）多联开关、插座分支导线应在接线盒内将支线与电源线并头爪形连接后刷锡，除双孔接线柱外不得直接跨接（头攻头），高层住宅的电梯厅和应急照明，不应采用自熄式开关。

19）宾馆、饭店、招待所的客房内，机关、学校、企业、住宅等建筑物的插座回路必须采用剩余电流动作保护装置。

20）开关、插座及其他器具不得于安装单扇门后、吊柜内及各种管道的背后，以免影响使用功能。

9. 灯具、风扇安装

1）灯具合格证、CCC 认证和配件应齐全，防爆灯还应有防爆标志，灯具应完整、无损伤，涂层光洁完好。

2）成套灯具、吊扇安装前应先检查配线、测试绝缘电阻和进行试灯，灯具的绝缘电阻值不应小于 2MΩ，符合要求后方可安装。

3）灯具的高温部位，当靠近非 A 级（不燃烧）装饰装修材料安装时，应采取隔热防火措施，灯饰所用材料的燃烧性能等级不应低于 B1 级（难燃烧）。

4）灯具固定严禁使用木楔，大于 3kg 时，应预埋吊钩或螺栓或设专用构架，吊灯重量大于 0.5kg 时，应采用吊链，软导线应编入吊链内使导线不受力，吊链应垂直，灯具平整、无歪斜。

5）气体放电灯应配用电子镇流器或节能电感镇流器，且功率因数不应低于 0.9。

6）残疾人使用的走道与地面照度不应低于 120lX，阳台应设灯光照明。

7）地下室引至防护门（防护密闭门）以外的照明回路，应在该门内侧单独设置短路保护装置或单独设置照明回路。

8）除敞开灯具外，灯泡容量在 100W 及以上时应采用瓷质灯头。接灯头的多股软铜线应刷锡，采用螺口灯头时相线接灯芯。

9）灯头的绝缘外壳不得破损。带有开关的灯头，其开关手柄无裸露的金属部分；装有升降器的灯具，应套塑料软管，并采用安全灯头。

10）灯具内部接线应使用电压为 450/750V，截面积不小于 0.5mm² 的绝缘铜导线，橡胶或聚氯乙烯（PVC）绝缘电线的绝缘层厚度不小于 0.6mm，引出线截面积应大于 1mm²。

11）花灯吊钩圆钢直径不小于灯具挂销直径，且不应小于 φ6，大型花灯的固定和悬挂装置，应按灯具重量的 2 倍做承载试验。试验时将固定或悬挂灯的预埋件悬吊灯具重量 2 倍的重物，重物离地面 200mm 左右，试验时间为 15min，无异常即符合要求。

12）灯具吊杆用钢管内径不应小于 10mm，钢管壁厚不应小于 1.5

mm，吊管与灯具、接线盒螺纹啮合扣数不少于 5 扣，螺纹加工光滑、完整、无锈蚀。吊灯不应使用铁丝绑扎固定，吊杆应独立生根固定，吊杆与固定面垂直、不歪斜，成排吊杆相互平行、对称。

13）开敞式灯具，室内安装灯头距地不小于 2m，厂房、室外附墙安装不小于 2.5m，软吊线带升降器的灯具在吊线展开后距地板为 0.8m。

14）当灯具距地面高度小于 2.4m 时，灯具的可接近裸露金属导体必须接地可靠，PE 线截面与灯具电源相线一致，并应有专用接地螺栓，且有标识。

15）吸顶日光灯的灯罩应完全遮盖灯头盒，电源线进灯具处应套绝缘软管保护，吊链式日光灯应使用铁吊链，并将导线依顺序编叉在吊链内，吊链应相互平行、对称。

16）安装在重要场所的大型灯具的玻璃罩宜采用尼龙丝编制的保护网，防止玻璃破碎后向下溅落。

17）白炽灯、卤钨灯、荧光高压汞灯和镇流器等不应直接设置在可燃装修材料或可燃构件上，可燃物品库房内不应设置卤钨灯等高温照明灯具。

18）卤钨灯和额定功率为 100W 及以上的白炽灯泡其吸顶灯、槽灯、嵌入式灯的引线应采用瓷管、石棉布等非燃烧材料作隔热保护或选用 105℃～250℃耐热绝缘电线。

19）装有白炽灯泡的吸顶灯具，灯泡不应紧贴灯罩；当灯泡与绝缘台间距小于 5mm 时，灯泡与绝缘台间采取隔热措施。

20）照明灯具与可燃物之间的距离应符合表 4-27 的规定。

表 4-27　照明灯具与可燃物之间的距离

单位：m

灯具类型	最小距离
普通灯具	0.3
高温灯具（聚光灯、碘钨灯等）	0.5
影剧院、礼堂的面光灯、耳光灯泡表面	0.5
容量为 100～500W 的灯具	0.5
容量为 500～2 000W 的灯具	0.7
容量为 2 000W 以上的灯具	1.2

21）家具内安装电器（含照明灯）应在家具门上装联动开关，在关门时能自动切断电源，家具内的线路如需移动，应采用电缆或护套线，并做好隔热防火处理。

22）室外壁灯应有泄水孔（密封灯除外），灯具底座与墙面之间应有防水措施。

23）顶棚上安装的灯具位置应与吊顶装饰分格、风口、消防探头、喷洒头和广播等设备器具和整体布置相协调，成排灯具应竖成线、横成行，偏差不大于5mm；吸顶灯、嵌入式灯具的贴脸与吊顶平贴、无明显缝隙、无污染，走廊内单排灯具应居中对称布置。

24）电源线穿金属软管长度不应大于1.2m，并在距灯具0.1～0.3m处进行固定，电源线不应拖放在灯具上。

25）灯具不应安装在成套设备、裸母线、电梯曳引机的正上方，灯具与裸导体的水平距离不应小于1m，且灯具不应采用吊链和软线吊装；灯具不应安装在不便于维修的成排管道的上方，不宜安装在通风管道和槽盒等挡光线设备的上方。

26）厨房、卫生间应使用防水瓷质灯头或其他防水灯头；卫生间灯具应避免安装在坐便器或浴缸的上面及背后。

27）装在顶层楼梯通道上的吸顶灯应注意距地高度，过高不便维修时应与设计洽商，调整位置或改成壁灯。

28）游泳池、喷泉等类似场所的水下灯具等电位联结应可靠，且有明显标识，其电源专用的剩余电流动作保护装置应全部检测合格；自电源引入灯具的导管必须采用绝缘导管，严禁采用金属或有金属护套的导管。

29）行灯灯体及手柄绝缘良好、坚固耐热、耐潮湿，灯头与灯体结合紧固，灯头处无开关，灯泡外部有金属保护网、反光罩及悬吊挂钩，挂钩固定在灯具的绝缘手柄上。

30）行灯电压不大于36V，在特殊潮湿场所或导电良好的地面以及工作地点狭窄、行动不便的场所行灯电压不应大于12V；携带式局部照明灯电线采用橡套电缆。

31）行灯变压器外壳、铁芯和中性点接地可靠。行灯变压器为双线圈，其电源侧和负荷侧应有熔断器保护，熔丝电流不大于变压器一次、二次的额定电流。行灯变压器的固定支架牢固、无锈蚀，接地良好。

32）手术台无影灯固定灯座的螺栓与法兰配套，并用双螺母固定，底座紧贴顶板，四周无缝隙，表面涂层完好。电源分别接在两条专用回路上，开关与灯具间的导线为（450/750 V）多股绝缘铜线。

33）应急照明应采用双路电源供电。在正常电源断开后，电源转换时间：疏散照明、备用照明应≤15s（金融商店交易所≤1.5s），安全照明≤0.5s。

34）安全出口标志灯距地高度不应小于2m，不高于2.5m。并安装在疏散出口和楼梯里侧上方及安全出口顶部。疏散指示灯在楼梯间、疏散走道及其转角处安装距地1m以下的墙上（灯具上边缘距地），灯具间距应不大于20m（距墙端部不大于10m），地下室灯具间距应不大于10m。

35）应急灯、疏散指示灯安装牢固，无歪斜、位置正确，周围无遮挡，当吊装时宜采用吊管固定；汽车坡道车行指示灯与人员安全出口指示灯应有区别；单灯带蓄电池的应急灯电源应设单独回路。

36）应急照明灯采用白炽灯、卤钨灯等光源时，不应直接安装在可燃材料上，应急照明线路在每个防火分区有独立回路，穿越不同的防火分区的线路应有防火隔堵措施。

37）疏散照明线路采用耐火电线、电缆，穿管明敷或在非燃烧体内穿钢导管暗敷，导线额定电压不低于750V的铜芯绝缘电线。

38）安全出口标志灯和疏散照明标志灯应装有玻璃或非燃材料的保护罩，面板亮度均匀度为1：10（最低：最高），保护罩完好无损。

39）变配电室、电梯机房、消防电梯前室、消防泵房、消防设备房、水箱间、锅炉房等处应设应急照明灯，照度要达到正常操作设备照度。

40）防爆灯具的防爆标志、外壳防护等级和温度组别与爆炸危险环境相适配，灯具配件齐全，非防爆零件不得替代灯具配件，吊杆及开关与接线盒螺纹啮合扣数应不小于5扣，螺纹加工光滑、完整、无锈蚀并涂电力复合脂，灯罩无裂纹，密封垫圈完好；开关安装位置便于操作，安装高度1.3m。

41）灯具的安装位置应离开释放源，且不应在各种管道的泄压口及排放口的上、下方。

42）建筑物彩灯应采用防雨的专用灯具，灯罩要拧紧，垂直彩灯的悬挂挑臂应不小于10#槽钢，端部吊挂钢索用吊钩螺栓直径应不小于10mm，螺栓在槽钢上固定两侧应有螺母、平垫、弹簧垫齐全，悬挂钢丝绳直径应不小于4.5mm，底部圆钢直径应不小于16mm，地锚埋设深度应不小于1.5m。垂直彩灯要用防水吊线灯头，下端灯头距地不应低于3m。

43）彩灯明配管与灯头盒间螺纹连接，连接处应密封防水；金属导管、彩灯构架、钢索等可接近的裸露导体接地可靠。

44）建筑物彩灯用霓虹灯时其灯管应完好、无破裂，灯管应用玻璃绝缘支持物固定，支持点水平距离不应大于0.5m，垂直距离不应大于0.75m，灯管与建筑物、构筑物的距离不应小于20mm，霓虹灯灯管长度不大于允许负载长度，露天安装要有防雨措施，专用二次线和灯管间的连接线采用电压大于15kV的高压绝缘导线。

45）霓虹灯变压器应采用双圈式变压器，明装时高度不应低于3m，低于3m时应采取防护措施，安装位置方便检修，且不易被人触及，不应装在吊顶内；当橱窗内装有霓虹灯时，橱窗门与变压器一侧应有联锁装置，确保开门时不接通变压器电源。

46）航空障碍标志灯装设在建筑物的最高部位，当最高部位面积较大或为群体时，除在最高端装设外还应在其外侧转角的顶端分别装；在烟囱顶上装设时，安装在低于烟囱口1.5~0.3m的部位，且呈正三角形水平排列。

47）航空障碍标志灯的选型根据安装高度决定，低光强距地面60m以下为红色，有效光强大于1 600cd；高光强距地面150m以上为白色，有效光强随背景而定，灯具的电源按主体建筑物最高负荷等级供电，灯具安装牢固，便于维修。同一建筑物或建筑群灯具的水平、垂直距离不大于45m，灯具的自动通、断电源控制装置动作正确。

48）航空障碍标志灯应由屋顶配电箱内的专用回路供电，其保护开关宜为二极，容量≥16A，导线宜为电缆或铜芯塑料线，截面积≥4mm^2，穿金属管敷设；供电方式宜为环路供电，此时导线截面积应≥2.5mm^2。

49）庭院灯具与基础固定牢固，地脚螺栓备帽齐全，接线盒或熔断器盒防水密封完整，金属立柱及灯具可接近裸露导体接地可靠。接地干线沿庭院灯位置布置形成环形网状，且不少于两处与接地装置连接。由干线引出支线与金属灯柱及灯具的接地端子连接，且有标识。灯具的自动通、断电源控制装置动作正确，每套灯具熔断器熔丝齐全且与灯具相适配，架空线路电杆的路灯固定可靠，紧固件齐全、拧紧，灯具位置正确，每套灯具应有熔断器保护。

50）景观照明灯灯具构架应固定牢固，地脚螺栓备帽齐全、无遗漏，灯具外露的电线或电缆应穿金属软管保护。

51）在人行道等人员来往密集场所安装的落地式灯具无围栏防护时，安装高度应距地面 2.5m 以上；固定灯具的金属构架和灯具的可接近裸露导体及金属软管的接地可靠，且有标识。

52）建筑物上彩灯、景观照明灯、航空障碍灯等应在避雷针或避雷网的保护范围内。

53）电梯井道照明电源应接在电梯电源主开关上端，有专用的开关控制，宜采用 36V 及以下安全电压或采用剩余电流保护装置配电。

54）吊扇挂钩的直径不小于挂销的直径，且不小于 8mm，吊杆间、吊杆与电机螺纹连接啮合长度不小于 20mm，且防松零件齐全紧固，防震胶垫、挂销的防松零件齐全，吊扇转动平稳，无噪声。扇叶距地高度不小于 2.5m，成排吊扇的偏差不大于 5mm，并与吊顶灯具、分格、整体布置相协调。

55）吊扇安装的位置不应使扇叶在旋转时遮挡灯光而造成灯光闪烁，影响照明质量。

56）壁扇下侧边缘距地高度不小于 1.8m，涂层完好、表面无划痕、无污染，防护罩无变形，风扇的转向及调速开关应正常。

57）照明系统回路控制应与照明配电箱内系统图及开关电气标识一致。

58）公用建筑照明系统通电连续试运行时间为 24 小时（共记录 13 次），民用住宅通电连续试运行时间为 8 小时（共记录 5 次）。试运行时所有照明灯具均应开启，且每 2 小时记录运行状态 1 次，在连续试运行时间内无异常即合格。

10. 防雷接地装置安装

1）建筑物上接闪器布置应符合表 4-28 的规定。

表4-28　建筑物上接闪器、避雷网布置

单位：m

建筑物防雷类别	滚球半径	避雷网尺寸	避雷引下线间距	避雷引下线数量
一类防雷建筑物	30	≤5×5 或 6×4	12	大于 2 根
二类防雷建筑物	45	≤10×10 或 12×8	15	大于 2 根
三类防雷建筑物	60	≤20×20 或 24×16	18	大于 2 根

2）除一类防雷建筑物外，金属屋顶宜用来作接闪器，详见表4-29。

表4-29　金属屋顶接闪器规格

单位：mm

条件	材料	规格	
金属板下面无易燃物品时	钢板	厚度不应小于 0.5	搭接长度不应小于100
金属板下面有易燃物品时	钢板	厚度不应小于 4	
	钢板	厚度不应小于 5	
	钢板	厚度不应小于 7	

注：金属板无绝缘被覆层，薄的油漆保护层、0.5mm的沥青层和1mm厚的聚氯乙烯层等不属于绝缘被覆层。

3）利用屋面上的金属旗杆、建筑物上永久性装饰物作避雷接闪器时，其各部件之间应连成一体，并与避雷引下线焊接牢固。利用屋面金属栏杆作避雷带时栏杆壁厚不应小于2.5mm，伸缩节处应跨接地线，拐弯处应做成圆弧形，水平栏杆与垂直栏杆间满焊后，再由垂直栏杆与引下线连接，栏杆转角、三通和直线段对接口等焊接处应加不小于 φ10 的镀锌圆钢帮焊，接口两边焊接长度不应小于圆钢直径的6倍。

4）当屋面栏杆壁厚小于2.5mm时，可沿栏杆在女儿墙内暗敷 φ10 的镀锌圆钢，并将圆钢与栏杆焊接良好。

5）屋面避雷网（除周边女儿墙外）宜暗敷，并在金属管道、金属支架和用电设备等处应分别甩出 φ12 的镀锌圆钢或 25mm×4mm 的镀锌扁钢以便与设备作防雷连接；建筑物高、低跨之间避雷带的连接，宜明敷连接，并将整个屋面连接成一个闭合网络。

6）接闪器长度小于 1m 时，圆钢直径不小于 12mm，钢管直径不小于 20mm；接闪器长度在 1～2m 时，圆钢直径不小于 16mm，钢管直径不小于 25mm。

7）屋面上的设备在接闪器保护范围之外时，应加设独立避雷针并与避雷网相连。当屋面有采光天棚时，其金属构架间应进行良好的电气连接，且至少有两处与避雷网进行可靠连接。

8）避雷带支持件、固定螺栓等均应热镀锌，表面镀锌层完整、无污染；明敷避雷带（圆钢）中间接头应用同规格圆钢邦条焊接，以保持避雷带顺直，焊缝处可稍作打磨，但不得刮腻子；清除焊缝药渣，刷两遍防锈漆及银粉。跨越建筑物变形缝时，应做弓形补偿。

9）屋面的金属支架、管道和设备等必须与避雷带连成一体。当屋面通气管为铸铁管时，其接头处应用镀锌圆钢跨接，或用 φ12 的镀锌圆钢沿管道敷设，且高出管顶 200mm，圆钢与管道间卡接；在屋面接闪器保护范围之外的非金属物体应增设避雷带或接闪器。

10）屋面安装的风机等有减震措施的设备与避雷网间应采用软连接，即用多股软铜线与避雷网引出的镀锌扁铁或圆钢连接。

11）户外广告牌安装在屋顶或外墙上时，其金属结构框架间、金属面板间应作电气跨接，并与屋顶或外墙的避雷网多次电气连接。

12）避雷带支持件固定应牢固，间距均匀、对称，并与装饰面相协调，支持件与避雷带垂直，支持件根部应用防水砂浆填实，并用密封胶封堵严密、表面平整，支持件间距见表 4-30。

表 4-30　支持件间距

单位：m

项目	间距
水平直线部分	≤1
垂直直线部分	≤2
拐弯	≤0.4
混凝土支座	≤2

注：使用扁钢时不应小于 25mm×4mm、圆钢不应小于 φ10，每个支件能承受应大于 49N（5kg）的垂直拉力。

13）避雷带支持件高度、螺丝朝向固定方式一致，侧面固定时，螺母应在里侧，上下固定时螺母在下侧，且弹簧垫、平垫齐全、匹配。

14）避雷带（网）优先采用圆钢，直径不应小于φ8，扁钢截面不应小于48mm²、厚度不应小于4mm，从建筑物结构引出的圆钢不应小于φ12。

15）暗装防雷断接卡一般设置在建筑物外墙距地500mm处，测试点应使用成品箱，规格250mm×160mm×160mm，箱体与墙面接触严密、箱门处应有防雨水措施；箱体、金属套管应接地；箱门上应设白底黑色接地标志符号，断接卡配备M10×30mm的镀锌蝶形螺栓。

16）避雷网上不得拉挂其他物品或电缆线，避雷带与节日彩灯平行时，应高于彩灯顶部100mm，同时应将避雷带支持卡规格加大一级。屋面配电箱引出金属导管一端应与配电箱PE排相连，另一端应与用电设备外壳相连，并就近与避雷带相连。

17）明敷避雷引下线应平直、无急弯，引下线应不少于两根，应沿建筑物四周均匀或对称布置。引下线应避开拐角处0.3~0.5m、距支持卡不应小于50mm。

18）暗敷扁钢截面不应小于25mm×4mm，圆钢不应小于φ12，利用主筋作暗敷引下线时，每处引下线不得少于两根主筋，主筋连接可采用绑扎、焊接机械连接，达到电气贯通性要求。

19）除按设计要求设均压环外，一类防雷建筑物30m以上、二类防雷建筑物45m以上、三类防雷建筑物60m以上应设均压环，环间垂直距离不应大于12m，建筑物外墙金属门窗、金属栏杆应与防雷装置连接，建筑物的金属结构、金属设备及竖井内金属管道均应连接到引下线或均压环上。

20）利用结构圈梁钢筋作均压环时，水平筋与垂直筋、竖向筋间连接宜焊接或机械连接，当结构不允许时可采用专用夹连接或绑扎，绑扎长度按结构主筋搭接要求执行，确保贯通性连接，并形成整体网状结构。

21）外檐金属门窗、金属栏杆在加工订货时应按要求甩出长300mm的镀锌扁钢不少于2处，当门窗宽度超过3m时不少于3处，并与均压环预留的圆钢焊成整体或等电位联结。

22）防雷电感应和雷电波侵入应按设计要求在相关设备电源箱内安装电涌保护器（SPD），SPD 接线两端长度应小于 0.5m。

23）人工接地装置或利用建筑物基础作接地装置时，必须在地面以上按设计要求位置设测试点。

24）幕墙的金属结构必须做防雷接地。金属框架应互相连接形成导电通路，连接材料、截面尺寸、连接长度、方法必须符合设计要求，连接螺栓不应小于 M6，不同材质间应防止电化反应（铝材间连接用铝板，铜与铝连接铜刷锡，钢与铝连接钢刷锡），连接点水平间距不应大于防雷引下线的间距，垂直间距不应大于均压环的间距；女儿墙压顶罩应与女儿墙部位的幕墙构架连接，女儿墙部位的幕墙构架与防雷装置的连接节点宜明露。

25）避雷网、避雷引下线、防雷接地装置的焊接应采用搭接焊，搭接长度应符合：扁钢与扁钢搭接长度为扁钢宽度的 2 倍，三面施焊；圆钢与圆钢搭接长度为圆钢直径的 6 倍，双面施焊；圆钢与扁钢搭接长度为圆钢直径的 6 倍，双面施焊；扁钢与钢管、扁钢与角钢焊接，紧贴角钢外侧面，或紧贴 3/4 钢管表面，上下两侧施焊；防雷接地装置的焊接处焊缝应饱满、平整，无夹渣、咬边、气孔及未焊透情况，焊后应及时清除药渣，并做防腐处理（埋设在混凝土内的焊接处不做防腐）。

26）防雷电感应：当金属管线的弯头、阀门、法兰盘等连接处的过渡电阻大于 0.03Ω 时应用金属线跨接，对有 5 条及以上螺栓连接的法兰盘在非腐蚀环境下可不跨接。

27）燃气锅炉的燃气放散管的管顶或其附近应设避雷针，其针尖高出管顶不应小于 3m。气体和液体燃料管道应有防静电接地装置，当为金属管道时可与综合接地体相连。

28）接地线在穿越墙壁、楼板和地坪处应加钢套管或其他坚固的保护套管，钢套管应与接地线做电气连通，穿墙套管两端出墙与墙面平齐，穿楼板套管高出地平面 30mm。

29）人工接地装置安装：人工接地装置的最小尺寸见表 4-31。

表 4-31　人工接地装置的最小尺寸

类别		地上		地下	
		室内	室外	交流	直流
圆钢直径/mm		6	8	10	12
扁钢	截面积/mm²	60	100	100	100
	厚度/mm	3	4	4	6
角钢厚度/mm		2	2.5	4	6
钢管壁厚/mm		2.5	2.5	3.5	4.5

接地体埋设深度应在冻土层以下，并大于 0.8m，角钢、钢管接地体应垂直设置；垂直接地体长度不应小于 2.5m，相互间距不应小于 5m；扁钢应侧放，扁钢与垂直接地体连接的位置距接地体顶部约 100mm，接地体位置距建筑物不宜小于 1.5m，遇有垃圾灰渣等应换土，并分层夯实；通过人行通道的接地装置满足埋深大于 1m，距离建筑物出入口或人行道水平距离大于 1m 时右不做均压环。

当采用接地模块顶面埋深不应小于 0.6m，接地模块间距不应小于模块长度的 3~5 倍；接地模块埋设基坑，一般为模块外形尺寸的 1.2~1.4 倍。接地模块应垂直或水平就位，不应倾斜设置，回填土用细土分层夯实，模块与土层接触紧密，且不损伤模块。

30）采用联合接地时，由消防控制室引至接地体的专用接地干线应用铜芯绝缘导线或电缆，截面积不应小于 25mm²，由消防控制室接地排引至各消防设备的接地线（黄绿双色软铜线）截面积不应小于 4mm²。

11. 等电位联结

1）装有防雷装置的建筑物，在防雷装置与其他设施和建筑物内人员无法隔离的情况下，应采用等电位联结。

2）变配电室内应设总等电位箱（MEB），配电柜内 PE（PEN）排、进入建筑物内的各种金属管道（如电力、给排水、热力、燃气等管道）和建筑物金属结构等应与总等电位箱内端子板联结。

3）总等电位箱与接地装置有不少于两处直接连接，室内等电位联结干线应由总等电位箱引出；竖井内采用等电位联结，应从 MEB 端子引出一根 MEB 干线自下而上敷设，竖井每层应设辅助等电位端子箱（SEB）。

4）等电位箱中的接线端子板为铜质，厚度不应小于 4mm，铜排与镀锌扁钢搭接处，铜排应刷锡，连接螺栓一般为 M10；等电位箱应设门，门上应标有"等电位联结端子箱，不可触动"的字样，端子板上应刷黄色底漆并标黑色▽记号。局部等电位箱（LEB）连接螺栓一般为 M8，由此引出的支线，一般采用 $BVR-4mm^2$（有防雷要求的为 $6mm^2$）黄绿双色线穿绝缘导管暗敷，厕浴间等处宜设专用等电位盒，位置便于检修，且较为隐蔽。

5）金属管道连接处一般不需加跨接线，给水系统的水表处需加跨接线，装有金属外壳的排风机、空调器，靠近电源插座的金属门、窗框及距外露可导电部分伸臂范围内的金属栏杆、吊顶金属龙骨、金属网格吊顶（伸臂范围外可不做）和建筑物内（从下到上）垂直敷设的金属物、管道和管道竖井中的管道上、下两侧端部等均做等电位联结。

6）各种进户金属管道在预埋时，应在距管道或套管 100～150mm 方便操作处甩出等电位端子（可用 25mm×4mm 的镀锌扁铁），以便与等电位进行联结，金属套管应直接与等电位线焊接；采用抱箍与等电位连接，抱箍应用不小于 25mm×4mm 的镀锌扁铁加工制作，管道与抱箍的接触面应光滑、平整、油漆清除干净，以接触紧密良好。

7）需做等电位联结的高级装饰金属部件、物品，应在订货、采购时明确设有专用接线螺栓，以便与等电位支线连接，且有标识，连接紧固、防松零件齐全。

8）等电位测试：采用 4～24V 直流或交流电源，测试电流应小于 0.2A，当测得等电位端子板与等电位联结范围内的金属体末端之间电阻不超过 3Ω 时为合格。

9）等电位联结线截面积见表 4-32 的规定。

表 4-32　等电位联结线截面

取值类别	总等电位联结线	局部等电位联结线	辅助等电位联结线	
一般值	不小于 0.5×进线 PE（PEN）线截面	不小于 0.5×PE 线截面	两电气设备外露导电部分间	较小 PE 线截面
			电气设备与装置外可导电分间	0.5×PE 线截面
最小值	6mm² 铜线	同右	有机械保护时	2.5mm² 铜线
	16mm² 铝线		无机械保护时	4mm² 铜线
	50mm² 铁线		16mm² 铁线	
最大值	25mm² 铜线或相同电导值的导线	同左		

12. 低压电动机、电加热器及电动执行机构安装

1）电动机、电加热器及电动执行机构的可接近裸露导体必须接地。

2）电动机、电加热器及电动执行机构绝缘电阻值应大于 0.5MΩ。

3）100kW 以上的电动机，应测量各相直流电阻值，阻值相差不应大于最小值的 2%；无中性点引出的电动机，测量线间直流电阻值，相差不应大于最小值的 1%。

4）电气设备安装应牢固，螺栓及防松零件齐全、不松动。防水防潮电气设备的接线入口及接线盒等应做密封处理。

5）除电动机随带技术文件说明书不允许在施工现场抽芯检查外，有下列情况之一的电动机，应抽芯检查：出厂时已超过制造厂保证期限，无保证期限的已超过出厂时间一年以上；外观检查、电气试验、手动盘转和试运转有异常情况。

6）电动机抽芯检查应符合下列规定：线圈绝缘层完好、无伤痕，端部绑线不松动，槽楔固定、无断裂，引线焊接饱满，内部清洁，通风孔道无堵塞；轴承无锈蚀，注油（脂）的型号、规格和数量正确，转子平衡块紧固，平衡螺丝锁紧，风扇叶片无裂纹；连接用紧固件的防松零件齐全完整；其他指标符合产品技术文件的特有要求。

7）设备接线盒内裸露的不同相间和相对地间最小距离应大于 8mm，否则应采取绝缘防护措施。

13. 低压电气动力设备试验和试运行

1）试运行前相关电气设备和线路应检验合格。

2）成套设备的运行电压、电流应正常，各种仪表指示正常。

3）电动机应试通电，检查转向和机械转动有无异常情况；空载试运行时间一般为2h，记录（3次）电流、电压、轴承温度，并检查机身。

4）交流电动机在空载状态下（不投料）一般连续启动两次的时间间隔不应小于5min，再次启动应在电动机冷却至常温下再进行。空载运行应记录电流、电压、温度、时间等数据，且应符合设备、工艺空载状态运行要求。

5）电气动力设备试验和试运行应逐台分别进行，运行正常后作总体系统试验和试运行，并分别做好记录。

6）大容量（630A及以上）导线或母线连接处，在设备计算负荷运行情况下应做温度抽测记录，温升值稳定，且不大于设计值。

7）电动执行机构动作方向及指示应与工艺装置的设计要求保持一致。

14. 变配电所安装

1）当电源为TN–S系统引入总配电柜（箱）或π接箱时，柜（箱）内的总PE排和N排不跨接，引出的所有PE线、N线分别从PE排和N排引出，且不得再作电气连接。

2）当电源为TN–C系统引入总配电柜（箱）或π接箱时，应将PEN线作重复接地，PEN线与柜（箱）内PE排连接，并将PE排和N排跨接，跨接线用同规格母排或不小于同等载流量的铜线，所有引出的PE线和N线，应分别从PE排和N排引出，且不得再作电气连接。

3）变压器中性点应与接地装置引出干线直接连接，接地装置的接地电阻值必须符合设计要求。变配电所接地干线与接地装置引出干线直接连接点不应少于两处。

4）变压器安装应位置正确，附件齐全，装有滚轮的变压器就位后，应将滚轮用能拆卸的制动部件固定；油浸变压器油位正常，无渗油现象；绝缘件应无裂纹、缺损等，外表清洁。

5）有载调压开关的传动部分润滑应良好，动作灵活，点动给定位置与开关实际位置一致，自动调节符合产品的技术要求。

6)变压器应按产品技术文件要求检查器身,当满足下列条件之一时,可不检查器身:制造厂规定不检查器身的;就地生产仅做短途运输的变压器,且在运输过程中有效监督,无紧急制动、剧烈振动、冲撞或严重颠簸等异常情况者。

7)装有气体继电器的变压器顶盖,沿气体继电器的气流方向应有1.0%~1.5%的升高坡度,喷油管口应换为割划有"十"字线的玻璃,呼吸器内硅胶未变色受潮。

8)630kVA以上的干式电力变压器应安装温控或温显装置。

9)有载分接开关,每对触头的接触电阻应不大于500μΩ,电阻值与铭牌数值相差应不大于±10%。测量绕组绝缘电阻,用2 500V的摇表摇测,其值不低于出厂试验值的70%,测量铁芯对地绝缘电阻,其值应不低于5MΩ。

10)成排成套设备长度大于6m时,其后通道应设两个出口,宜设在两端;当两个出口距离超过15m时,应增加出口,出口宽不小于800mm。

11)低压成套设备前后通道最小宽度,详见表4-33。

表4-33 低压成套设备前后通道最小宽度

单位:mm

型式	布置方式	前通道	后通道
固定式	单排布置	1 500	1 000
	双排面对面布置	2 000	1 000
	双排背对背布置	1 500	1 500
抽屉式	单排布置	1 800	1 000
	双排面对面布置	2 300	1 000
	双排背对背布置	1 800	1 000

12)设在地下室的变配电所或变配电所长度超过7m时,应设两个出口,宜设在变配电所的两端,当变配电所为楼上楼下两部分布置时,楼上部分的出口至少有一个通向该层走廊或室外安全出口,变配电室门应向外开。

13)变配电所门、窗、通风管道等应采用不燃材料,门向外开,门上标有变电所名称和安全警告标志，变配所各房间之间的通道门应为双向开启或向低压侧开启，与室外相通的门口底边应设专用挡板，挡板高度不应低于500mm，以防小动物进入。

14）变配电所顶棚不抹灰、内墙抹灰刷白，其上层不应是厕浴间，地下室门应设设备运输通道；与室外相通的孔洞和采光窗及通风窗，应设防止小动物进入的网罩，其等级不低于IP3X级，并有防雨雪措施。

15）变配电室内的金属栅栏、支架和门框应就近与室内明敷接地干线连接，门框与金属门应用铜编织线跨接。

16）变配电所（泵房和各种机房内电气专用控制室内）除本室需用管道外，不应有其他管线通过，室内采暖装置等连接应采用焊接，不应有法兰、螺纹接头和阀门等；成套设备上方不应有与其无关的管道或线路通过。

17）箱式变电所的基础应高于室外地坪，周围排水通畅，垫平放正，地脚螺栓固定牢固；金属护栏、箱体应与箱式变电所内PE排可靠连接，且有标识。

18）箱式变电所内外涂层应完整、无损伤，通风口防护网完好。高低压柜内接线完好，每个回路标记清晰、回路名称正确。

19）变配电所内明敷接地干线沿墙壁水平敷设时，距地面高度250～300mm，与墙壁间的间隙10～15mm，转角弯曲半径不得小于扁钢厚度的2倍，直角侧弯应加工成90°圆弧形；跨越建筑物变形缝时，设补偿装置；接地线表面沿长度方向，每段长为15～100mm，分别涂以黄色和绿色相间的条纹，接地线四周应分别设2个临时接地用的接地蝶形螺栓；当明敷接地干线在电缆夹层敷设时，应在适当位置（一般不少于2处）将接地干线从夹层引至变电所内，距地为250～300mm，并配好接地蝶形螺栓，以方便临时接地测试。

20）变配电所电缆夹层应整洁干燥，不得有渗漏水现象，不应有其他杂物，电缆排列整齐引至配电柜的电缆应固定牢固，设备不应受外力，电缆本身不受力。

21）进入变配电所的槽盒、电缆等过墙和楼板处的孔洞、缝隙应做防火封堵。

22）安装工程验收后，带电连续运行 24 小时，所有保护装置全部投入，进行空载合闸 5 次，第一次带电时间不少于 10min，无异常即为合格。

23）高压电气设备和布线系统及继电保护系统的交接试验，必须符合《电气装置安装工程电气设备交接试验标准》GB 50150 的规定。

24）当变电所内配电柜等设备由供电局等单位安装时，总包单位应与甲方协调，进行必要的交接检查验收，符合优质工程条件的将其施工资料及时收集归档，以便优质工程的检查验收。

15. 柴油发电机组安装

1）发电机组至低压配电柜馈电线路的相间、相对地间的绝缘电阻值应大于 0.5MΩ；塑料绝缘电缆馈电线路耐压试验为 2.4kV，时间 15min，泄漏电流稳定，无击穿现象。

2）柴油发电机馈电线路连接后，两端的相序必须与原供电系统的相序一致。

3）发电机组配套的控制柜接线应正确，紧固件紧固状态良好，无遗漏脱落。开关、保护装置的型号、规格正确，验证出厂试验的锁定标记应无位移，有位移应重新按制造厂要求试验标定。

4）发电机为 TN 系统时中性线（工作零线）应与接地干线直接连接，螺栓防松零件齐全，且有标识。

5）发电机本体、电气控制箱（屏、台）体、电缆槽盒、金属导管和机械部分的可接近裸露导体应与 PE 线可靠连接。

6）发电机房内发电机底座、油箱支架、金属管理、钢结构、金属门窗、固定消声器的金属支架、配电系统的 PE 线等应等电位联结。

7）受电侧低压配电柜的开关设备、自动或手动切换装置和保护装置等试验合格，应按设计的自备电源使用分配预案进行负荷试验，机组连续运行 12h 无故障。

8）发电机间应有两个出入口，其中一个出口的大小应满足搬运机组的需要，门应采取防火、隔音措施，并向外开启，控制室与发电机间之间的门和观察窗应采用防火、隔音措施，门开向发电机间。机组基础应采取减振措施，当机组设置在主体建筑物内或地下室时应防止与房屋共振现象。

16. 不间断电源安装

1）不间断电源的整流装置、逆变装置和静态开关装置的规格、型号必须符合设计要求，内部接线正确，紧固件齐全，可靠不松动，焊接无脱落现象。

2）不间断电源的输入、输出各级保护系统和输出的电压稳定性、波形畸变系数、频率、相位、静态开关的动作等各项技术性能指标试验调整必须符合产品技术文件和设计要求。

3）不间断电源（UPS）输出端的中性线（N 极），必须与接地装置直接引来的接地干线相连接，做重复接地。

4）不间断电源可接近裸露导体接地可靠，且有标识。电线、电缆的屏蔽保护接地线连接可靠，与接地干线就近连接，紧固件齐全。

5）安放不间断电源的机架应横平竖直，水平度、垂直度允许偏差不应大于 1.5‰，紧固件齐全。

6）引入、引出不间断电源装置的主回路电线、电缆和控制电缆应分别穿管敷设，在电缆支架上平行敷设应保持 150mm 间距；不间断电源装置线间、线对地绝缘电阻值应大于 0.5MΩ。

7）不间断电源正常运行时产生的 A 声级噪声，不应大于 45dB；输出额定电流为 5A 及以下的小型不间断电源噪声，不应大于 30dB。

17. 电梯安装

1）电梯机房内不应设置与电梯无关的设备和设施，无关人员不应穿越电梯机房上屋面等；机房内不应有无关的管道穿越，必须穿越时应采用金属管道，连接处焊接。

2）消防电梯与普通客梯的机房应分别设在不同的防火分区或在同一机房内设防火隔断加防火门，导管、槽盒过墙或楼板处应做好防火封堵。

3）消防电梯的电源应两路供电，在末端互投，电源线采用阻燃或防火电线电缆；首层有消防电梯操作按钮，消防电梯应设专用电话。

4）电梯的轿箱、电源柜和控制柜的金属外壳，以及金属导管和槽盒、轨道等均应可靠接地。设计有等电位要求的，电梯轨道应做等电位联结。

5）电梯的电源柜、控制柜应设在独立的电梯机房内，电源柜应安装在靠近门入口处；电源柜、控制柜前操作维修距离不应小于 0.8m。

6）机房内槽盒沿地敷设时，应在配电柜的基础上预留套管，不宜在基础型钢上切割开孔。

7）机房内照明在地板上的照度不应小于 200LX，机房内应设置 1 ~ 2 个电源插座，并装有应急照明装置。

8）电梯层门涂层完整、无污染，轿门带动层门开关，运行中不得有刮碰现象。门扇与周围门套、门楣、轿壁、地坎之间缝隙在整个长度上应基本一致。

9）电梯运行平稳，运行中平层准确度：额定速度≤0.63m/s 交流双速电梯≤±12mm；额定速度>0.63m/s，且≤1.0m/s 交流双速电梯≤±24mm，其他调速方式的电梯≤±12mm。

10）电梯验收合格投入正式运行时，应在轿厢内或者出入口明显位置张贴《安全检验合格》标志和《乘梯注意事项》，电梯检验周期为一年。

18. 智能建筑

1）智能建筑是一个分部工程，有 19 个子分部工程，子分部工程又分若干个分项工程。

2）智能建筑重点是各系统的配管、配线，槽盒及电缆敷设，模块的安装和接线，电源箱、控制柜的安装和接线，机房内机架、配线架及设备的安装，出线口及终端盒的安装，防火处理、接地和施工技术资料等。

3）弱电机房内设备（柜、台、盘）前后，应留有操作维护空间。设备操作距离不应小于 1.5m，背后开门的设备，背面距墙不应小于 0.8m；并列布置的设备总长度大于等于 4m 时，两侧应设通道，墙挂设备中心距地面高宜为 1.5m，主机房内应设维修和测试电源插座，并有明显标志，与机房无关的管道不得穿过主机房。

4）电视墙与值班人员之间的距离应大于主要监视器画面对角线长度的 5 倍。

5）弱电控制箱、柜的安装，配管、槽盒敷设，防火封堵，导线连接，电缆线敷设，防雷与接地等安装质量要求与强电部分相同。

6）弱电布线应防电磁干扰和同频干扰，强弱电竖井宜分设，弱电竖井地坪应高出本层地坪 30mm 或设防水门坎。强、弱电槽盒在同一竖井时，应分设在不同的墙面上，两者距离应大于 300mm。检修门往外开，高度不应低于 1.85m，宽度不应小于 0.8m。

7）墙上敷设的综合布线电缆、光缆及管线与其他管线的间距，详见表 4-34。

表 4-34　墙上敷设的综合布线电缆、光缆及管线与其他管线的间距

单位：mm

其他管线	最小平行间距	最小交叉间距
避雷引下线	1 000	300
保护地线	50	20
给排水管	150	20
压缩空气管	150	20
热力管（不包封）	500	500
热力管（包封）	300	300
燃气管	300	20

8）不同的弱电系统应分设在不同的槽盒内，并理顺绑扎成束、顺序排列，固定间距不应大于 1.5m。活动地板下至各设备的线缆应敷设在封闭式金属槽盒内。

9）综合布线宜采用低烟无卤、无毒的阻燃型护套线缆，配线设备应采用阻燃型材料。线缆穿越每层楼或不同的防火分区时做好防火封堵。当设计采用屏蔽布线系统时，各个布线链路的屏蔽层在整个布线链路上必须是连续的，不应有间断（包括信息插座、插接软线、跳线、用户终端设备上接口的接插等有良好的屏蔽特性，并满足屏蔽连续的要求）。

10）消防用电设备的电源应从变配电室开始设专用的供电回路，并设明显标志；火灾报警控制器、控制箱应可靠接地，墙上安装时其底边距地不应小于 1.5m，落地安装时其底宜高出地坪 0.1~0.2m；双电源切换应在最末一级配电箱处。

11）消火栓箱报警信号线接线盒的预留位置，应根据消火栓箱位置考虑，当消火栓箱暗装时可直接将导管引入箱后再穿阻燃软管将导线引入报警按钮；明装消火栓箱，宜将导管暗敷到箱内，当采用金属软管明敷入

箱，软管应刷防火涂料。

12）消防控制、应急广播、消防电话线路应采用阻燃线，对其明配管、接线盒和非防火型槽盒外表面应刷防火涂层，防火涂层应均匀、无遗漏、厚度符合要求。

13）疏散通道上的防火卷帘两侧，应设置火灾探测器组及其警报装置，且两侧应设置手动控制按钮，按钮盒盖宜用透明玻璃，以便于紧急情况时操作。

14）点型火灾探测器的布置安装：感烟、感温探测器的安装距离，详见表4-35。

表4-35　感烟感温探测器的安装距离

单位：m

安装场所		安装间距	备注
宽度小于3m的内走道探测器应居中布置安装间距	感烟探测器	≤10	端头距墙的距离不大于安装间距的1/2
	感温探测器	≤15	
探测器边缘与不同设施边缘的间距	至墙壁、梁边的水平距离	≥0.5	
	至空调送风口水平距离	≥1.5	
	至多孔送风顶棚孔口水平距离	≥0.5	
	与照明灯具的水平距离	≥0.2	
	距不突出的扬声器净距	≥0.1	
	与各种自动喷水喷头净距	≥0.3	
	与防火门、防火卷帘门的间距	1～2	

探测器在顶棚上安装前应与土建及其他专业施工配合进行模拟编排，使灯具、喷洒头、风口等与整个吊顶相协调，在满足设计和保证其功能的前提下，宜与成排灯具安装在一条直线上，均匀对称布置安装，以增加建筑装饰的美感。探测器的接线应可靠牢固，不得用腐蚀性助焊剂，探测器（+）接红色线，（-）接深蓝色线，其余线可自行分色，但同一工程应一致。

15）一般民用天然气探测器须安装在灶具上方位置，若为液化石油气，则须安装在灶具下方位置。

16）电气防火检测应在电气设备和线路经过1h以上时间的有载运行进入正常热稳定工作状态其温度变化率小于1℃/h后进行。

17）智能化系统的电源、防雷与接地：智能化系统电源正常工作状态下交、直流供电，应急状态下有发电机组、蓄电池组、充电设备或不间断供电设备供电；电源插座必须是带有接地极的扁圆孔多用插座；智能化系统的防雷接地包括：建筑物内各智能系统的防雷电入侵装置、等电位联结、防电磁干扰接地和防静电干扰接地等。

采用总等电位联结，各楼层的智能化系统设备机房、楼层配电间等的接地应采用局部等电位联结；防静电地板等电位金属网格可采用宽60～80mm、厚0.6mm的紫铜带在架空地板下明敷，无特殊要求时，网格尺寸不大于600mm×600mm的紫铜带，压在架空地板支柱下；与建筑物采用联合接地装置时，一般综合接地电阻不应大于1Ω；当采用单独接地体时，接地电阻不应大于4Ω。

综合布线系统应有良好的接地，箱、柜内应设PE端子，配线设备端必须可靠接地，布线系统的接地应汇接在同一接地体上；消防系统、有线广播电视系统光端机站、电信系统的交接设备间等应设接地装置，接地装置与本建筑共用接地系统相连时应采用25mm² 黄绿双色铜导线。

智能化系统的防雷与接地具体做法、要求与强电部分相同。

第五章
材料质量管理

建筑电气工程中的材料质量直接影响到建筑工程的使用功能、竣工后运行的安全可靠程度及投资的效益。因此质量员应该参与材料和设备的采购，主要是参与材料和设备的质量控制以及材料供应商的考核，对进场材料的抽样复验实施监督。

这里材料指工程材料，不包括周转材料；设备指建筑设备，不包括施工机械。

1. 主要设备、材料、成品和半成品进场检验

主要设备、材料、成品和半成品进场检验结论应有记录，确认符合GB 50303—2015 规范规定，才能在施工中使用。

2. 有异议送有资质试验室进行抽样检测

试验室应出具检验报告，确认符合 GB 50303—2015 规范和相应技术规定，才能在施工中使用。

3. 依法定程序批准进入市场的新电气设备、器具和材料进场验收

除符合 GB 50303—2015 规范规定外，尚应提供安装、使用、维修和试验要求等技术文件。

4. 进口电气设备、器具和材料进场验收

除符合 GB 50303—2015 规范规定外，尚应提供商检证明和中文的质量合格证明文件、规格、型号、性能检测报告以及中文的安装、使用、维修和试验要求等技术文件。

5. 经批准的免检产品或认定的名牌产品

当进场验收时，宜不做抽样检测。

6. 变压器、箱式变电所、高压电器及电瓷制品应符合下列规定

1) 查验合格证和随带技术文件，变压器有出厂试验记录；

2) 外观检查：有铭牌，附件齐全，绝缘件无缺损、裂纹，充油部分不渗漏，充气高压设备气压指示正常，涂层完整。

7. 高低压成套配电柜、蓄电池柜、不间断电源柜、控制柜及动力、照明配电箱应符合下列规定

1) 查验合格证和随带技术文件，实行生产许可证和安全认证制度的产品，有许可证编号和安全认证标志。不间断电源柜有出厂试验记录。

2) 外观检查：有铭牌，柜内元器件无损坏、接线无脱落脱焊，蓄电池柜内电池壳体无碎裂、漏液，充油、充气设备无泄漏，涂层完整，无明显碰撞凹陷。

8. 柴油发电机组应符合下列规定

1) 依据装箱单，核对主机、附件、专用工具、备品备件和随带技术文件，检查合格证和出厂试运行记录，发电机及其控制柜有出厂试验记录。

2) 外观检查，有铭牌，机身无缺件，涂层完整。

9. 电动机、电加热器、电动执行机构和低压开关设备等应符合下列规定

1) 查验合格证和随带技术文件，实行生产许可证和安全认证制度的产品，有许可证编号和安全认证标志。

2) 外观检查：有铭牌，附件齐全，电气接线端子完好，设备器件无缺损，涂层完整。

10. 照明灯具及联合会应符合下列规定

1) 查验合格证，新型气体放电灯具有随带技术文件。

2) 外观检查：灯具涂层完整，无损伤，附件齐全。防爆灯具铭牌上有防爆标志和防爆合格证号，普通灯具有安全认证标志。

3) 对成套灯具的绝缘电阻、内部接线等性能进行现场抽样检测。灯具的绝缘电阻值不小于2MΩ，内部接线为铜芯绝缘电线，芯线截面积不小于0.5mm²，橡胶或聚氯乙烯（PVC）绝缘电线的绝缘层厚度不小于0.6mm。对游泳池和类似场所灯具（水下灯及防水灯具）的密闭和绝缘性能有异议时，按批抽样送有资质的试验室检测。

11. 开关、插座、接线盒和风扇及其附件应符合下列规定

1）查验合格证，防爆产品有防爆标志和防爆合格证号，实行安全认证制度的产品有安全认证标志。

2）外观检查：开关、插座的面板及接线盒盒体完整、无碎裂、零件齐全，风扇无损坏，涂层完整，调速器等附件适配。

3）对开关、插座的电气和机械性能进行现场抽样检测。检测规定：不同极性带电部件间的电气间隙和爬电距离不小于 3mm；绝缘电阻值不小于 5MΩ；用自攻锁紧螺钉或自切螺钉安装的，螺钉与软塑固定件旋合长度不小于 8mm，软塑固定件在经受 10 次拧紧退出试验后，无松动或掉渣，螺钉及螺纹无损坏现象；金属间相旋合的螺钉螺母，拧紧后完全退出，反复 5 次仍能正常使用。对开关、插座、接线盒及其面板等塑料绝缘材料阻燃性能有异议时，按批抽样送有资质的试验室检测。

12. 线缆应符合下列规定

1）按批查验合格证，合格证有生产许可证编号，按《额定电压 450/750V 及以下聚氯乙烯绝缘电缆》GB 5023.1～5023.7 标准生产的产品有安全认证标志。

2）外观检查：包装完好，抽检的电线绝缘层完整无损，厚度均匀；电缆无压扁、扭曲，铠装不松卷；耐热、阻燃的电线、电缆外护层有明显标识和制造厂标。

3）按制造标准，现场抽样检测绝缘层厚度和圆形线芯的直径；线芯直径误差不大于标称直径的 1%。常用的 BV 型绝缘电线的绝缘层厚度不小于本规范的规定。

4）对电线、电缆绝缘性能、导电性能和阻燃性能有异议时，按批抽样送有资质的试验室检测。

13. 导管应符合下列规定

1）按批查验合格证。

2）外观检查：钢导管无压扁、内壁光滑；非镀锌钢导管无严重锈蚀，按制造标准油漆出厂的油漆完整；镀锌钢导管镀层覆盖完整、表面无锈斑；绝缘导管及配件不碎裂、表面有阻燃标记和制造厂标。

3）按制造标准现场抽样检测导管的管径、壁厚及均匀度。对绝缘导管及配件的阻燃性能有异议时，按批抽样送有资质的试验室检测。

14. 型钢和电焊条应符合下列规定

1）按批查验合格证和材质证明书；有异议时，按批抽样送有资质的试验室检测。

2）外观检查：型钢表面无严重锈蚀，无过度扭曲、弯折变形；电焊条包装完整，拆包抽检，焊条尾部无锈斑。

15. 镀锌制品（支架、横担、接地极、避雷用型钢等）和外线金具应符合下列规定

1）按批查验合格证或镀锌厂出具的镀锌质量证明书；

2）外观检查：镀锌层覆盖完整、表面无锈斑，金具配件齐全，无砂眼；

3）对镀锌质量有异议时，按批抽样送有资质的试验室检测。

16. 梯架、托盘、槽盒应符合下列规定

1）查验合格证。

2）外观检查：部件齐全，表面光滑、不变形；梯架、托盘、槽盒涂层完整，无锈蚀；玻璃钢制桥架色泽均匀，无破损碎裂；铝合金桥架涂层完整，无扭曲变形，不压扁，表面不划伤。

17. 母线槽、裸导线应符合下列规定

1）查验合格证和随带安装技术文件。

2）外观检查：母线槽外观良好，防潮密封良好，各段编号标志清晰，附件齐全，外壳不变形；螺栓搭接面平整、镀层覆盖完整、无起皮和麻面；静触头无缺损、表面光滑、镀层完整；测量厚度和宽度符合制造标准。裸导线外观良好，表面无明显损伤，不松股、扭折和断股（线），测量线径符合制造标准。

18. 电缆头部件及接线端子应符合下列规定

1）查验合格证。

2）外观检查：部件齐全，表面无裂纹和气孔，随带的袋装涂料或填料不泄漏。

19. 钢制灯柱应符合下列规定

1）按批查验合格证。

2）外观检查：涂层完整，根部接线盒盒盖紧固件和内置熔断器、开关等器件齐全，盒盖密封垫片完整。钢柱内设有专用接地螺栓，地脚螺孔位置按提供的附图尺寸，允许偏差为±2mm。

20. 钢筋混凝土电杆和其他混凝土制品应符合下列规定

1）按批查验合格证。

2）外观检查：表面平整，无缺角露筋，每个制品表面有合格印记；钢筋混凝土电杆表面光滑，无纵向、横向裂纹，杆身平直，弯曲不大于杆长的1/1 000。

第六章
工序质量管理

工序是产品形成的基本环节。工序质量是指每道工序完成后的工程产品质量；工序质量管理是使工序质量保持稳定和逐步提高状态的活动。

建筑电气施工工序如下：在结构配合阶段随土建结构主体进行钢管敷设及防雷接地的施工；土建主体施工的同时，如果条件许可进行管内穿线、配电箱安装、电缆桥架安装等设备的安装；土建主体施工结束，电气进行全面的设备安装阶段，完成管内穿线、配电箱安装、电缆桥架安装工作，安装开关、面板、成套动力配电柜，敷设电线电缆，系统试验、调试，设备试运行。

1. 主体结构电气预埋及暗配管

在基础工程施工时，应及时配合土建做好强、弱电专业的进户穿墙管及止水挡板的预埋、预留工作；主体结构阶段，根据土建浇注混凝土的进度要求及流水作业的顺序，逐层逐段地做好电管铺设工作。

2. 接地体施工过程质量管理措施

1）接地体加工制作：根据设计要求的数量、材料、规格进行加工。

2）沟槽开挖：根据设计图要求，对接地体（网）的线路进行测量弹线，在此线路上挖掘深0.8~1m、宽0.5m的沟槽，沟顶部稍宽，底部渐窄，沟底如有石子应清除。

3）安装接地体（极）：沟槽开挖后应立即安装接地体和敷设接地扁钢。

4）当利用人工接地体作为接地装置时，应在回填土之前进行测试；若阻值达不到设计、规范要求时应补做人工接地极。接地电阻测试须形成记录。

261

5）利用底板钢筋或深基础作接地体：按设计图尺寸位置要求，标好位置，将底板钢筋搭接焊好，再将柱主筋（不少于两根）底部与底板筋搭接焊，在室外地面以下将主筋焊接连接板，清除药皮，并将两根主筋用色漆做好标记，以便引出和检查。

6）利用柱形桩基及平台钢筋作接地体：按设计图尺寸位置，找好桩基组数位置，把每组桩基四角钢筋搭接封焊，再与柱主筋（不少于两根）焊好，在室外地面以下，将主筋焊接预埋接地连接板，清除药皮，并将两根主筋用色漆做好标记，便于引出和检查。

7）接地体核验：接地体安装完毕后，及时请监理单位进行隐检核验。

3. 避雷引下线和变配电室接地干线敷设施工过程质量管理措施

1）避雷引下线暗敷设做法：首先将所需扁钢（或圆钢）用手锤（或钢筋扳子）进行调直或扳直。将调直的引下线运到安装地点，按设计要求随建筑物引上、挂好，及时将引下线的下端与接地体焊接，或与断接卡子连接。随着建筑物的逐步增高，将引下线敷设于建筑物内至屋顶并出屋面一定长度，以备与避雷网连接。

2）利用主筋作引下线时，按设计要求找出全部主筋位置，用油漆做好标记，距室外地面 0.5m 处焊接断接卡子，随钢筋逐层串联焊接至顶层，并焊接出屋面一定长度的引下线镀锌扁钢 40×4 或 φ12 的镀锌圆钢，以备与避雷网连接。

3）防雷引下线明敷设做法：引下线如为扁钢，可放在平板上用手锤调直；如为圆钢可将圆钢放开，一端固定在牢固地锚的机具上，另一端固定在绞磨（或倒链）的夹具上进行冷拉直。将调直的引下线运到安装地点。

4）将引下线用大绳提升到最高点，然后由上而下逐点固定，直至安装断接卡子处。将引下线地面以上 2m 段套上保护管，卡固、刷红白油漆；用镀锌螺栓将断接卡子与接地体连接牢固。

5）避雷引下线敷设的有关规定：暗敷在建筑物抹灰层内的引下线应有卡钉分段固定，且紧贴砌体表面；明敷的引下线应平直、无急弯，与支架焊接处应进行防腐处理。变压器室、高低开关室内的接地干线应有不少于两处与接地装置引出干线连接。当利用金属构件、金属管道作接地线时，应在构件或管道与接地干线间焊接金属跨接线。

明敷接地引下线及室内接地干线的支持件间距应均匀，水平直线部分 0.5~1.5m；垂直直线部分 1.5~3m；转弯部分 0.3~0.5m。接地线在穿越墙壁、楼板和地坪处应加套钢管或其他坚固的保护套管，钢套管应与接地线做电气连通。

6）变配电室内明敷接地干线安装应敷设位置便于检查，且不妨碍设备的拆卸与检修；当沿建筑物墙壁水平敷设时，距地面高度 250~300mm；与建筑物墙壁间的间隙 10~15mm；当接地线跨越建筑物变形缝时，设补偿装置；接地线表面沿长度方向，涂以黄色和绿色相间的条纹，每段长为 15~100mm；变压器室、高压配电室的接地干线上应设置不少于两个供临时接地用的接线柱或接地螺栓。

当电缆穿过零序电流互感器时，电缆头的接地线应通过零序电流互感器后接地；由电缆头至穿过零序电流互感器的一段电缆金属护层和接地线应对地绝缘。配电间隔和静止补偿装置的栅栏门及变配电室金属门铰链处的接地连接，应采用编织铜线。变配电室的避雷应用最短的接地线与接地干线连接。设计要求接地的幕墙金属框架和建筑物的金属门窗，应就近与接地干线连接可靠，连接处不同金属间应有防电化腐蚀措施。建筑物顶部的避雷针、避雷带等必须与顶部外露的其他金属物体连成一个整体的电气通路，且与避雷引下线连接可靠。

7）屋顶避雷针和避雷带施工过程质量控制要点：避雷针、避雷带应位置正确，焊接固定的焊缝饱满无遗漏，螺栓固定的防松零件齐全，焊接部分应有防腐措施。避雷带应平正顺直，固定点支持件间距均匀、固定可靠，每个支持件应能承受大于 49N（5kg）的垂直拉力。支持件间距应均匀，当设计无要求时，水平直线部分间距为 0.5~1.5m、垂直直线部分为 1.5~3m、转弯部分为 0.3~0.5m。

8）建筑物等电位联结施工过程质量控制要点：建筑物等电位联结干线应从与接地装置有不少于两处直接连接的接地干线或总等电位箱引出，等电位联结干线或局部等电位箱间的连接线形成环形网络，环形网络应就近与等电位联结干线或局部等电位箱连接，支线间不应串联连接。

等电位联结的线路最小允许截面积应符合表 6-1 的规定。

表 6-1　线路最小允许截面积

单位: mm²

材料	截面积	
	干线	支线
铜	16	6
钢	50	16

等电位联结的可接近裸露导体或其他金属部件、构件与支线连接应可靠。熔焊、钎焊或机械坚固应导通正常。需等电位联结的高级装修金属部件或零件，应有专用接线螺栓与等电位联结支线连接，且有标识；连接处螺帽紧固、防松零件齐全。

4. 导管敷设质量管理措施

1) 钢管壁厚均匀，焊缝均匀，无劈裂、砂眼、棱刺和凹扁现象，内壁光滑。

2) 焊接钢管需预先除锈刷防腐漆，现浇混凝土内敷设时，应除锈，内壁做防腐，外壁可不刷防腐漆。镀锌钢导管镀层覆盖完整、表面无锈斑。通丝管箍丝扣清晰、不乱扣、镀锌层完整无脱落、无劈裂，两端光滑、无毛刺。

3) 锁紧螺母（根母）外形完好无损，丝扣清晰。薄、厚管专用护口完整无损。

4) 金属灯头盒、开关盒、接线盒等，金属板壁厚不应小于1mm，承接厚度不应小于1.5mm，镀锌层无脱落，无变形开焊，敲落孔完整无缺，面板安装孔与地线焊接脚齐全，并进行机械性能抽样检测。

5) 电线导管和电缆导管的弯曲半径大于等于导管直径的10倍，弯扁度小于等于导管直径的1/10。

6) 当绝缘导管在砌体上剔槽埋设时，应采用强度等级不小于M10的水泥砂浆抹面保护，保护层厚度大于15mm。

7) 室外埋地敷设的电缆导管，埋深符合设计要求。壁厚小于等于2mm的钢管不应埋设于土壤内。

8) 室外导管的管口应设置在盒、箱内。导管的管口在落地式配电箱内、箱底无封板的，管口应高出基础面50~80mm。所有管口在穿入线缆后应做密封处理。

9）电缆导管的弯曲半径不应小于电缆最小允许弯曲半径的要求。

10）非镀锌金属导管内外壁应做防腐处理；埋设于混凝土内的导管内壁应防腐处理，外壁可不防腐处理。

11）室内进入落地式柜、台、箱、盘内的导管管口，应高出柜、台、箱、盘的基础面50~80mm。

12）暗配的导管，埋设深度与建筑物、构筑物表面的距离不应小于15mm（消防相关的导管应不小于30mm，如消防探头配管、疏散照明配管等）；明配的导管应排列整齐，固定点间距均匀，安装牢固；在终端、弯头中点或柜、台、箱、盘等边缘的距离150~500mm范围内设有管卡，中间直线段管卡间的最大距离应符合表6-2的规定。

表6-2　管卡间最大距离

敷设方式	导管种类	导管直径/mm				
		15~20	25~32	32~40	50~65	65以上
		管卡间最大距离/m				
支架或沿墙明敷	壁厚>2mm刚性钢导管	1.5	2.0	2.5	2.5	3.5
	壁厚≤2mm刚性钢导管	1.0	1.5	2.0		
	刚性绝缘导管	1.0	1.5	1.5	2.0	2.0

5. 金属、非金属绕性导管敷设质量管理措施

1）刚性导管经柔性导管与电气设备、器具连接，柔性导管的长度在动力工程中不大于0.8m，在照明工程中不大于1.2m。

2）可挠金属管或其他柔性导管与刚性导管或电气设备、器具间的连接采用专用接头；复合型可挠金属管或其他柔性导管的连接处密封良好，防水覆盖层完整无损。

3）可挠性金属导管和金属柔性导管不能做接地（PE）或接零（PEN）的连续导体。

4）导管在建筑物变形缝处，应设补偿装置。

6. 梯架、托盘和槽盒安装质量管理措施

1）梯架、托盘和槽盒的规格、型号应符合设计要求；部件齐全，表面光滑、不变形；钢制桥架涂层完整，无锈蚀，内外应光滑平整，无棱刺，无扭曲、翘边等变形现象。玻璃钢制桥架色泽均匀，无破损碎裂。铝合金桥架涂层完整，无扭曲变形，无压扁，表面无划伤。

2）梯架、托盘和槽盒：由难燃型硬聚氯乙烯工程塑料挤压成型，严禁使用非难燃型材料加工。选用塑料梯架、托盘和槽盒时，应根据设计要求选择型号、规格相应的定型产品。其敷设场所的环境温度不得低于-15℃，其氧指数不应低于27%。线槽内外应光滑无棱刺，不应有扭曲、翘边等变形现象。

3）梯架、托盘和槽盒全长不大于30m时，不应少于两处与保护导体可靠连接；全长大于30m时，每隔20~30m应增加一个连接点，起始端和终点端均应可靠接地。

4）当直线段钢制或塑料梯架、托盘和槽盒长度超过30m，铝合金或玻璃钢制梯架、托盘和槽盒长度超过15m时，应设置伸缩节；当梯架、托盘和槽盒跨越建筑物变形缝处时，应设置补偿装置。

5）梯架、托盘和槽盒支架间距均匀，固定牢固，当设计无要求时，电缆桥架水平安装的支架间距为1.5~3m；垂直安装的支架间距不大于2m。

6）梯架、托盘和槽盒与支架间及与连接板的固定螺栓应紧固无遗漏，螺母应位于梯架、托盘和槽盒外侧；当铝合金梯架、托盘和槽盒与钢支架固定时，应有相互间绝缘的防电化腐蚀措施。

7）梯架、托盘和槽盒产品包装箱内应有装箱清单、产品合格证和出厂检验报告，并按清单清点桥架或附件的规格和数量。

8）检查梯架、托盘和槽盒板材厚度应满足表6-3的要求。

表6-3 梯架、托盘和槽盒板材厚度

单位：mm

桥架宽度	允许最小厚度
<400	1.5
400~800	2.0
>800	2.5

9）梯架、托盘和槽盒外观检查：测量外形尺寸与标称型号规格是否一致。热浸镀锌梯架、托盘和槽盒镀层表面应均匀，无毛刺、过烧、挂灰、伤痕、周部未镀锌（直径 2mm 以上）等缺陷，螺纹镀层应光滑，螺栓能拧入。电镀锌的锌层表面应光滑均匀，无起皮、气泡、花斑、划伤等缺陷。喷涂应平整、光滑、均匀、不起皮、无气泡水泡。

梯架、托盘和槽盒焊缝表面均匀，无漏焊、裂纹、夹渣、烧穿、弧坑等缺陷。梯架、托盘和槽盒螺栓孔径在螺杆直径不大于 φ16 时，可比螺杆直径大 2mm。同一组内相邻两孔间距允许偏差±0.7mm，任意两孔间距允许偏差±1mm。相邻两组的端孔间距允许偏差±1.2mm。

10）梯架、托盘和槽盒全长不大于 30m 时，不应少于两处与保护导体可靠连接；全长大于 30m 时，每隔 20～30m 应增加一个伸缩节，起始端和终点端均应可靠接地。

11）非镀锌梯架、托盘和槽盒本体之间连接体的两端应跨接保护联结导体，保护联结导体的截面积应符合设计要求。

12）镀锌梯架、托盘和槽盒本体之间不跨接保护联结导体肘，连接板每端不应少于两个有防松螺帽或防松垫圈的连接固定螺栓。

13）梯架、托盘和槽盒宜敷设在易燃易爆气体管道和热力管道的下方，与各类管道的最小净距应符合表 6-4 的规定。

表6-4　梯架、托盘和槽盒与管道的最小净距

单位：m

管道类别		平行净距	交叉净距
一般工艺管道		0.4	0.3
易燃易爆气体管道		0.5	0.5
热力管道	有保温层	0.5	0.3
	无保温层	1.0	0.5

14）配线槽盒与水管同侧上下敷设时，宜安装在水管的上方；与热水管、蒸气管平行上下敷设时，应敷设在热水管、蒸气管的下方，当有困难

时，可敷设在热水管、蒸气管的上方；相互间的最小距离宜符合表6-5的
规定。

表6-5 导管或配线槽盒与热水管、蒸汽管阀的最小距离

单位：mm

导管或配线槽盒的敷设位置	管道种类	
	热水	蒸汽
在热水、蒸汽管道上面平行敷设	300	1 000
在热水、蒸汽管道下面或水平平行敷设	200	500
与热水、蒸汽管道交叉敷设	不小于其平行的净距	

注：1. 对有保温措施的热水管、蒸汽管，其最小距离不宜小于200mm；

2. 导管或配线槽盒与不含可燃及易燃易爆气体的其他管道的距离，平行交叉敷设
不应小于100mm；

3. 导管或配线槽盒与可燃及易燃易爆气体不宜平行敷设，交叉敷设处不应小
于100mm；

4. 达不到规定距离时应采取可靠有效的隔离保护措施。

15）敷设在电气竖井内穿楼板处和穿越不同防火区的梯架、托盘和槽
盒，应有防火隔墙措施。

16）敷设在电气竖井内的电缆梯架或托盘，其固定支架不应安装在固
定电缆的横担上，且每隔3~5层应设置承重支架。

17）对于敷设在室外的梯架、托盘和槽盒，当进入室内或配电箱
（柜）时应有防雨水措施，槽盒底部应有泄水孔。

18）承力建筑钢结构构件上不得熔焊支架，且不得热加工开孔。

19）水平安装的支架间距宜为1.5~3.0m，垂直安装的支架间距不应
大于2m。

20）采用金属吊架固定时，圆钢直径不得小于8mm，并应有防晃支
架，在分支处或端部0.3~0.5m处应有固定支架。

7. 导管内穿线和槽盒内敷线、塑料护套线直敷布线、钢索配线

（1）质量管理措施

1）电线、电缆的型号、规格必须符合设计要求，并有出厂合格证及
CCC认证。

2）电缆无压扁、扭曲。铠装电缆铠装无锈蚀，不松卷，无机械损伤，

无明显皱折和扭曲现象。油浸电缆应密封良好，无漏油及渗油现象。橡套及塑料电缆外皮及绝缘层无老化及裂纹。电线绝缘层完整无损，厚度均匀。耐热、阻燃的电线、电缆外护层有明显标识和制造厂标。电缆轴完好无损，同时做好进场材料检验记录。

3）按制造标准，现场抽样检测绝缘层厚度和圆形线芯的直径；线芯直径误差不大于标称直径的1%；常用的BV型绝缘电线的绝缘层厚度不小于表6-6的规定。

表6-6　BV型绝缘电线的绝缘层厚度

序号	1	2	3	4	5	6	7	8	9	10	11	12
电线芯线标称截面积/mm^2	1.5	2.5	4	6	10	16	25	35	50	70	95	120
绝缘层厚度规定值/mm	0.7	0.8	0.8	0.8	1.0	1.0	1.2	1.2	1.4	1.4	1.6	1.6

4）不同回路、不同电压和交流与直流的电线，不应穿于同一导管内；同一交流回电线应穿于同一金属导管内，且管内电线不得有接头。

5）当采用多相供电时，同一建筑物、构筑物的电线绝缘层颜色选择应一致。

6）不进入接线盒（箱）的垂直管口在穿入电线、电缆后，应密封处理。

7）槽盒敷线：电线在槽盒内应留有一定余量，且不得有接头。电线按回路编号分段绑扎，绑扎点间距不应大于2m；同一回路的相线和零线，应敷设于同一槽盒内；同一电源的不同回路无抗干扰要求的线路可敷设于同一槽盒内；敷设于同一槽盒内有抗干扰要求的线路用隔板隔离，或采用屏蔽电线且屏蔽护套一端应接地。

8）塑料护套线严禁直接敷设在建筑物顶棚内、墙体内、抹灰层内、保温层内或装饰面内。

9）塑料护套线与保护导体或不发热管道等紧贴和交叉处及穿梁、墙、楼板处等易受机械损伤的部位，应采取保护措施。

10）塑料护套线在室内沿建筑物表面水平敷设高度距地面不应小于2.5m，垂直敷设时距地面高度1.8m以下的部分应采取保护措施。

11）当塑料护套线侧弯或平弯时，其弯曲处护套和导线绝缘层均应完整无损伤，侧弯和平弯弯曲半径应分别不小于护套线宽度和厚度的 3 倍。

12）塑料护套线进入盒（箱）或与设备、器具连接，其护套层应进入盒（箱）或设备、器具内，护套层与盒（箱）入口处应密封。

13）钢索配线应采用镀锌钢索，不应采用含油芯的钢索。钢索的钢丝直径应小于 0.5mm，钢索不应有扭曲和断股等缺陷。

14）钢索与终端拉环套接处应采用心形环，固定钢索的线卡不应少于 2 个，钢索端头应用镀锌铁线绑扎紧密，且应接地（PE）或接零（PEN）可靠。

15）当钢索长度在 50m 及以下时，应在钢索一端装设花篮螺栓紧固；当钢索长度大于 50m 时，应在钢索两端装设花篮螺栓紧固。

16）钢索中间吊顶间距不应大于 12m，吊架与钢索连接处的吊钩深度不应小于 20mm，并应用防止钢索跳出的锁定零件。

17）电线和灯具在钢索上安装后，钢索应承受全部负载，且钢索表面应整洁、无锈蚀。

18）钢索配线的零件间和线间距离应符合表 6-7 的规定。

表 6-7　钢索配线的零件间和线间距离

单位：mm

配线类别	支持件之间最大距离	支持件与灯头盒之间最大距离
钢管	1 500	200
刚性绝缘导管	1 000	150
塑料护套线	200	100

19）三相或单相的交流单芯电缆，不得单独穿于钢导管内。

20）低压电线和电缆，线间和线对地间的绝缘电阻值必须大于 0.5MΩ。

21）线缆的芯线连接金具（连接管和端子），规格应与芯线的规格适配，且不得采用开口端子。

22）电线、电缆接线必须准确，并联运行电线或电缆的型号、规格、长度、相位应一致。

23）高压电力电缆直流耐压试验必须符合《电气装置安装工程电气设备交接试验标准》（GB 50150-2006）的相关规定。

24）铠装电力电缆头的接地线应采用铜绞线或镀锡铜编织线，截面积不应小于表6-8的规定。

表6-8　电缆芯线和接地线截面积

单位：mm^2

电缆芯线截面积	接地线截面积
120 及以下	16
150 及以下	25

注：电缆芯线截面积在$16mm^2$及以下，接地线截面积与电缆芯线截面积相等。

（2）槽盒敷线规定

1）电线在槽盒内应留有一定余量，且不得有接头。电线按回路编号分段绑扎，绑扎点间距不应大于2m。

2）同一回路的相线和零线，应敷设于同一槽盒内。

3）同一电源的不同回路无抗干扰要求的线路可敷设于同一槽盒内；敷设于同一槽内有抗干扰要求的线路用隔板隔离，或采用屏蔽电线且屏蔽护套一端应接地。金属电缆支架、电缆导管必须接地（PE）或接零（PEN）可靠。

（3）塑料护套线的固定

1）固定顺直、不松弛、不扭绞。

2）护套线应采用线卡固定，固定点间距应均匀、不松动，固定点间距宜为150~200mm。

3）在终端、转弯和进入盒（箱）、设备或器具等处，均应装设线卡固定，线卡距终端、转弯中点、盒（箱）、设备或器具边缘的距离宜为50~100mm。

4）塑料护套线的接头应设在明装盒（箱）或器具内，多尘场所应采

用 IP5X 等级的密闭式盒(箱),潮湿场所应采用 IPX5 等级的密闭式盒
(箱),盒(箱)的配件应齐全,固定应可靠。

5)多根塑料护套线平行敷设的间距应一致,分支和弯头处应整齐,
弯头应一致。

8. 电缆支架安装规定

1)除设计要求外,承力建筑钢结构构件上不得熔焊支架,且不得热
加工开孔。

2)当设计无要求时,电缆支架层间最小距离不应小于表 6-9 的规定,
层间净距不应小于 2 倍电缆外径加 10mm,35kV 电缆不应小于 2 倍电缆外
径 50mm。

表 6-9　电缆支架层间最小距离

单位:mm

电缆种类		支架上敷设	梯架、托盘内敷设
控制电缆明敷		120	200
电力电缆明敷	10kV 及以下电力电缆(除 6~10kV 交联聚乙烯绝缘电力电缆)	150	250
	6~10kV 交联聚乙烯绝缘电力电缆	200	300
	35kV 单芯电力电缆	250	300
	35kV 三芯电力电缆	300	350
电缆敷设在槽盒内		H+100	

3)最上层电缆支架距构筑物顶板或梁底的最小净距应满足电缆引接
至上方配电柜、台、箱、盘时电缆弯曲半径的要求,且不宜小于上表所列
数再加 80~150mm;距其他设备的最小净距不应小于 300mm,当无法满足
要求时应设置防护板。

4)当设计无要求时,最下层电缆支架距沟底、地面的最小距离不应
小于表 6-10 的规定。

表 6–10　最下层电缆支架距沟底地面的最小净距

单位：mm

电缆敷设场所及其特征		垂直净距
电缆沟		50
隧道		100
电缆夹层	非通道处	200
	至少在一侧不小于800mm 宽通道处	1 400
公共廊道中电缆支架无围栏防护		1 500
室内机房或活动区间		2 000
室外	无车辆通过	2 500
	有车辆通过	4 500
屋面		200

5）当支架与预埋件焊接固定时，焊缝应饱满；当采用膨胀螺栓固定时，螺栓应适配、连接紧固、防松零件齐全，支架安装应牢固、无明显扭曲。

6）金属支架应进行防腐，位于室外及潮湿场所的应按设计要求做处理。

9. 电缆敷设固定应符合下列规定

1）电缆的敷设排列应顺直、整齐，并宜少交叉。

2）电缆转弯处的最小弯曲半径应符合表 6–11 的规定。

表 6–11　电缆敷设转弯处的最小允许弯曲半径

序号	电缆种类	最小允许弯曲半径
1	无铅包钢铠护套的橡皮绝缘电力电缆	10D
2	有钢铠护套的橡皮绝缘电力电缆	20D
3	聚氯乙烯绝缘电力电缆	10D
4	交联聚氯乙烯绝缘电力电缆	15D
5	多芯控制电缆	10D

注：D 为电缆外径。

3）在电缆沟或电气竖井内垂直敷设或大于45°倾斜敷设的电缆应在每个支架上固定。

4)在梯架、托盘或槽盒内大于45°倾斜敷设的电缆应每隔2m固定，水平敷设的电缆，首尾两端、转弯两侧及每隔5~10m处应设固定点。

5)当设计无要求时，电缆支持点间距不应大于表6-12的规定。

表6-12 电缆支持点间距

单位：mm

电缆种类		电缆外径	敷设方式	
			水平	垂直
电力电缆	全塑型		400	1 000
	除全塑型外的中低压电缆		800	1 500
	35kV 高压电缆		1 500	2 000
	铝合金带联锁铠装的铝合金电缆		1 800	1 800
控制电缆			800	1 000
矿物绝缘电缆		<9	600	800
		9，且<15	900	1 200
		15，且<20	1 500	2 000
		20	2 000	2 500

6)当设计无要求时，电缆与管道的最小净距应符合表6-13的规定。

表6-13 电缆与管道的最小净距

单位：m

管道类别		平行净距	交叉净距
一般工艺管道		0.4	0.3
易燃易爆气体管道		0.5	0.5
热力管道	有保温层	0.5	0.3
	无保温层	1.0	0.5

7)无挤塑外护层电缆金属护套与金属支（吊）架直接接触的部位应采取防电化腐蚀的措施。

8)电缆出入电缆沟，电气竖井，建筑物，配电（控制）柜、台、箱处以及管子管口处等部位应采取防火或密封措施。

9)电缆出入电缆梯架、托盘、槽盒及配电（控制）柜、台、箱、盘处应固定。

10）当电缆通过墙、楼板或室外敷设穿导管保护时，导管的内径不应小于电缆外径的 1.5 倍。

11）敷设电缆的电缆沟和竖井，按设计要求位置，有防火墙堵措施，电缆的首端、末端和分支处应设标志牌。

10. 母线槽安装

（1）母线槽安装的基本要求

1）母线槽应有产品合格证、材质证明及技术文件。技术文件应包括额定电压、额定容量、试验报告等技术数据。型号、规格、电压等级应符合设计要求。观感良好，并有材料进场检验记录。

2）母线槽表面应光洁平整，不应有裂纹、折皱、夹杂物及变形和扭曲现象。

3）母线槽防潮密封良好，各段编号标志清晰，附件齐全，外壳不变形，母线槽螺栓搭接面平整、镀层覆盖完整、无起皮和麻面；静触头无缺损、表面光滑、镀层完整。

4）裸母线槽包装完好，裸母线槽平直，表面无明显划痕，测量厚度和宽度符合制造标准。

5）绝缘材料的型号、规格、电压等级应符合设计的要求。外观无损伤及裂纹，绝缘良好。

6）金属紧固件及卡具，均应采用热镀锌产品。

7）连接螺栓两侧应有平垫圈，相邻垫圈间应有大于 3mm 的间隙，螺母侧应装有弹簧垫圈或锁紧螺母。

（2）母线槽安装的规定

1）母线槽不宜安装在水管正下方。

2）母线槽应与外壳同心，允许偏差应为 ±5mm。

3）当母线槽段与段连接时，两相邻段母线及外壳宜对准，相序应正确，连接后不应使母线及外壳受额外应力。

4）母线槽的连接方法应符合产品技术文件要求。

5）母线槽连接用部件的防护等级应与母线槽本体的防护等级一致。

6）低压母线槽绝缘电阻值不应小于 0.5MD。

7)检查分接单元插入时,接地触头应先于相线触头接触,且触头连接紧密;退出时,接地触头应后于相线触头脱开。

8)检查母线槽与配电柜、电气设备的接线相序应一致。

9)母线槽与母线槽、母线槽与电器接线端子搭接,搭接面的处理:铜与铜:当处于室外或高温且潮湿的室内时,搭接面应搪锡或镀银,干燥的室内可不搪锡、不镀银;铝与铝:可直接搭接;钢与钢:搭接面应搪锡或镀银;铜与铝:在干燥的室内铜导体搭接面应搪锡;在潮湿场所铜导体搭接面应搪锡或镀银,且应采用铜铝过渡连接;钢与铜或铝与钢搭接面应镀银或搪锡。

10)水平或垂直敷设的母线槽固定点应每段设置一个,且每层不得少于一个支架,其间距应符合产品技术文件的要求,距拐弯 0.4~0.6m 处应设置支架,固定点位置不应设置在母线槽的连接处或分接单元处。

11)母线槽段与段的连接口不应设置在穿越楼板或墙体处,垂直穿越楼板处应设置与建(构)筑物固定的专用部件支座,其孔洞四周应设置高度为 50mm 及以上的防水台,并应采取防火封堵措施。

12)母线槽跨越建筑物变形缝处时,应设置补偿装置;母线槽直线敷设长度超过 80m,每 50~60m 宜设置伸缩节。

13)母线槽直线段安装应平直,水平度与垂直度偏差不宜大于 1.5‰,全长最大偏差不宜大于 20mm;照明用母线槽水平偏差全长不应大于 5mm,垂直偏差不应大于 10mm。

14)外壳与底座间、外壳各连接部位及母线的连接螺栓应按产品技术文件要求选择正确、连接紧固。

15)母线槽上无插接部件的接插口及母线端部应采用专用的封板封堵完好。

16)母线槽与各类管道平行或交叉的净距应符合规定。

(3)母线槽安装质量管理措施

母线槽安装作业条件:对土建要求屋顶不漏水,墙面喷浆完毕,场地清理干净,并有一定的加工场所;高空作业脚手架搭设完毕并验收合格;门窗及锁具齐全;电气设备安装完毕,检验合格;预留孔洞及预埋件尺寸、强度均符合设计要求。施工图及技术资料齐全;母线槽安装部位的建筑、装饰工程全部结束；其他专业管道、设备安装基本完毕，扫尾工作不影响安装母线。

1）母钱槽的金属外壳等外露可导电部分应与保护导体可靠连接，并应符合规定。

2）每段母线槽的金属外壳间应连接可靠，且母线槽全长与保护导体可靠连接不应少于两处。

3）连接导体的材质、截面积应符合设计要求。

4）母线槽与母线槽或母线槽与电器接线端子采用螺栓搭接连接时，应符合表6-14和表6-15规定。

表6-14　母线槽螺栓搭接尺寸

搭接形式	类别	序号	连接尺寸			钻孔要求		螺栓规格
			b_1	b_2	a	Φmm	个数	
	直线连接	1	125	125	b_1 或 b_2	21	4	M20
		2	100	100	b_1 或 b_2	17	4	M16
		3	80	80	b_1 或 b_2	13	4	M12
		4	63	63	b_1 或 b_2	11	4	M10
		5	50	50	b_1 或 b_2	9	4	M8
		6	45	45	b_1 或 b_2	9	4	M8
	直线连接	7	40	40	80	13	2	M12
		8	31.5	31.5	63	11	2	M10
		9	25	25	50	9	2	M8
	垂直连接	10	125	125		21	4	M20
		11	125	100~80		17	4	M16
		12	125	63		13	4	M12
		13	100	100~80		17	4	M16
		14	80	80~63		13	4	M12
		15	63	63~50		11	4	M10
		16	50	50		9	4	M8
		17	45	45		9	4	M8

搭接形式	类别	序号	连接尺寸			钻孔要求		螺栓规格
			b_1	b_2	a	Φmm	个数	
	垂直连接	18	125	50~40		17	2	M16
		19	100	63~40		17	2	M16
		20	80	63~40		15	2	M14
		21	63	50~40		13	2	M12
		22	50	45~40		11	2	M10
		23	63	31.5~25		11	2	M10
		24	50	31.5~25		9	2	M8
	垂直连接	25	125	31.5~25	60	11	2	M10
		26	100	31.5~25	50	9	2	M8
		27	80	31.5~25	50	9	2	M8
	垂直连接	28	40	40~31.5		13	1	M12
		29	40	25		11	1	M10
		30	31.5	31.5~25		11	1	M10
		31	25	22		9	1	M8

表6-15　母线搭接螺栓的拧紧力矩

序号	螺栓规格	力矩值/N·m
1	M8	8.8~10.8
2	M10	17.7~22.6
3	M12	31.4~39.2
4	M14	51.0~60.8
5	M16	78.5~98.1
6	M18	98.0~127.4
7	M20	156.9~196.2
8	M24	274.6~343.2

5) 母线槽接触面保持清洁，涂电力复合脂，螺栓孔周边无毛刺。

6) 连接螺栓两侧有平垫圈，相邻垫圈间有大于3mm的间隙，螺母侧装有弹簧垫圈或锁紧螺母。

7）螺栓受力均匀，使电器的接线端子不受额外应力。

8）母线槽的相序排列及涂色，当设计无要求时应符合：对于上、下布置的交流母线槽，由上至下或由下至上排列应分别为Ll、L2、L3，直流母线应正极在上、负极在下；对于水平布置的交流母线槽，由柜后向柜前或由柜前向柜后排列应分别为Ll、L2、L3，直流母线槽应正极在后、负极在前；对于面对引下线的交流母线，由左至右排列应分别为Ll、L2、L3；直流母线槽应正极在左、负极在右；对于母线槽的涂色，交流母线Ll、L2、L3应分别为黄色、绿色和红色，中性导体应为淡蓝色；直流母线槽应正极为赭色、负极为蓝色；保护接地导体PE应为黄—绿双色组合色，保护中性导体（PEN）应为全长黄—绿双色、终端用淡蓝色或全长淡蓝色、终端用黄—绿双色；在连接处或支持件边缘两侧10mm以内不应涂色。

11. 开关、插座、吊扇、壁扇安装

开关、插座、吊扇、壁扇的规格型号必须符合设计要求，并有产品合格证和CCC认证标志，防爆产品有防爆合格证号，实行安全认证制度的产品有安全认证标志。对开关、插座的电气和机械性能进行现场抽样检测。

（1）开关安装应符合下列规定

1）同一建（构）筑物的开关宜采用同一系列的产品，单控开关的通断位置应一致，且应操作灵活、接触可靠；

2）相线应经开关控制；

3）紫外线杀菌灯的开关应有明显标识，并应与普通照明开关的位置分开。

（2）开关安装质量管理措施

1）开关的接线：相线应经开关控制。接线时应仔细辨认，识别导线的相线与零线，严格做到控制（即分断或接通）电源相线，应使开关断开后灯具上不带电。

扳把开关通常有两个静触点，分别由两个接线桩连接；连接时除应把相线接到开关上外，应接成扳把向上为开灯，扳把向下为关灯。接线时不可接反，否则维修灯具时，易造成意外的触电或短路事故。接线后将开关芯固定在开关盒上，将扳把上的白点（红点）标记朝下面安装；开关的扳把必须安正,不得卡在盖板上;盖板与开关芯用机螺丝固定牢固,盖板应紧贴建筑物表面。

双联及以上的暗扳把开关,每一联即为一个单独的开关,能分别控制一盏电灯。接线时,应将相线连接好,分别接到开关上动触点连通的接线桩上,而将开关线接到开关静触点的接线桩上。

2)开关安装:暗装的开关应采用专用盒。专用盒的四周不应有空隙,盖板应端正,并应紧贴墙面安装牢固,表面光滑整洁,无碎裂、划伤等缺陷,且装饰帽齐全。

3)照明开关安装注意事项:同一建筑、构筑物的开关采用同一系列的产品,开关的通断位置应一致,操作灵活、接触可靠;开关安装位置便于操作,当设计无要求时,开关边缘距门框边缘的距离 0.15~0.2m,开关距地面高度 1.3m;拉线开关距地面高度 2~3m,层高小于 3m 时,拉线开关距顶板不小于 100mm,拉线出口垂直向下。

相同型号并列安装及同一室内开关安装高度一致,且控制有序不错位。并列安装的拉线开关的相邻间距不小于 20mm。

(3)插座安装应符合下列规定

1)当交流、直流或不同电压等级的插座安装在同一场所时,应有明显的区别(如尺寸大小不同或有标记),且必须选择不同规格和不能互换的插座;配套的插头应按交流、直流或不同电压等级对应选择。

2)同一室内相同规格并列安装的插座高度应一致。

3)当不采用安全型插座时,托儿所、幼儿园及小学等儿童活动场所安装高度不小于 1.8m。

4)作为有触电危险的家用电器的电源,应采用能断开电源的带开关插座,开关应断开相线。

5)潮湿场所采用密封型并带保护地线触头的保护型插座,安装高度不低于 1.5m。

6)车间及试(实)验室的插座安装高度距地面不小于 0.3m;特殊场所暗装的插座安装高度距地面不小于 0.15m。

(4)插座安装质量管理措施

1)插座质量材料控制要点:规格、型号必须符合设计要求,并有产品合格证和 CCC 认证标志,实行安全认证制度的产品有安全认证标志。插座面板及接线盒盒体完整、无碎裂,零件齐全。

2）插座安装质量控制要点:清理盒子,即安装插座前要将预埋插座盒内的锯末清理干净,并将盒内生锈的地方补刷防锈漆,盒子缺少耳朵的地方要将耳朵补齐。要求土建在墙上弹出 1 米线,将标高偏差超出规范要求的预埋盒整改完毕,并加装盒套。

插座的接线,应符合以下要求:单相二孔插座,面对插座的右侧一端接相线,左侧一端接零线。单相三孔和三相四孔插座的接地或接零均应在插座的上侧孔。插座的接地端子不应与零线端子直接连接。同一场所的三相插座,其接线的相位必须一致。接地(PE)或接零(PEN)线在插座间不串联连接。

插座安装:明装插座必须安装在塑料台上,位置应垂直端正,用木螺丝固定牢固。暗装插座应用专用盒,盖板应端正,紧贴墙面四周无缝隙,且平正不歪斜,安装牢固,插座表面光滑整洁,无碎裂、划伤等缺陷,装饰帽应齐全。地插座面板与地面齐平或紧贴地面,盖板固定牢固,密封良好。常规家用电器的插座,单相者用三孔插座,三相者用四孔插座,其中一孔应与保护零线紧密连接,插座回路应单独设漏电保护装置。

（5）吊扇安装应符合下列规定

1）吊扇挂钩安装应牢固,吊扇挂钩的直径不应小于吊扇挂销直径,且不应小于 8mm;挂钩销钉应有防振橡胶垫;挂销的防松零件应齐全、可靠。

2）吊扇扇叶距地高度不应小于 2.5m。

3）吊扇组装不应改变扇叶角度,扇叶的固定螺栓防松零件应齐全。

4）吊杆间、吊杆与电机间蝶、纹连接,其啮合长度不应小于 20mm,且防松零件应齐全紧固。

5）吊扇应接线正确,运转时扇叶应无明显颤动和异常声响。

6）吊扇开关安装标高应符合设计要求。

（6）壁扇安装应符合下列规定

1）壁扇底座应采用膨胀螺栓或焊接固定,固定应牢固可靠;膨胀螺栓的数量不应少于 3 个,且直径不应小于 8mm。

2）防护罩应扣紧、固定可靠，当运转时扇叶和防护罩应无明显颤动和异常声响。

（7）吊扇、壁扇安装质量管理措施

1）清理盒子：安装插座前要将预埋插座盒内的锯末清理干净，并将盒内生锈的地方补刷防锈漆，盒子缺少耳朵的地方要将耳朵补齐。

2）要求土建在墙上弹出 1 米线，将标高偏差超出规范要求的预埋盒整改完毕，并加装盒套。

3）吊扇的组装和安装要求：严禁改变扇叶角度；扇叶的固定螺钉应有防松装置；吊杆之间，吊杆与电机之间，螺纹连接的啮合长度不得小于 20mm，并且必须有防松装置。将吊扇托起，并把预埋的吊钩将吊扇的耳环挂牢。然后接好电源结头，注意多股软铜导线盘圈刷锡后进行包扎严密，向上推起吊杆上的扣碗，将结头扣于其内，紧贴建筑物表面，拧紧固定螺丝。

12. 灯具安装

灯具的型号、规格必须符合设计要求和国家标准的规定；配件齐全，无机械损伤、变形、油漆剥落、灯罩破裂和灯箱歪翘等现象，各种型号的照明灯具应有出厂合格证、CCC 认证标志和认证证书复印件。

（1）灯具的外形、灯头及其接线应符合下列规定

1）灯具及其配件应齐全，不应有机械损伤、变形、涂层剥落和灯罩破裂等缺陷。

2）软线吊灯的软线两端应做保护扣，两端线芯应搪锡；当装升降器时，应采用安全灯头。

3）除敞开式灯具外，其他各类容量在 100W 及以上的灯具，引入线应采用瓷管、矿棉等不燃材料做隔热保护。

4）连接灯具的软线应盘扣、搪锡压线，当采用螺口灯头时，相线应接于螺口灯头中间的端子上。

5）灯座的绝缘外壳不应破损和漏电；带有开关的灯座，开关手柄应无裸露的金属部分。

6）灯具表面及其附件的高温部位靠近可燃物时，应采取隔热、散热等防火保护措施。

7）高低压配电设备、裸母线及电梯曳引机的正上方不应安装灯具。

8）露天安装的灯具应有泄水孔，且泄水孔应设置在灯具腔体的底部。灯具及其附件、紧固件、底座和与其相连的导管、接线盒等应有防腐蚀和防水措施。

（2）庭院灯、建筑物附属路灯安装应符合下列规定

1）灯具与基础固定应可靠，地脚螺栓备帽应齐全；灯具接线盒应采用防护等级不小于 IPX5 的防水接线盒，盒盖防水密封垫应齐全、完整。

2）灯具的电器保护装置应齐全，规格应与灯具适配。

3）灯杆的检修门应采取防水措施，且闭锁防盗装置完好。

4）立柱式路灯、落地式路灯、特种园艺灯等灯具与基础固定可靠，地脚螺栓备帽齐全。灯具的接线盒或熔断器盒盒盖的防水密封垫完整、有效。

5）金属立柱及灯具可接近裸露导体接地（PE）或接零（PEN）可靠。接地线单设干线，干线沿庭院灯布置位置形成环网状，且不少于两处与接地装置引出线连接。由干线引出支线与金属灯柱及灯具的接地端子连接，且有标识。

6）架空线路电杆上的路灯，固定可靠，紧固件齐全、拧紧，灯位正确；每套灯具配有熔断器保护。

7）安装在公共场所的大型灯具的玻璃罩，应采取防止玻璃罩向下溅落的措施。

（3）悬吊式灯具安装应符合下列规定

1）带升降器的软线吊灯在吊线展开后，灯具下沿应高于工作台面 0.3m。

2）质量大于 0.5kg 的软线吊灯，灯具的电源线不应受力。

3）质量大于 3kg 的悬吊灯具，固定在螺栓或预埋吊钩上，螺栓或预埋吊钩的直径不应小于灯具挂销直径，且不应小于 6mm。

4）当采用铜管作灯具吊杆时，其内径不应小于 10mm，壁厚不应小于 1.5mm。

5）灯具与固定装置及灯具连接件之间采用螺纹连接的，螺纹丝扣数不应少于 5 扣。

6)吸顶或墙面上的灯具安装,其固定用的螺栓或螺钉不应少于两个,灯具应紧贴饰面。

由接线盒引至嵌入式灯具或槽灯的绝缘导线应采用柔性导管保护,不得裸露,且不应在灯槽内明敷;柔性导管与灯具壳体应采用专用接头连接。

(4)普通灯具的I类灯具安装规定

外露可导电部分必须采用铜芯软导线与保护导体可靠连接,连接处应设置接地标识,铜芯软导线的截面积应与进入灯具的电源线截面积相同。

除采用安全电压以外,当设计无要求时,敞开式灯具的灯头对地面距离应大于 2.5m。

(5)埋地灯安装应符合下列规定

1)埋地灯的防护等级应符合设计要求;

2)埋地灯的接线盒应采用防护等级为 IPX7 的防水接线盒,盒内绝缘导线接头应做防水绝缘处理。

(6)LED 灯具安装应符合下列规定

1)灯具安装应牢固可靠,饰面不应使用胶类粘贴。

2)灯具安装位置应有较好的散热条件,且不宜安装在潮湿场所。

3)灯具用的金属防水接头密封圈应齐全、完好。

4)灯具的驱动电源、电子控制装置室外安装时,应置于金属箱(盒)内;金属箱(盒)的 IP 防护等级和散热应符合设计要求,驱动电源的极性标记应清晰、完整。

5)室外灯具配线管路应按明配管敷设,且应具备防雨功能,IP 防护等级应符合设计要求。

(7)建筑物景观照明灯具安装应符合下列规定

1)在人行道等人员来往密集场所安装的落地式灯具,当无围栏防护时,灯具距地面高度应大于 2.5m。

2)金属构架及金属保护管应分别与保护导体采用焊接或螺栓连接,连接处应设置接地标识。

(8)航空障碍标志灯安装应符合下列规定

1)灯具安装应牢固可靠,且应有维修和更换光源的措施。

2）当灯具在烟囱顶上装设时，应安装在低于烟囱口 1.5~3m 的部位且应呈正三角形水平排列。

3）对于安装在屋面接闪器保护范围以外的灯具，当需设置接闪器时，其接闪器应与屋面接闪器可靠连接。

4）灯具装设在建筑物或构筑物的最高部位，当最高部位平面面积较大或为建筑群时，除在最高端装设外，还应在其外侧转角的顶端分别装设。

5）灯具的选型根据安装高度决定。低光强的（距地面 60m 以下装设时采用）为红色光，其有效光强大于 1 600cd；高光强的（距地面 150m 以上装设时采用）为白色光，有效光强随背景亮度而定。

6）灯具的电源按主体建筑中最高负荷等级要求供电。

7）灯具安装牢固可靠，且设置维修和更换光源的措施。

8）同一建筑物或建筑群灯具间的水平、垂直距离不大于 45m。

9）灯具的自动通、断电源控制装置动作准确。

（9）游泳池和类似场所灯具（水下灯及防水灯具）安装应符合下列规定

1）当引入灯具的电源采用导管保护时，应采用塑料导管。

2）固定在水池构筑物上的所有金属部件应与保护联结导体可靠连接，并应设置标识。

（10）手术台无影灯安装应符合下列规定

1）固定灯座的螺栓数量不应少于灯具法兰底座上的固定孔数，且螺栓直径应与底座孔径相适配；螺栓应采用双螺母锁固。

2）无影灯的固定装置按 GB 50303—2015 第 18.1.1 条第 2 款进行均布载荷试验外，尚应符合产品技术文件的要求。

（11）应急照明灯具安装应符合下列规定

1）消防应急照明园路的设置除应符合设计要求外，尚应符合防火分区设置的要求，穿越不同防火分区时应采取防火隔堵措施。

2）对于应急灯具和运行中温度大于 60℃ 的灯具，当靠近可燃物时，应采取隔热、散热等防火措施。

3）EPS 供电的应急灯具安装完毕后，应检验 EPS 供电运行的最少持续供电时间，并应符合设计要求。

4）安全出口指示标志灯设置应符合设计要求。

5）疏散指示标志灯安装高度及设置部位应符合设计要求。

6）疏散指示标志灯的设置不应影响正常通行，且不应在其周围设置容易混同疏散标志灯的其他标志牌等。

7）疏散指示标志灯工作应正常，并应符合设计要求。

8）消防应急照明线路在非燃烧体内穿钢导管暗敷时，暗敷钢导管保护层厚度不应小于30mm。

（12）霓虹灯安装应符合下列规定

1）霓虹灯管应完好、无破裂。

2）灯管应采用专用的绝缘支架固定，且牢固可靠；灯管固定后，与建（构）筑物表面的距离不宜小于20mm。

3）霓虹灯专用变压器应为双绕组式，所供灯管长度不应大于允许负载长度，露天安装的应采取防雨措施。

4）霓虹灯专用变压器的二次侧和灯管间的连接线应采用额定电压大于15kV的高压绝缘导线，导线连接应牢固，防护措施应完好；高压绝缘导线与附着物表面的距离不应小于20mm。

（13）太阳能灯具安装应符合下列规定

1）太阳能灯具与基础固定应可靠，地脚螺栓有防松措施，灯具接线盒盖的防水密封垫应齐全、完整；

2）灯具表面应平整光洁、色泽均匀，不应有明显的裂纹、划痕、缺损、锈蚀及变形等缺陷。

（14）高压镝灯、金属卤化物灯安装应符合下列规定

1）光源及附件应与镇流器、触发器和限流器配套使用，触发器与灯具本体的距离应符合产品技术文件的要求；

2）电源线应经接线柱连接，不应使电源线靠近灯具表面。

（15）灯具安装质量管理措施

1）36V及以下行灯变压器和行灯安装必须符合以下规定：行灯电压不大于36V，在特殊潮湿场所或导电良好的地面上以及工作地点狭窄、行动不便的场所行灯电压不大于12V；行灯的变压器外壳、铁芯和低压侧的

任意一端或中性点应接地（PE）或接零（PEN）可靠；行灯变压器为双圈变压器，其电源侧和负荷侧有熔断器保护，熔丝额定电流分别不应大于变压器一次、二次的额定电流；行灯灯体及手柄应绝缘良好、坚固、耐热、耐潮湿；灯头与灯体结合紧固，灯头无开关，灯泡外部有金属保护网、反光罩及悬吊挂钩，挂钩固定在灯具的绝缘手柄上。

2）引向单个灯具的绝缘导线截面积应与灯具功率相匹配，绝缘铜芯导线的线芯截面积不应小于 $1mm^2$。灯具及其配件应齐全，不应有机械损伤、变形、涂层剥落和灯罩破裂等缺陷；软线吊灯的软线两端应做保护扣，线芯应搪锡；当装升降器时，应采用安全灯头；除敞开式灯具外，其他各类容量在 100W 及以上的灯具，引入线应采用瓷管、矿棉等不燃材料做隔热保护。

3）连接灯具的软线应盘扣、搪锡压线，当采用螺口灯头时，相线应接于螺口灯头中间的端子上；灯座的绝缘外壳不应破损和漏电；带有开关的灯座，开关手柄应无裸露的金属部分。灯具表面及其附件的高温部位靠近可燃物时，应采取隔热、散热等防火保护措施。高低压配电设备、裸母线及电梯曳引机的正上方不应安装灯具。投光灯的底座及支架应牢固，枢轴应沿需要的光轴方向拧紧固定。

4）聚光灯和类似灯具出光口面与被照物体的最短距离应符合产品技术文件要求。

导轨灯的灯具功率和载荷应与导轨额定载流量和最大允许载荷相适配。

露天安装的灯具应有泄水孔，且泄水孔应设置在灯具腔体的底部；灯具及其附件、紧固件、底座和与其相连的导管、接线盒等应有防腐蚀和防水措施。

安装于槽盒底部的荧光灯具应紧贴槽盒底部，并应固定牢固。

13. 照明通电试运行

（1）照明通电试运行应符合下列规定

1）照明系统通电，灯具回路控制应与照明配电箱及回路的标识一致；开关与灯具控制顺序相对应。

2）公用建筑照明系统通电连续试运行时间为24h，民用住宅照明系统为8h。所有照明灯具均应开启，且每2h记录运行状态1次，连续试运行时间内无故障。

（2）照明通电试运行质量管理措施

1）电线绝缘电阻测试前电线的接续完成；

2）照明箱（盘）、灯具、开关、插座的绝缘电阻测试在就位前或接线前完成；

3）备用电源或事故照明电源作空载自动投切试验前拆除负荷，空载自动投切实验合格，才能做有载自动投切试验；

4）电气器具及线路绝缘电阻测试合格，才能通电试验；

5）照明全负荷试验必须在本条的1、2、4完成后进行。

14. 不间断电源安装

（1）不间断电源安装应符合下列规定

1）不间断电源设备标称容量、型号等参数均应符合设计要求，合格证和随带技术文件齐全，产品有许可证编号和安全认证标志。不间断电源柜有出厂试验记录；外观有铭牌，柜内元器件无损坏丢失、接线无脱落焊，蓄电池柜内电池壳体无碎裂、漏液，充油、充气设备无泄漏，涂层完整，无明显碰撞凹陷。

2）不间断电源的整流装置、逆变装置和静态开关装置的规格、型号符合设计要求。内部结线连接正确，紧固件齐全，可靠不松动，焊接连接无脱落现象。

3）不间断电源的输入、输出各级保护系统和输出的电压稳定性、波形畸变系数、频率、相位、静态开关的动作等各项技术性能指标试验调整必须符合产品技术文件要求，且符合设计文件要求。

4）不间断电源装置间连线的线间、线对地间绝缘电阻值应大于0.5MΩ。

5）安放不间断电源的机架组装应横平竖直，紧固件齐全，水平度、垂直度允许偏差不应大于1.5‰。

6）引入或引出不间断电源装置的主回路电线、电缆和控制电线、电缆应分别穿保护管敷设，在电缆支架上或在梯架、托盘和线槽内平行敷设时，其分隔间距应符合设计要求；电线、电缆的屏蔽护套接地可靠，与接地干线就近连接，紧固件齐全。

7）不间断电源正常运行时产生的 A 声级噪声应符合产品技术文件要求。

8）由接地装置引来的接地干线敷设到位。

（2）不间断电源安装工程质量管理措施

1）设备开箱检查应由建设单位、监理单位、供货单位及施工单位代表共同进行，并做好开箱检查记录。

2）按照设备清单核对设备及零备件，应符合图纸要求，完好无损。制造厂的有关技术文件齐全。

3）设备、附件的型号、规格必须符合设计要求，附件应齐全，部件完好无损。

4）不间断电源安装应按设计图纸及有关技术文件进行施工。

5）不间断电源安装应平稳，间距均匀，同一排列的不间断电源应高低一致、排列整齐。

6）UPS 的输入端、输出端对地间绝缘电阻值不应小于 2MΩ。

7）UPS 及 EPS 连线及出线的线间、线对地间绝缘电阻值不应小于 0.5MΩ。

8）应有防震技术措施，并应牢固可靠。

15. 成套配电柜、控制柜（屏、台）和动力、照明配电箱（盘）安装

（1）相关规定

1）建筑电气工程中安装的高压成套配电柜、控制柜（屏、台）应有出厂合格证、生产许可证和试验记录。低压成套配电柜、动力、照明配电箱（盘、柜）除上述质量证明文件外，还应有 CCC 认证标志及认证证书复印件。

2）动力、照明配电箱、低压柜，不同厂家、不同规格的出厂合格证应各备一张。低压进线冗接箱或分支柜，多层进户分界开关柜，不同厂家、不同规格的合格证应各备一张。

3）产品进场后先进行外观检查，箱体应有一定的机械强度，周边平整无损伤，油漆无脱落。然后进行开箱检验，箱内各种器具应安装牢固，导线排列整齐，压接牢固，二层底板厚度不小于 1.5mm。各种断路器进行外观检验、调整及操作试验。

4）配电箱不应采用可燃材料制作；在干燥无尘的场所，采用的木制配电箱应经阻燃处理。

5）镀锌制品（支架、横担、接地极、避雷用型钢等）和外线金具应有出厂合格证和镀锌质量证明书。

6）柜、台、箱的金属框架及基础型钢应与保护导体可靠连接；对于装有电器的可开启门，门和金属框架的接地端子间应选用截面积不小于 $4mm^2$ 的黄绿色绝缘铜芯软导线连接，并应有标识。

7）高压成套配电柜继电保护元器件、逻辑元件、变送器和控制用计算机等单体校验应合格，整组试验动作正确，整定参数符合设计要求，并有记录。

8）对于低压成套配电柜、箱及控制柜（台、箱）间线路的线间和线对地间绝缘电阻值，馈电线路不应小于 $0.5M\Omega$，二次回路不应小于 $1M\Omega$；二次回路的耐压试验电压应为 1 000V，当回路绝缘电阻值大于 $10M\Omega$ 时，应采用 2 500V 兆欧表代替，试验持续时间符合产品技术文件要求。

9）柜、屏、台、箱、盘安装垂直度允许偏差为 1.5‰，相互间接缝不应大于 2mm，成列盘面偏差不应大于 5mm。

10）柜、台、箱、盘等配电装置应有可靠的防电击保护；装置内保护接地导体（PE）排应有裸露的连接外部保护接地导体的端子，并应可靠连接。当设计未做要求时，连接导体最小截面积应符合现行国家标准《低压配电设计规范》GB 50054 的规定，见表6-16。

表6-16　保护导体的最小截面积

单位：mm^2

相线的截面积 S	相应保护导体的最小截面积 Sp
S≤16	S
16<S≤35	16
35<S≤400	S/2
400<S≤800	200
S>800	S/4

注：S 指柜（屏、台、箱、盘）电源进线相线截面积，且 S、Sp 材质相同。

11）手车、抽出式成套配电柜推拉应灵活，无卡阻碰撞现象。动触头与静触头的中心线应一致，且触头接触紧密。投入时，接地触头先于主触头接触；退出时，接地触头后于主触头脱开。

12）高压成套配电柜继电保护元器件、逻辑元件、变送器和控制用计算机等单体校验应合格，整组试验动作正确，整定参数符合设计要求。

13）柜、屏、台、箱、盘间线路的线间和线对地间绝缘电阻值，馈电线路必须大于0.5MΩ；二次回路必须大于1MΩ。

14）柜、屏、台、箱、盘间二次回路交流工频耐压试验，当绝缘电阻值大于10MΩ时，用2 500V兆欧表摇测1min，应无闪络击穿现象；当绝缘电阻值在1~10MΩ时，做1 000V交流工频耐压试验，时间1min，应无闪络击穿现象。

15）直流柜试验，应将屏内电子器件从线路上退出，主回路线间和线对地间绝缘电阻值应大于0.5MΩ，直流屏所附蓄电池组的充、放电应符合产品技术文件要求；整流器的控制调整和输出特性试验应符合产品技术文件要求。

16）基础型钢安装应符合表6-17的规定。

表6-17 基础型钢安装允许偏差

项目	允许偏差	
	mm/m	mm/全长
不直度	1	5
水平度	1	5
不平行度	/	5

17）柜、屏、台、箱、盘相互间或与基础型钢应用镀锌螺栓连接，且防松零件齐全。

18）柜、屏、台、箱、盘安装垂直度允许偏差为1.5‰，相互间接缝不应大于2mm，成列盘面偏差不应大于5mm。

19）柜、屏、台、箱、盘控制开关及保护装置的规格、型号符合设计要求；闭锁装置动作准确、可靠；主开关的辅助开关切换动作与主开关动作一致；柜、屏、台、箱、盘上的标识器件标明被控设备编号及名称，或操作位置，接线端子有编号，且清晰、工整、不易脱色。回路中的电子元件不应参加交流工频耐压试验；50V 及以下回路可不做交流工频耐压试验。

20）低压电器组合发热元件安装在散热良好的位置；熔断器的熔体规格、自动开关的整定值符合设计要求；切换压板接触良好，相邻压板间有安全距离，切换时，不触及相邻的压板；信号回路的信号灯、按钮、光字牌、电铃、电笛、事故电钟等动作和信号显示准确；外壳需接地（PE）或接零（PEN）的，连接可靠；端子排安装牢固，端子有序号，强电、弱电端子隔离布置，端子规格与芯线截面积大小适配。

21）柜、台、箱、盘间配线：电流回路应采用额定电压不低于 750V、芯线截面积不小于 $2.5mm^2$ 的铜芯绝缘电线或电缆；除电子元件回路或类似回路外，其他回路的电线应采用额定电压不低于 750V、芯线截面不小于 $1.5mm^2$ 的铜芯绝缘电线或电缆。二次回路连线应成束绑扎，不同电压等级、交流、直流线路及计算机控制线路应分别绑扎，且有标识；固定后不应妨碍手车开关或抽出式部件的拉出或推入。

22）连接柜、台、箱、盘面板上的电器及控制台、板等可动部位的电线应采用多股铜芯软电线，敷设长度留有适当裕量；线束有外套塑料管等加强绝缘保护层；与电器连接时端部绞紧，且用不开口的终端端子或搪锡，不松散、断股；可转动部位的两端用卡子固定。箱（盘）不采用可燃材料制作。

（2）配电箱（柜）安装工程质量管理措施

1）明装配电箱分为明管明箱和暗管明箱两种，其安装方式大致相同；暗管明箱的弊病是箱后的暗装接线盒不利于检查和维修，一旦遇到换线、查线等情况时，还得拆下明装配电箱。明管明箱可避免这个问题，方便检查和维修，只需在订货时按图示对箱体提出要求即可。

2）安装配电箱。

拆开配电箱：安装配电箱应先将配电箱拆开分为箱体、箱内盘芯、箱门三部分。拆开配电箱时留好拆卸下来的螺丝、螺母、垫圈等。

安装箱体：铁架固定配电箱箱体：将角钢调直，量好尺寸，画好锯口线，锯断煨弯，钻孔位，焊接。煨弯时用方尺找正，再用电（气）焊将对口缝焊牢，并将埋入端做成燕尾形，然后除锈，刷防锈漆。按照标高用高标号水泥砂浆将铁架燕尾端埋入牢固，埋入时要注意铁架的平直程度和孔间距离，应用线坠和水平尺测量准确后再稳住铁架，待水泥砂浆凝固后再把配电箱箱体固定在铁架上。

金属膨胀螺栓固定配电箱：采用金属膨胀螺栓可在混凝土墙或砖墙上固定配电箱，金属膨胀螺栓的大小应根据箱体重量选择。其方法是根据弹线定位的要求，找出墙体及箱体固定点的准确位置，一个箱体固定点一般为四个，均匀地对称于四角，用电钻或冲击钻在墙体及箱体固定点位置钻孔，其孔径应刚好将金属膨胀螺栓的胀管部分埋入墙内，且孔洞应平直不得歪斜。最后将箱体的孔洞与墙体的孔洞对正，注意应加镀锌弹垫、平垫，将箱体稍加固定，待最后一次用水平尺将箱体调整平直后，再把螺栓逐个拧牢固。

安装箱内盘芯：将箱体内杂物清理干净，如箱后有分线盒也一并清理干净，然后将导线理顺，分清支路和相序，并在导线末端用白胶布或其他材料临时标注清楚，再把盘芯与箱体安装牢固，最后将导线端头按标好的支路和相序引至箱体或盘芯上，逐个剥削导线端头，再逐个压接在器具上，同时将保护地线按要求压接牢固。

安装箱盖：把箱盖安装在箱体上。用仪表校对箱内电具有无差错，调整无误后试送电，最后把此配电箱的系统图贴在箱盖内侧，并标明各个闸具用途及回路名称，以方便以后操作。在木结构或轻钢龙骨护板墙上进行固定明装配电箱时，应采取加固措施，在木制护板墙处应做防火处理，可涂防火漆进行防护。

3）暗装配电箱（柜）：暗装配电箱中拆开配电箱及安装箱内盘芯、安装箱盖（贴脸）等各个步骤可参照明装配电箱。安装箱体时根据预留洞尺寸先将箱体找好标高及水平尺寸进行弹线定位，根据箱体的标高及水平尺寸核对入箱的焊管或 PVC 管的长短是否合适、间距是否均匀、排列是否整齐等。如管路不合适，应及时按配管的要求进行调整，然后根据各个管的位置用液压开孔器进行开孔，开孔完毕后，将箱体按标定的位置固定牢固，最后用水泥砂浆填实周边并抹平齐。

箱底与外墙平齐时，应在外墙固定金属网后再做墙面抹灰，不得在箱底板上抹灰。配电箱（盘）全部电器安装完毕后，用 500V 兆欧表对线路进行绝缘摇测。摇测项目包括相线与相线之间、相线与零线之词、相线与地线之间、零线与地线之间。两人进行摇测，同时做好记录。

16. 电动机、电加热器及电动执行机构检查接线管理措施

1）设备应装有铭牌，铭牌上应注明制造厂名、出厂日期、设备的型号、容量、频率、电压、接线方法、电动机转速、温升、工作方法、绝缘等级等有关技术数据。

2）设备技术数据必须符合设计要求。

3）附件、备件齐全，并有出厂合格证及技术文件。

4）控制、保护和启动的附属设备应与低压电动机、电加热器及电动执行机构配套，并有铭牌，注明制造厂名、出厂日期、规格、型号及出厂合格证等有关技术资料。

5）安装所使用的各种规格型钢应符合设计要求，并无明显锈蚀；所使用的螺栓应采用镀锌螺栓，并配相应的镀锌螺母、平垫圈和弹簧垫。

6）电动机、电加热器及电动执行机构的外露可导电部分必须与保护导体可靠连接。

7）电动机、电加热器及电动执行机构绝缘电阻值应大于 0.5MΩ。

8）100kW 以上的电动机，应测量各相直流电阻值，相互差不应大于最小值的 2%；无中性点引出的电动机，测量线间直流电阻值，相互差不应大于最小值的 1%。

9）电气设备安装应牢固，螺栓及防松零件齐全，不松动。防水防潮电气设备的接线入口及接线盒盖等应做密封处理。

10）抽芯检查：电动机外观检查、电气试验、手动盘转和试运转有异常情况或超出厂家质量保证期限的电动机，应抽芯检查。线圈绝缘层完好、无伤痕，端部绑线不松动，槽楔固定、无断裂，引线焊接饱满，内部清洁，通风孔道无堵塞；轴承无锈斑，注油（脂）的型号、规格和数量正确，转子平衡块紧固，平衡螺丝锁紧，风扇叶片无裂纹；连接用紧固件的防松零件齐全完整。

11）在设备接线盒内裸露的不同相导线间和导线对地间最小距离应大于 8mm，否则应采取绝缘防护措施。

第七章
质量问题处置

建设工程质量问题通常分为工程质量缺陷、工程质量通病和工程质量事故三类。工程施工过程中，发生质量问题应根据其问题大小及其危害程度分别进行处置。其中，质量通病是建筑与市政工程中经常发生的、普遍存在的一些工程质量问题；质量缺陷是施工过程中出现的较轻微的、可以修复的质量问题；质量事故则是造成较大经济损失甚至一定人员伤亡的质量问题。

一、事故等级划分

根据工程质量事故造成的人员伤亡或者直接经济损失，工程质量事故分为四个等级：

1）特别重大事故，是指造成 30 人以上死亡，或者 100 人以上重伤，或者 1 亿元以上直接经济损失的事故；

2）重大事故，是指造成 10 人以上 30 人以下死亡，或者 50 人以上 100 人以下重伤，或者 5 000 万元以上 1 亿元以下直接经济损失的事故；

3）较大事故，是指造成 3 人以上 10 人以下死亡，或者 10 人以上 50 人以下重伤，或者 1 000 万元以上 5 000 万元以下直接经济损失的事故；

4）一般事故，是指造成 3 人以下死亡，或者 10 人以下重伤，或者 100 万元以上 1 000 万元以下直接经济损失的事故。

（本等级划分所称的"以上"包括本数，所称的"以下"不包括本数。）

二、事故报告

1）工程质量事故发生后，事故现场有关人员应当立即向工程建设单位负责人报告；工程建设单位负责人接到报告后，应于1小时内向事故发生地县级以上人民政府住房和城乡建设主管部门及有关部门报告。情况紧急时，事故现场有关人员可直接向事故发生地县级以上人民政府住房和城乡建设主管部门报告。

2）住房和城乡建设主管部门接到事故报告后，应当依照下列规定上报事故情况，并同时通知公安、监察机关等有关部门；较大、重大及特别重大事故逐级上报至国务院住房和城乡建设主管部门，一般事故逐级上报至省级人民政府住房和城乡建设主管部门，必要时可以越级上报事故情况。住房和城乡建设主管部门上报事故情况，应当同时报告本级人民政府；国务院住房和城乡建设主管部门接到重大和特别重大事故的报告后，应当立即报告国务院。住房和城乡建设主管部门逐级上报事故情况时，每级上报时间不得超过2小时。

三、事故调查

住房和城乡建设主管部门应当按照有关人民政府的授权或委托，组织或参与事故调查组对事故进行调查，并履行下列职责：

1）核实事故基本情况，包括事故发生的经过、人员伤亡情况及直接经济损失；

2）核查事故项目基本情况，包括项目履行法定建设程序情况、工程各参建单位履行职责的情况；

3）依据国家有关法律法规和工程建设标准分析事故的直接原因和间接原因，必要时组织对事故项目进行检测鉴定和专家技术论证；

4）认定事故的性质和事故责任；

5）依照国家有关法律法规提出对事故责任单位和责任人员的处理建议；

6）总结事故教训，提出防范和整改措施；

7）提交事故调查报告，事故调查报告应当包括：事故项目及各参建单位概况；事故发生经过和事故救援情况；事故造成的人员伤亡和直接经济损失；事故项目有关质量检测报告和技术分析报告；事故发生的原因和事故性质；事故责任的认定和事故责任者的处理建议；事故防范和整改措施。

事故调查报告应当附具有关证据材料。事故调查组成员应当在事故调查报告上签名。

四、事故处理

1）住房和城乡建设主管部门应当依据有关人民政府对事故调查报告的批复和有关法律法规的规定，对事故相关责任者实施行政处罚。处罚权限不属本级住房和城乡建设主管部门的，应当在收到事故调查报告批复后15个工作日内，将事故调查报告（附具有关证据材料）、结案批复、本级住房和城乡建设主管部门对有关责任者的处理建议等转送有权限的住房和城乡建设主管部门。

2）住房和城乡建设主管部门应当依据有关法律法规的规定，对事故负有责任的建设、勘察、设计、施工、监理等单位和施工图审查、质量检测等有关单位分别给予罚款、停业整顿、降低资质等级、吊销资质证书其中一项或多项处罚，对事故负有责任的注册执业人员分别给予罚款、停止执业、吊销执业资格证书、终身不予注册其中一项或多项处罚。

五、其他要求

1）事故发生地住房和城乡建设主管部门接到事故报告后，其负责人应立即赶赴事故现场，组织事故救援。

2）发生一般及以上事故，或者领导有批示要求的，设区的市级住房和城乡建设主管部门应派员赶赴现场了解事故有关情况。

3）发生较大及以上事故，或者领导有批示要求的，省级住房和城乡建设主管部门应派员赶赴现场了解事故有关情况。

4）发生重大及以上事故，或者领导有批示要求的，国务院住房和城乡建设主管部门应根据相关规定派员赶赴现场了解事故有关情况。

5）没有造成人员伤亡，直接经济损失没有达到100万元，但是社会影响恶劣的工程质量问题，参照本通知的有关规定执行。

第八章
质量资料管理

　　一个建设项目从施工准备开始到竣工交付使用，要经过若干工序、工种的配合完成。施工质量的优劣，取决于各个施工工序、工种的管理水平和操作质量。因此，为了便于控制、检查、评定和监督每个工序和工种的工作质量，就要把整个项目逐级划分为若干个子项目，并分级进行编号，在施工过程中据此来进行质量控制和检查验收。

　　施工资料是施工单位在工程施工过程中形成的资料，是施工全过程的记录文件。可分为施工质量保证资料、技术资料、安全资料。施工资料应该严格按照规范编写，真实地反映施工现场的技术、质量情况等。资料的形式有纸质资料、实物资料、视听、图片、影像资料等。

　　施工质量资料是指施工过程中形成的与工程质量相关的各类资料，包括施工质量管理资料、施工质量控制资料和施工质量保证资料三大类。

一、原材料的质量证明文件、复验报告

　　1）原材料、构配件、设备等的质量证明文件包括：出厂质量证明文件（质量合格证明文件或检验/试验报告、产品生产许可证、产品合格证、产品监督检验报告等），对列入国家强制商检目录或建设单位有特殊要求的进口物资还应有进口商检证明文件。

　　2）进口物资应有安装、试验、使用、维修等中文技术文件。对国家和地方所规定的特种设备和材料应附有有关文件和法定检测单位的检测证明。

　　3）如合同或其他文件约定，在工程物资订货或进场之前须履行工程

物资选样审批手续时，施工单位应填写《工程物资选样送审表》，报请监理单位审定。

4）材料、配件进场后，由施工单位进行检验，需进行抽样的材料、构配件按规定比例进行抽检，并填写《材料、配件检验记录汇总表》。对进场后的产品，按有关检测规程的要求进行复试，填写产品复试记录/报告。施工过程中所做的见证取样应填写《见证记录》。

5）工程完工后由施工单位对所做的见证试验进行汇总，填写《见证试验汇总表》。

二 、隐蔽工程的质量检查验收记录

国家现行标准有明确规定隐蔽工程检测项目的设计文件和合同要求时，应进行隐蔽工程验收并填写隐蔽工程验收记录，形成验收文件，验收合格方可继续施工。

三 、检验批、分项工程验收记录

1. 检验批检查验收记录

1）检验批完成后，施工单位首先自行检查验收，填写检验批、分项工程的检查验收记录，确认符合设计文件和相关验收规范的规定，然后向监理工程师提交申请，由监理工程师予以检查、确认。

2）检验批的质量验收记录由施工项目专业质量检查员按规范要求填写，监理工程师组织项目专业质量检查员等进行验收。

2. 分项工程的验收记录

分项工程验收记录由施工项目专业质量检查员检查填写，监理工程师组织项目专业技术负责人等进行验收。

四、分部工程、单体工程的验收记录

1. 分部工程质量验收记录

分部工程质量验收记录由施工项目专业质量检查员按规范要求填写，总监理工程师组织施工项目经理和有关勘察、设计单位项目负责人等进行验收。

2. 单位工程质量验收记录

1）单位工程质量验收记录由单位工程质量评定记录、单位工程质量竣工验收记录、单位工程质量控制资料核查表、单位工程安全和功能检查资料核查及主要功能抽查记录、单位工程观感质量检查记录组成。

2）验收记录由施工单位按规范要求填写，验收结论由监理单位填写。

五、建筑电气工程质量控制资料

建筑电气工程质量控制资料包括：

1）建筑电气工程施工图设计文件和图纸会审记录及洽商记录；

2）主要设备、器具、材料的合格证和进场验收记录；

3）隐蔽工程记录；

4）电气设备交接试验记录；

5）接地电阻、绝缘电阻测试记录；

6）空载试运行和负荷试运行记录；

7）建筑照明通电试运行记录；

8）工序交接合格等施工安装记录。

六、建筑工程电气质量验收资料的收集

1）各分项工程检验批在班组自检的基础上，由质量检查员在下道工序施工前进行验收，填写验收记录并经监理工程师（建设单位项目专业技术人员）确认。

2）分项工程检验批质量验收记录，应按下列要求填写：分项工程检验批质量验收记录表中"主控项目"的质量情况，应简明扼要地说明该项目实际达到的质量情况，填写质保书编号和试验报告编号，避免填写"符合规范要求""符合质量要求"等空洞无物的笼统结论。

"一般项目"的质量情况，有具体数据的就填写数据；无数据的，填写实际情况。分项工程检查发现不合格者必须进行处理，否则不得进行下道工序的施工。

施工单位检查评定结果栏由项目专业质量检查员填写。监理（建设）单位验收结论栏由监理工程师在核查资料、现场实测旁站后填写。未实行监理的工

程由建设单位项目专业技术负责人在核查资料、现场实测旁站后填写。

3）分部（子分部）工程质量应由总监理工程师（建设单位项目负责人）组织施工单位项目负责人和技术、质量负责人等进行验收；必要时，可邀请设计参加验收。

4）如有特殊分项工程，由施工企业按有关技术标准自制表格进行评定，并将验收资料移交总包单位归入工程质量验收资料中。

5）隐蔽验收与试验记录：隐蔽工程完工后，按相应《施工质量验收规范》规定的内容进行检查验收，签证要齐全。各项试验与测试记录，必须按相应的《施工质量验收规范》及有关标准进行，表中各项数据真实无误，注明测试依据，签证要齐全。

6）工程质量资料的验收：分部（子分部）工程所含分项工程质量均应验收合格；质量控制资料应完整；有关安全和功能项目的抽查结果应符合规范的规定；观感质量的验收应符合要求；工程完工后，施工单位应自行组织有关人员进行检查评定，并向总承包单位提交工程验收报告；建筑工程质量管理资料的收集整理应与工程施工同步进行，未经验收进行下道工序的应重新进行检测。

七、建筑工程施工质量资料的移交

1）整理：将各种材料合格证和试验（检测）报告编为一卷。

2）编码：上述质量资料收集整理好后，统一用数字号码机按顺序排页码。

3）装订：资料收集齐全并经审核合格后，按目录顺序装订成册。

4）移交：整理后的质量资料定期或不定期地及时向资料员进行移交并做好每次资料移交目录。

第九章
建筑电气工程质量控制要点

随着当今建筑成就的不断突破，电气工程的地位越来越重要，工程质量直接影响建筑物的功能和使用性能，所以电气工程师专业技能、管理能力至关重要。在实施电气施工安装质量管理中，要严格控制每一道工序，抓住每一个环节。针对容易出现的各种质量问题和缺陷，重点关注，并采取合理有效的手段进行严格控制，从而推进整个电气施工安装的规范性和标准化。

第一节　接地、等电位、防雷系统质量控制要点

本节主要对电气工程常规的接地、等电位、防雷系统各分项质量控制要点进行阐述，包括基础底板接地及引下线的焊接，竖井及设备接地，幕墙及金属外窗防雷接地，塑钢窗、铝合金窗防雷接地，屋面防雷的质量控制要点。

一、基础底板接地及引下线的焊接

1）熟悉图纸，搞清楚基础底板形式，落实接地焊接方法。

2）了解钢筋材质，选用与之相匹配的焊条进行可靠焊接。

3）引下线钢筋为最佳选择，可以减少焊接工作量。

4）注意焊接前与土建专业的通气、协调。

5）掌握结构柱子收缩，必要时进行跨接。

6）坚持施工过程中引下线的标识。

7）注意型钢之间的焊接要求。

二、竖井及设备接地

1）强弱电竖井上下端必须预留 40×4 接地扁钢，确保槽盒首末端接地及弱电机柜接地。

2）电梯轨道、机座安装完后要做好接地。

3）出地面的动力设备电源管及设备外壳应做明显可靠的接地。

三、幕墙及金属外窗防雷接地

一般幕墙通过龙骨作为防雷装置，并通过结构时期的预埋件与大楼防雷系统形成电气通路。具体做法：

1）将竖向主龙骨视为引下线，将固定铝合金龙骨的立柱最上端、最下端和每隔约 20m 处的预埋件与防雷系统焊接。

2）建筑物伸缩缝处以及龙骨之间的断开处，用截面积 $\geqslant 100mm^2$ 铜编织带或钢材进行跨接。

3）为防止雷击电磁脉冲，最上端、最下端横向龙骨也要形成电气通路。

4）在 30m 以上的高层建筑玻璃幕墙部位，每三层设置均压环。

四、塑钢窗、铝合金窗防雷接地

1）塑钢窗的金属件绝大多数处于塑质材料中，与外界绝缘而且在电气上没有贯通成闭合环，其遭到侧击的概率较小，而且雷电流参量也小，因此塑钢窗是可以不做接地的。

2）铝合金窗则必须做接地。一般情况下，结构时期根据设计要求预留 40×4 镀锌扁钢或 φ12 镀锌圆钢，随后砌墙引至各个窗口统一位置，土建外窗订货时，要求其在副框上预留焊接接地用的扁钢。注意不同金属材质之间连接要作防电化腐蚀处理。

3）钢与铝连接时，钢要镀锡或在钢铝之间加不锈钢垫片。

4）铜与铝连接时，干燥室内铜导体搭接面搪锡；潮湿环境，铜导体搭接面搪锡，而且要采用铜铝过渡板与铝导体连接。

5）钢与钢连接时，搭接面搪锡或镀锌。

6）铝与铝连接时，直接连接，不需处理。

7）铜与铜连接时，干燥室内搭接面不搪锡；室外、高温、潮湿室内搭接面搪锡。

五、屋面防雷

一般建筑物在屋面利用结构框架梁内主筋或另敷设 40×4 镀锌扁钢形成避雷网格，作为防雷引下线的主筋在屋面闭合，同时结合水暖通风、给排水及土建图纸，在屋面所有金属外壳如风机、风管支架、金属管道、冷却塔、金属栏杆、旗杆、钢结构等部位预留 40×4 或 φ12 镀锌圆钢。控制要点：

1）在防雷保护半径内的金属外露构件也必须做接地。

2）风管及其支架做接地。

3）作为避雷接闪器引下线的不锈钢金属栏杆要求必须满焊。

4）冷却塔用钢管做避雷针时，钢管壁厚不小于 2.5 mm。

5）注意后增加的外金属构件的接地。

6）女儿墙顶部包铝板时，避雷带应尽量做成明装。

第二节 电线、电缆导管安装质量控制要点

电线、电缆导管是电气线缆的载体，电气导管敷设的质量关系到电线、电缆的保护及穿线工作的顺利性。本节主要内容为电线、电缆导管安装的质量控制要点，包括预留预埋电气导管、明装导管的质量控制要点。

一、预留预埋的技术要求

在浇筑混凝土前取得在钢筋混凝土结构上所需的留洞、槽口、凹槽等的尺寸、位置及其形成的一切资料。根据相关资料，绘制相应的混凝土结构内配管套管检查表，供施工和检查使用。加强对图纸的熟悉程度，对专

业管路和金属线槽、桥架、母线等的走向形成立体的认识。涉及质量员的
工作职责要求见表 9-1。

表 9-1　预留预埋技术要点

工作内容	要　点
预留预埋准备	专业人员认真熟悉施工图纸，找出所有预埋预留点，并统一编号，将管道及设备的位置、标高尺寸测定，标好孔洞的部位，在预留预埋图中标注清晰，便于各专业的预留预埋。同时与其他专业沟通，避免日后安装冲突。
穿楼板孔洞预留	预留孔洞根据尺寸做好木盒子或钢套管，确定位置后预埋，并采用可靠的固定措施，防止其移位。为了避免遗漏和错留，应核对间距、尺寸和位置无误并经过相关专业认可。在浇注混凝土过程中要有专人配合复核校对，看管预埋件，以免移位。发现问题及时沟通并修正。
穿砌筑隔墙无防水要求套管安装	在土建专业砌筑隔墙时，配合土建专业，按专业施工图的标高、几何尺寸将套管置于隔墙预留位置中，用砌块找平后用砂浆将其固定牢靠，保护封闭好套管两端，然后交给土建队伍继续施工。

二、明配管敷设控制要点

1）根据设计图加工支架、吊架、抱箍铁件以及各种盒、箱、弯管。

2）弯管、支架、吊架预制加工：明管弯管半径不小于管外径的 6 倍，
有一个弯时，不小于管外径的 4 倍。

3）明配的导管应排列整齐，固定点间距均匀，安装牢固，在终端、
弯头中点或柜、台、箱、盘等边缘的距离 150～500mm 范围内设有管卡。

4）盒、箱固定：采用定型盘、箱需在盘、箱下侧 100～150mm 处加固
定支架，将管路固定在支架上，盒箱安装牢固、平整、开孔整齐并与管径
相吻合，要求一管一孔，不得开长孔，铁制盒、箱严禁用电气焊开孔。

5）管路敷设与连接。管路敷设：水平或垂直敷设明配管，其管路走
向及支架、固定均应按明配管要求施工；允许偏差值，管路在 2m 以内时，
偏差为 3mm，全长不应超过管内径的 1/2；检查管路是否畅通，内侧有无
毛刺，镀锌层是否完整无损，管子不顺直应调直；管路连接：钢管采用通

丝管箍丝扣连接；跨接地线采用专用接地卡跨接，两卡间连线为铜芯软线，截面积不小于4mm²。

三、明配管敷设质量检查要点

1）单根明配管采用圆钢吊架及管卡固定，成排明配钢管应排列整齐、横平竖直，固定点间距均匀，固定牢靠。

2）成排明配电线管采用圆钢作吊杆，角钢作横担固定。

3）轻质隔墙施工时，可以利用龙骨直接固定或者采用制作支架固定管路和线盒，电线管固定点最大允许距离要符合规范规定。

第三节　梯架、托盘、槽盒安装质量控制要点

一、电缆梯架、托盘、槽盒敷设

电缆梯架、托盘、槽盒应紧贴建筑物表面固定牢靠，横平竖直，布置合理，盖板无翘角，接口严密整齐，拐角、转角、丁字连接、转弯连接正确严实，电缆梯架、托盘、槽盒内外无污染。

二、支架与吊架安装

1）水平梯架、托盘、槽盒吊装采用镀锌圆钢作吊杆，金属横担应进行防腐，安装吊架采用膨胀螺栓在顶板上固定。

2）竖向梯架、托盘、槽盒支架采用型钢制作，固定件应与桥架配套。支架固定在墙体或楼板上，采用膨胀螺栓固定。

3）电缆梯架、托盘、槽盒吊装吊杆间距：水平距离为1.5～3.0m，垂直方向不应大于2.0m。各支架同层横档应在同一水平面上，其高低偏差小于±5mm。梯架、托盘、槽盒支撑点躲开接头处，距接头处0.5m为宜，在桥架拐弯和分支处，距分支点0.5m加支持点；支吊架距上层楼板不应小于150～200mm，距地面高度不应低于100～150mm。

三、缆线路保护

1）缆线路穿过梁、墙、楼板等处时，电缆梯架、托盘、槽盒不应被抹死在建筑物上。

2）跨越建筑物变形缝处的电缆梯架、托盘、槽盒底板应断开，缆线和保护地线均应留有补偿余量；电缆桥架与电气器具连接严密。

四、槽盒安装

1）直线段钢制电缆槽盒长度超过30m应设伸缩节；跨越伸缩缝两处设置补偿装置，线槽本身应断开，槽盒内用内连接板搭接，不许固定，保护地线和槽盒内导线应留有补偿余量。

2）槽盒通过连接板使用方颈螺栓进行连接，螺母位于桥架外侧；槽盒与盒、箱、柜等接茬处，进线和出线口均采用抱脚连接，并用螺丝紧固，末端应加封堵。

3）水平槽盒与支架的横担直接用方颈螺栓固定，螺栓半圆头向内，以防止螺栓划伤电缆外护层。

4）竖向槽盒与支架应牢固连接，每2m固定一次。支架与楼板及墙体采用膨胀螺栓固定，槽盒与支架之间采用方颈螺栓固定，螺栓的圆头在梯架的内侧。

五、梯架、托盘、槽盒接地安装

当梯架、托盘、槽盒的底板对地距离低于2.4m时，梯架、托盘、槽盒本身和线槽盖板均必须加装保护地线。2.4m以上的梯架、托盘、槽盒盖板可不加保护地线。梯架、托盘、槽盒应可靠接地，沿梯架、托盘、槽盒通长敷设一根40×4镀锌扁钢作为桥架辅助保护线，此扁钢两端应与接地装置可靠连接，并至少每隔6m与桥架连接一次。每段电缆梯架、托盘、槽盒间的连接处用截面积不小于$6mm^2$的铜线跨接。

第四节 电线、电缆敷设质量控制要点

电线、电缆敷设是建筑电气安装工程中一个特别重要和基础的分项工程，其施工质量的优劣直接影响着建筑工程整体的质量水平。

一、水平敷设

敷设可用人力或机械牵引。电缆应单层敷设，排列整齐，不得有交叉，拐弯处应以最大截面积电缆允许弯曲半径为准。不同等级电压的电缆应分层敷设，高电压电缆应敷设在上层。同等级电压的电缆沿支架敷设时，水平净距不小于35mm。电缆敷设排列整齐，电缆首尾两端、转弯两侧及每隔5~10m处设固定点。

二、垂直敷设

垂直敷设时有条件的最好自上而下敷设。将电缆吊至楼层顶部，敷设时，同截面电缆应先敷设低层，后敷设高层。要特别注意，在电缆轴附近和部分楼层应采取防滑措施。自下而上敷设时，低层、小截面电缆可用滑轮大绳人力牵引敷设；高层、大截面电缆宜用机械牵引敷设。每层最少加装两道卡固支架，放一根立即卡固一根。电缆沿桥架敷设穿过楼板时，预留通洞，敷设完后应将洞口用防火材料堵死。电缆在超过45°倾斜敷设或垂直敷设时，应在每个支架上进行固定（2m），交流单芯电缆或分相后的每相电缆固定用的夹具和支架，不形成闭合铁磁回路。

三、电线、电缆敷设质量控制要点

1）直埋电缆铺砂盖板或砖时应防止不清除沟内杂物、不用细砂或细土、盖板或砖不严、有遗漏部分。施工负责人应加强检查。

2）电缆进入室内电缆沟时，防止套管防水处理不好，沟内进水。应严格按规范和工艺要求施工。

3）油浸电缆要防止两端头封铅不严密、有渗油现象。应对施工操作人员进行技术培训，提高操作水平。

4）沿支架或槽盒敷设电缆时，应防止电缆排列不整齐，交叉严重。电缆施工前须将电缆事先排列好，划出排列图表，按图表进行施工。电缆敷设时，应敷设一根整理一根，卡固一根。

5）有麻皮保护层的电缆进入室内，防止不作剥麻刷油防腐处理。

6）沿槽盒或托盘敷设的电缆应防止弯曲半径不够。在槽盒或托盘施工时，施工人员应考虑满足该槽盒或托盘上敷设的最大截面电缆的弯曲半径的要求。防止电缆标志牌挂装不整齐，或有遗漏。应由专人复查。

第五节　母线槽安装控制要点

本节主要内容为 0.4kV 以下室内一般工业及民用建筑电气安装工程的封闭插接母线安装质量控制要点，包括母线槽安装质量控制、常产生的质量问题和防治措施。

一、母线槽安装质量控制

1）高压瓷件表面严禁有裂纹、缺损和瓷釉损坏等缺陷。

2）母线槽的接触口连接紧密，连接螺栓紧固力矩值符合要求。

3）母线槽的弯曲处严禁有缺口和裂纹。

4）母线槽绝缘子及支架安装应符合以下规定：位置正确，固定牢靠，固定母线用的金具正确、齐全，黑色金属支架防腐完整。

5）安装横平竖直，成排的排列整齐，间距均匀，油漆色泽均匀，绝缘子表面清洁。

6）平直整齐、相色正确；母线槽搭接用的螺栓和母线粘孔尺寸正确。

7）多片矩形母线片间保持与母线厚度相等的间隙，多片母线的中间固定架不形成闭合磁路；采用拉紧装置的车间低压架空母线的拉紧装置固定牢靠，同一档内各母线弛度相互差不大于10%。

8）使用的螺栓螺纹均露出螺母 2～3 扣；搭接处母线涂层光滑均匀；架空母线弛度一致；相色涂刷均匀。

9）母线槽支架及其他非带电金属部件接地（接零）支线敷设应符合以下规定：连接紧密，牢固，接地（接零）线截面选用正确，需防腐的部分涂漆均匀无遗漏；线路走向合理，色标准确，涂刷后不污染设备和建筑物。

二、应注意的质量问题

母线槽安装应注意的质量问题见表9-2。

表9-2　常产生的质量问题和防治措施

序号	常产生的质量问题	防　治　措　施
1	各种型钢等金属材料除锈不净、刷漆不均匀，有漏刷现象	1）加强材料管理工作，加强工作责任心； 2）做好自互检。
2	各种型钢、母线槽及开孔处有毛刺或不规则	1）施工前工具准备齐全，不使用电气焊切割； 2）施工中加强管理建立奖罚制度，严格检查制度。
3	母线槽搭接间隙过大，不能满足要求	1）母线槽压接用垫圈应符合规定要求，对于加厚垫圈应在施工准备阶段前加工； 2）母线槽搭接处（面）使用板锉，锉平； 3）认真检查。

第六节　成套配电柜、控制柜（屏、台）和动力、照明配电箱（盘）安装及质量控制要点

配电箱、柜的所有技术指标必须符合规范及设计要求，电气元件及技术参数必须符合设计要求。

一、配电箱安装方式

1. 配电箱暗装

暗装配电箱在结构配合时期应在墙体内预留比箱体稍大的预留洞，安装箱体时根据墙面具体做法确定出墙高度，稳住箱体后用水泥砂浆填实周

边缝隙，标高符合设计要求，接地正确；配电箱箱盖紧贴墙面，涂层完整。

2. 配电箱挂墙明装

配电箱挂墙明装时应保证安装位置正确，部件齐全，箱体开孔与导管管径适配。配电箱的所有进出电线导管及开孔处需有保护措施，以防止损坏电线电缆。混凝土墙上安装配电箱采用膨胀螺栓在墙上固定，隔墙上安装配电箱需要用对拉螺杆固定。

3. 配电箱落地明装

部分出线回路多的配电箱重量大，为了保证配电箱安装牢固，需制作成落地安装的配电箱。落地配电箱安装用槽钢做支架固定，支架在打垫层以前安装并调整平整，支架的顶部距垫层表面4cm。

4. 落地柜安装

落地配电箱安装用槽钢做支架固定，落地柜在基础型钢上安装，基础型钢在安装找平过程中，需用垫片的地方，最多不能超过3片；最终基础型钢顶部宜高出抹平地面10mm。

二、配电箱、柜质量控制要点

1）配电柜安装牢固、垂直；金属外壳、金属基础、带有电器的柜门均应可靠接地；接地线不得串联连接。

2）配线整齐，压接牢固；线色上下对应一致。

3）系统图、控制原理图应清晰、准确；各控制设备应标明用途。

4）若采用槽盒时，槽盒与配电柜采用抱脚连接，槽盒接地线应与PE排连接；若为钢管时，钢管应做接地连接。

5）有吸音墙面的，配电箱安装要在配电箱安装要在该部位的吸音材料施工后进行安装（避免半明半暗）。

第七节 低压电动机、电加热器及电动执行机构检查接线

电机由于运输、保管或安装后受潮，绝缘电阻或吸收比达不到规范要求，应进行干燥处理。电机干燥过程中应有专人看护，并配备灭电火器材，注意防火；电气设备外露导体必须可靠接地；通电试运行时，电缆、电气设备绝缘必须良好，电源端应设漏电保护。

一、安装前的检查

由电气专业会同其他相关专业共同进行安装前的检查工作，主要进行以下检查：

1）电动机、电加热器、电动执行机构本体、控制和起动设备应完好，不应有损伤现象。盘动转子应轻快，不应有卡阻及异常声响。

2）定子和转子分箱装运的电机，其铁心转子和轴颈应完整无锈蚀现象。

3）电机的附件、备件应齐全无损伤。

4）电动机的性能应符合电动机周围工作环境的要求。

5）电加热器的电阻丝无短路和断路情况。

二、试运行前的检查

1）土建工程全部结束，现场清扫整理完毕。

2）电机、电加热器、电动执行机构本体安装检查结束。

3）冷却、调速、滑润等附属系统安装完毕，验收合格，分部试运行情况良好。

4）电动机保护、控制、测量、信号、励磁等回路调试完毕动作正常。

5）电动机应测量绝缘电阻：低压电动机使用1kV兆欧表进行测量，绝缘电阻值不低于1MΩ。1 000kW以上、中性关连线已引至出线端子板的定子绕组应分相做直流耐压级泄漏试验。1 000kW以上的电动机应测量各

相直流电阻值，其相互阻值差不应大于最小值的 2%；无中性点引出的电动机，测量线间直流电阻值，其相互阻值差不应大于最小值的 1%。

三、质量控制要点

常见质量问题及防治措施见表 9-3。

表 9-3　常见质量问题和防治措施

序号	常见质量问题	防治措施
1	电机接线盒内裸露导线，线间对地距离不够。	线间排列整齐，如因特殊情况对地距离不够时应加强绝缘保护。
2	小容量电机接电源线时不摇测绝缘电阻	做好技术交底，提高摇测绝缘的必要性认识，加强安装人员的责任心。
3	接线不正确	严格按电源电压和电机标注电机接线方式接线
4	电机外壳接地（零）线不牢，接线错误	接地线应接在接地专用的接线柱（端子）上，接地线截面积必须符合规范要求，并压牢。
5	电机起动跳闸	调试前要检查热继电器的电流是否与电机相符、电源开关选择是否合理。
6	技术资料不齐全	做好专业之间的交接工作，加强对技术文件、资料的收集、整理、归档、登记和收发记录等工作。

第八节　开关、插座、灯具安装质量控制要点

开关、插座及其附件的型号、规格必须符合设计要求，并有产品合格证；防爆产品有防爆标志，并有防爆合格证；实行安全认证制度的产品要有安全认证标志。

一、开关、插座质量控制要点

1) 开关、插座的面板及接线盒盒体完整、无碎裂、零件齐全。

2) 暗装的开关、插座面板应紧贴墙面，四周无缝隙，安装牢固，表面光滑整洁，无碎、裂、划伤，装饰帽齐全。

3）开关位置应与灯位相对应，同一单元内开关方向应一致；开关边缘至门框边缘的距离为150～200mm；不得置于单扇门后。

4）在墙面上贴石材瓷砖的地方，开关、插座的面板布置在瓷砖的几何中心，并紧贴墙面，安装端正。

5）相同型号并列安装及同一室内开关安装高度一致，且控制有序不错位。暗装插座距地面要符合图纸要求；同一室内安装的插座安装高度一致。

6）单相三孔及三相四孔的接地或接零线均应在上方，插座的接地端子不与零线端子连接，同一场所的三相插座接线的相序一致。

二、灯具安装质量控制要点

1）穿入灯具的导线在分支连接处不得承受额外应力和磨损，多股软线的端头需盘圈、刷锡；灯具内的导线不应过于靠近热光源，并应采取隔热措施；

2）特种标志灯的指示方向正确无误；

3）应急灯必须灵敏可靠；事故照明灯具应有特殊标志；

4）安全出口标志灯和疏散标志灯装有玻璃或非燃材料的保护罩，面板亮度均匀度为1∶10，保护罩应完整，无裂痕；

5）Ⅰ类灯具应有可靠接地。

6）吊扇和3kg以上的灯具，必须预埋吊钩或螺栓，预埋件按设计要求做2倍于负荷重量的过载试验。

7）低于2.4m以下的金属外壳部分应有专用接地螺栓，做好接地或接零保护，且有标识。

8）建筑物景观照明灯带电部分对地绝缘电阻值应大于2MΩ；在人员密集场所无围栏防护时，安装高度应在2.5m以上；金属构架和灯具的外露可导电部分及金属管线均应可靠接地，且有标识。

9）吊扇的挂钩直径不小于挂销直径，且不小于8mm，防松装置齐全可靠，扇叶距地不应小于2.5m。运转时扇叶无照明显颤动和异常声响。

10）灯具、吊扇的安装：灯具、吊扇安装牢固端正，位置正确，灯具安装在圆台中心。器具清洁干净，吊杆垂直，吊链、吊杆长度一致，固定牢固，排列整齐。

11）导线与灯具、吊扇的连接：导线进入灯具、吊扇处的绝缘保护良好，留有适当裕量。连接牢固紧密，不伤线芯。压板连接时压紧无松动，螺栓连接时，在同一端子上导线不超过两根，吊扇的防松垫圈等配件齐全。吊链灯的引下线整齐美观。

12）各类特殊灯具符合安装标准要求：器具成排安装的中心线允许偏差为 5mm。成排灯具、吊扇的中心线偏差超出允许范围：在确定成排灯具、吊扇的位置时，必须拉线。

13）圆台固定不牢，与建筑物表面有缝隙：绝缘台直径在 70～150mm 时，应用两条螺丝固定；直径在 150mm 以上时，应用三条螺丝成三角形固定。

14）法兰盘、吊盒、平灯口不在圆台的中心，其偏差超过 1.5mm：安装时要先将法兰盘、吊盒、平灯口中心对正圆台中心。

15）吊链日光灯的吊链选用不当。带罩或双管日光灯以及单管无罩日光灯，链长超过 1m 时应采用铁吊链。

16）单管吸顶式日光灯安装后灯头接线盒盖不严：结构期预埋盒就使用长方形盒。

17）各类灯具的适用场所和安装方法，应参考生产厂家提供的安装示意图和说明书进行安装。灯具是否采用圆台安装在结构上或预埋吊钩、是否过载试验等，应由设计确定。金属外壳需接地的灯具，灯体上应设有专用接地螺栓。

第九节　施工质量管理信息化手段的应用

建筑信息模型（Building Information Modeling，BIM）是以三维数字技术为基础，集成了建筑工程项目各种相关信息的工程数据模型，是对工程项目设施实体与功能特性的数字化表达。

目前以 BIM 为核心的三维制图正以迅雷不及掩耳的速度替代传统的 CAD 二维制图。借助 BIM 可视化的特点，运用精确建模、碰撞检测、虚拟漫游等方式，可实现虚拟空间同比例的真实效果。运用 BIM 技术可以将设计问题和缺陷，在现场开始施工前通过对三维模型的检查解决掉，大大提高了施工的质量。

BIM 在施工环节的主要应用如下。

一、多专业模型构建

可通过专门的模型制作软件，将 CAD 图纸转化为三维模型，直观呈现设计意图。三维模型为携带特定信息的模型，可通过模型建立掌握相关信息和参数。

二、多专业模型整合

不同专业系统模型完成后，需要进行模型整合，例如电气、给排水、通风空调系统、支吊架模型进行模型的叠加和整合；还要与建筑、结构、钢结构、幕墙、精装修等各专业各系统进行全方位模型整合，为后续应用搭建平台。

三、三维深化设计

在施工深化设计的过程中，发现已有施工图纸上不易发现的设计盲点，找出关键点，为现场的准确施工尽早制定解决方案。

四、碰撞检查报告

1）通过碰撞检查报告，将深化设计图中所存在的"错、漏、碰、缺"等问题提交设计方进行修改，重新绘制和调整相关施工图及模型。

2）组织参与施工的各方各专业参与深化设计讨论，讨论 BIM 模型碰撞检查问题，并提供参考解决方案。

五、支吊架系统设计应用

通过机电建模软件，可生成支吊架深化模型，大大减少了机电专业深化设计的时间，通过支吊架设计快速设置并自动生成支吊架模型，实现自动分析计算，并出具计算书。

六、机电管线预制加工

1）根据模型可生成配件二维图纸、三维模型图纸及材料清单，并根据现场组合安装顺序要求，对所有管道和配件进行编号。材料清单包含设备尺寸、长度、材质、外形等多种信息。

2）加工厂可根据预制加工配件的三维图纸及材料清单，进行工程现场大量构件的精细化工厂预制和现场安装。这样可以降低成本，提高效率，大大降低了过程中间质量问题的发生。

七、施工协调管理

1）在总平面布置，塔吊、施工电梯运力分析，现场施工管理，施工协调和交底等方面使用三维模型展示，让工程人员更直观地了解和分析工程设计。

2）通过已经建立好的模型对施工平面组织、材料堆场、现场临时建筑及运输通道进行模拟，调整建筑机械（塔吊、施工电梯）等安排，从而校核施工现场布置图，提出修改意见。

八、现场施工校核

从深化图纸环节开始，就把图纸质量作为质量监控的源头，继而开展后续的现场指导施工工作。通过结合模型与现场施工的安装对比情况进行监督，确保施工班组做到按图施工、保质保量。

九、工序模拟，施工交底

充分发挥 BIM 技术利用虚拟施工，将空间信息与时间信息整合在一个可视的 4D 模型中，更直观、精确地反映各个建筑部位的施工工序流程，对实际施工进度与进度计划进行动态管理，有效地协调各专业的交叉施工，使得工程顺利进行。

十、大型设备搬运模拟

通过 BIM 技术对大型设备运输吊装进行模拟，确定大型设备最优进场路线及最优吊装方案，同时针对设备尺寸和吊装路线校核预留孔洞尺寸，保证大型设备的顺利搬运和安装就位。

十一、质量、安全管理

通过移动端可进行数据采集，质量员可将现场发现的质量问题通过照片等形式反馈到平台模型上，责任人进行跟踪和反馈，及时处理现场质量问题。

十二、远程质量验收

验收责任人通过远程质量验收系统，在平台上即可通过视频观察现场实时质量动态，对工程进行远程验收，极大地提高了工作效率。

十三、质量管理移动端应用

可通过手机、IPAD 等移动端设备，直接浏览模型、进度、图纸、质量安全问题等应用，便于施工人员和管理人员在现场直接获取 BIM 相关信息，更有针对性地指导施工。

十四、商务合约管理

1）在合约管理方面，运用 BIM 技术实现对合约规划、合同台账、合同登记、合同条款预警等方面的管理。可实时跟踪合同完成情况，并根据合同履约状况出具资金计划、资源计划等。

2）通过模型和实体进度关联，依据实际进度的开展提取模型总、分包工程量清单，为业主报量及分包报量审批提供数据参考。

十五、BIM 信息共享平台

建立 BIM 信息共享平台，可作为 BIM 团队数据管理、任务发布和信息共享的平台，有利于组织内各成员实时掌握相关信息，及时处理和提供业务支持，也将大大提高全员工作质量和效率。

十六、质量管理 APP 应用

在传统的质量检查过程中，存在依赖人员经验，信息的沟通主要通过电话、下发整改通知单实现，对于质量问题的统计，全部靠人工，过程烦琐，并且做不到实时。在工期紧迫的条件下，使用新技术手段，变得必不可少。

1）利用手机 APP 对项目质量进行管理，提前整理录入质量检查项目名录，将检查项目及内容标准化，减少质量检查过程中对人员经验的依赖。

2）及时有效的消息推送，将整改信息及时有效地在检查人及整改人之间流转，缩短沟通交流时间，提升整改效率。

3）对于整改人，未整改问题，会有明确列表，整改人可有序逐条整改，杜绝漏项发生。

4）选择整改问题，一键生成符合要求的整改通知单，简化管理人员的工作，节约工作时间。

5）有效便捷的统计分析功能，简化日常统计分析工作，量化分包考核依据，对频发隐患一目了然，便于进行重点检查及整改。

第十章
智能建筑工程质量控制要点

为使智能化建筑发挥应有的投资效果，本章主要对智能化建筑弱电工程中各系统调试控制要点进行描述。其中导管、槽盒、梯架、托盘、线缆敷设，设备安装，防雷接地等内容参见建筑电气部分章节。

弱电系统调试是在设备投入使用前，为判定其有无安装或制造方面的质量问题，以确定新安装的或运行中的设备是否能够正常投入运行，而对系统中各设备单体的绝缘性能、电气特性及机械性等，按照标准、规程、规范中的有关规定逐项进行试验和验证。

通过这些试验和验证，可以及时地发现并排除电气设备在制造时和安装时的缺陷、错误和质量问题，确保电气系统和电气设备能够正常投入运行。本节主要对综合布线系统、计算机网络系统、有线电视系统等弱电系统调试的质量控制要点进行了归纳。

一、综合布线系统

1. 综合布线系统调试要求

综合布线系统调试要求见表10-1。

表 10-1　综合布线系统调试要求

序号	相关内容
1	缆线的形式、规格应与设计规定相符。
2	直埋线缆通过交通要道时，应穿钢管保护。线缆采用具有铠装的直埋线缆，不得用非直埋式线缆作直接埋地敷设。转弯地段的线缆，地面上应有线缆标志。
3	双绞线中间不允许有接头。
4	缆线的布放应自然平直，不得产生扭绞、打圈接头等现象，不应受外力的挤压和损伤。
5	系统可以满足项目今后利用 HFC 宽带传输数据，留有另一条高速传输网络通道接口。
6	缆线弯曲半径应符合国家标准要求： 1）非屏蔽 4 对对绞线线缆的弯曲半径应至少为线缆外径的 4 倍； 2）屏蔽 4 对对绞线线缆的弯曲半径应至少为线缆外径的 6 ~ 10 倍； 3）主干对绞线缆的弯曲半径应至少为线缆外径的 10 倍； 4）光缆的弯曲半径应至少为光缆外径的 20 倍； 5）同轴线缆的弯曲半径应大于线缆直径的 15 倍。
7	端接时，每对对绞线应保持扭绞状态，扭绞松开长度对于 6 类线不应大于 8mm。
8	各类跳线缆线和接插件间接触应良好，接线无误。跳线选用类型应符合系统设计要求。
9	缆线两端应贴有标签，应标明编号，标签书写应清晰、端正和正确。
10	各类跳线长度应符合设计要求，一般对绞线缆跳线不应超过 5m，光缆跳线不应超过 10m。
11	对绞线缆与避雷引下线、保护地线、给水管等的最小净距应符合要求。

2. 调试内容

1）在验收前采用专用 FLUKE 测试仪器对所有六类非屏蔽线缆进行全面的连续运行测试，测各项性能质量参数是否合格。

2）按整体测试内容要求，根据各信息点的标记图进行一一测试，测试的同时做好标号工作，把各点号码在信息点处及配线架处用标签纸标明并在平面图上注明，以便今后对系统进行管理、使用及维护。测试包含的主要内容见表 10-2。

表 10-2　测试包含的主要内容

序号	调试内容	具体内容
1	六类非屏蔽线缆测试	1）近端串扰（NEXT）：以线对间 NEXT 和/或功率和 NEXT 的格式显示测试结果。 2）衰减。 3）同级远端串扰（ELFEXT）。 4）回波损耗。 5）环境噪声：绘制噪声和频率。 6）接线图：确定错接、短路、开路、接反和线对分离，检测屏蔽连续性。 7）线缆长度：测量每个线对的长度以及距故障点的距离。 8）传播延迟：报告线对之间的总延迟和延迟偏差。 9）环路阻抗。
2	光纤测试	根据检测工作的实际需要，主要从传输模式上来进行测试。根据验收所用的测试设备，采用 FLUKE 测试仪与光纤模块进行测试，分析测试数据，了解光纤的状态。 在现场进行的光纤链路测试，使用"衰减值"或者"损耗"来判断被测链路的光纤质量，多数情况下这是非常有效的方法。在 ISO 11801、TIA 568B 和 GB 50312 等常用标准中都倾向于使用这种测试方法，特点是：测试参数包含损耗和长度两个指标，并对测试结果进行"通过/失败"的判断。 首先采用两条光纤跳线和一对连接器，然后将被测链路接进来进行测试。详细的测试数据见 FLUKE 测试数据。 光缆芯线终接应符合下列要求： 1）采用光纤连接盒对光纤进行连接、保护，在连接盒中光纤的弯曲半径应符合安装工艺要求。 2）光纤熔接处应加以保护和固定，使用连接器以便于光纤的跳接。 3）光纤连接盒面板应有标志。

二、计算机网络系统

1）计算机网络系统调试要求见表 10-3。

表 10-3　计算机网络系统调试要求

序号	相关内容
1	交换机和服务器根据设计要求安装在标准 19 寸机柜中或独立放置，设备应水平放置，螺钉安装应紧固，并应预留足够大的维护空间。插入交换机的电缆线要固定在托架或墙上，防止意外脱落。机柜或交换机应符合接地要求。
2	交换机安装的房间应该干净、干燥、通风良好。
3	安装工作从服务器开始，按说明书要求逐一接好电缆。
4	逐台设备分别加电，做好质检。
5	安装系统软件，进行主系统的联调工作。
6	安装各工作站软件，各工作站可正常上网工作。
7	IP 地址的分配。

2）计算机网络系统调试内容见表 10-4。

表 10-4　计算机网络系统调试内容

序号	调试内容	具体内容
1	计算机网络系统的检测	1）网络连通性测试。 2）MAC 层参数的检测。 3）ICMP 数据包的测试。 4）吞吐量的测试（主干、节点）。 5）传输延迟。 6）一些动态指标的测试： 网络传输的错误率：发不同的流量观察其错误率或在实时状态下检测其错误率，应小于 1%；网络的广播率：在网络利用率大于 10% 的条件下应小于 5%；网络传输的碰撞率；实时检测。 7）网络的备案测试。 8）一些检查指标： 网络拓扑结构图、文档、网络变更记录、故障记录、网管手段、子网划分、数据备份、设备冗余等。

序号	调试内容	具体内容
2	计算机网络安全检测	1）实体安全检查； 2）平台安全测试； 3）数据安全测试； 4）通信安全测试； 5）应用安全测试； 6）运行安全检查； 7）管理安全检查。
3	软件产品的测试	（1）功能测试。 确保系统满足公布的功能要求，验证独立模块、数据流、面向对象的程序设计对测试的影响。 （2）兼容性。 操作系统的兼容性、硬件兼容性、其他相关软件的兼容性、数据兼容性、新旧版本兼容性。 （3）安全可靠性。 操作系统安全性，数据库安全性、软件安全性，可扩充性，资源占用，性能，易容性，用户文档。

三、有线电视系统

1）有线电视系统调试要求见表10-5。

表 10-5　有线电视系统调试要求

序号	相关内容
1	首先检查接地，检测避雷及线路，无误后再进行下面的工作。
2	对前端、干线和分配网络依次进行调试，检查各信息点的电平是否符合设计要求或系统技术规范规定的范围，并做好记录。
3	调试中或试运行中发生的故障无论是查明原因还是排除，都应做好记录。
4	通过 DVD 机或录像机播放招待所内部录制的各种高清晰度（DVD）电视节目，通过邻频调制处理后，以模拟节目方式播放给各路终端。
5	系统可以满足项目今后利用 HFC 宽带传输数据，留有另一条高速传输网络通道接口。

2）有线电视系统调试内容见表10-6。

表 10-6　有线电视系统调试内容

序号	调试内容	具体内容
1	各频道天线信号接入混合器	1）接入有源放大器输入端，调整输入端电位器，使输出电平差在 2dB 左右； 2）接入无源混合器输入端（在强信号频道的混合器输入端加衰减器），调整混合器输出端，各频道电平差控制在 2dB 内。
2	调整交、互调干扰	1）混合器输出端与线路放大器输入端相接，以提高电视信号的输出电平； 2）放大器输出端接一电视接收机观察放大器产生交、互干扰。可适当减少放大器输入端电平，消除干扰，放大器输出端各频道电平应大于 105dB，如果过小，则此放大器的抗变、互调干扰性能差，输出最大电平达不到线路电平的要求，应更换。 3）按设计系统要求，送入自办节目，逐个检查设备的正常工作情况及输出电平的大小，将前端设备调试到正常工作状态。 4）前端设备调试完毕后，送信号至干线系统。
3	转维修旁路供电	先合上旁路开关，按关机键，让 UPS 工作在市电旁路状态，再合上维修开关，并且关闭输入和旁路开关，这时输出应不断电，UPS 内部板件部分应没有电。最后合市电、旁路开关，UPS 工作在市电旁路后，再将维修开关断开，按开机键转市电逆变。
4	调试干线系统	1）调整各频道信号电平差。干线放大器输入端串入一只频率均衡器，根据放大器输出信号电平差的情况，分别串入 6db、10db、12db 等频率不等的均衡器。调整到正常工作。 2）同时调整干线放大器输入端电平大小，当产生交互调干扰时，适当减少输入端电平，可直接串入衰减器，调到输出电平符合设计要求。

四、视频监控系统

1）视频监控系统调试要求见表 10-7。

表 10-7 视频监控系统调试要求

序号	相关内容
1	系统的画面显示应可任意编程,具备画面自动轮巡、定格及报警显示等功能,可自动或手动切换。对多路摄像信号具有实时传输、切换显示、后备存储等功能。对多画面显示系统应具有多画面、单画面转换、定格等功能。
2	应具备日期、时间、字符显示功能,可设定摄像机识别和监视器字幕;电梯轿厢的摄像机信号要求能将楼层字符叠加上去,通过视频线传至安防监控室,并在监视器墙上显示。
3	系统前端所有视频信号均能在硬盘录像机上录制下来(包括日期、时间、摄像机编号等)。
4	系统可对视频输入进行编组,用以对各组不同视频的操作进行组别限制。
5	系统应具备独立的图形工作站及软件控制功能,实现对系统的管理、编程,在工作站上能以电子地图的方式调看及控制摄像机图像(摄像机图像应能在工作站的显示器及监视器墙上显示)。
6	图形工作站可对系统进行编程。当收到联动控制信号时,工作站能自动调出与警报点相关的现场平面在监视墙上显示,并启动录像,同时声光报警提醒值班人员及时处理。
7	实现监视系统状态事件功能,系统的报警、功能切换、顺序事件、键盘活动、视频信号丢失等信息可以被实时地显示在图形工作站的显示器上。
8	系统可利用键盘或鼠标对各摄像机、云台、镜头、监视器进行控制,操作简单方便。
9	系统具有独立的视频移动报警功能,可按需要设置任意的报警画面或局部画面的移动报警。
10	系统应可设置操作员权限,被授权的操作员具有不同的操作权限、监控范围和系统参数。
11	系统应可设定任一监视器或监视器组用于报警处理,报警发生时立即显示报警联动的图像。系统应可记忆多个同时到达的报警,并按报警的优先级别(如级别相同则按时间)进行排序。
12	系统应具有对主要设备的自检功能、故障报警。
13	系统应独立运行,并提供开放的通信接口及协议,与安全管理系统进行集成,组成一个完整的安防系统。

2)视频监控调试内容见表 10-8。

表 10-8　视频监控调试内容

序号	调试内容	具体内容
1	电源检测	1）合上监控台上的电源总开关，检测交流电源电压，检查稳压电源装置的电压表读数、线路排列等。合上各电源分路开关，测量各输出端电压、直流输出端的极性，确认无误后，给每一回路边电，检查电源指示灯等。检查各设备的端电压。 2）制线缆进行校线，检查接线是否正确。采用 250V 兆欧表对控制线缆绝缘进行测量，其线芯与线芯、线芯与地线绝缘电阻不应小于 0.5MΩ。用 500V 兆欧表对电源线缆进行测量，其线芯间、线芯与地线间的绝缘电阻不应小于 0.5MΩ。 3）闭路电视线路中的金属保护管、线缆桥架、金属线楠、配线钢管和各种设备的金属外壳均应与地线连接，保证可靠的电气通路。
2	单体调试	在安装之前进行。连通视频线缆、电源线、控制线等，对摄像机、镜头、控制器、监视器、电动云台等逐一进行调试并做好记录，直至各项指针均达到产品说明书的所列参数。静止和旋转过程中图像清晰度变化不大，云台运转平稳、无噪音，电动机不发热，速度均匀，进行安装。
3	联合调试	在各项设备单体调试完毕后进行系统调试。调试前应按照施工图对每个设备（摄像机、云台等）进行编号。调试过程中，每项试验应做好记录，及时处理安装时出现的问题，当各项技术指标都达到要求时，系统经过 24 小时连续运行无事故，绘制竣工图，向业主提供施工质量评定资料，并提出交工验收请求。

五、停车场管理系统

1）停车场管理系统调试要求见表 10-9。

表 10-9　停车场管理系统调试要求

序号	相关内容
1	在调试前先检查各个设备接线是否正确，线路状况是否正常。
2	项目情况及施工图纸准备，在调试前必须开展技术交底工作，熟悉现场调试的情况、调试流程以及调试指导手册和施工图纸。
3	现场调试前，用电必须得到保证。调试用电原则上需为正式电。条件不具备时，零时电需要配置电源箱空开、稳压器等保证电压安全和稳定的措施。

2）停车场管理系统调试内容见表 10-10。

表 10-10　停车场管理系统调试内容

序号	调试内容	具体内容
1	控制主机调试	1）测试近距离读卡、远距离读卡、取卡、小票等功能。各项功能能正常使用时，连接闸机对整个出入口进行测试。 2）每个出入口测试完成后开始联网测试，将所有设备根据要求定义设备编码，在管理中心上查看各个设备是否在线或故障，当出现通信不通时，检查传输线路。 3）各个出入子系统调试如车牌识别、图像对比、近距离读卡、远距离读卡、语音对讲等。按照现场环境将前端探测设备调整到最佳位置。
2	收费功能测试	1）自助缴费机、人工缴费、手持 POS 机缴费等功能逐一测试。 2）软件设置及备份，当整个停车场调试完成后，要及时保存软件设置和备份。

六、车位引导系统

车位导引系统的目的是为驾驶员提供停车场的空位信息，为驾驶员与停车场间建立信息沟通的桥梁，减少驾驶员寻找车位的时间，提高停车场空位利用率，一定程度缓解停车空位不足与停车需求增加的矛盾。车位引导系统能够实时监测车辆出入使用状态并进行状态显示，能够实时驱动停车场入口处或场内的导引显示设备。

车位引导系统调试内容见表 10-11。

表 10-11　车位引导系统调试内容

序号	调试内容	具体内容
1	接地检测调试	1）接线检查：AC220V 供电及接地接线检查；火线、零线、接地线的顺序；接地采用建筑物综合接地。 2）通电测试。
2	通讯检测调试	1）通信接线检查：CAN 总线正负极；120Ω 终端电阻；不能分支。 2）其他接线检查：电脑、打印机等连接线。
3	系统调试	1）给设备通电：参照设备使用说明书，设备应工作正常、通信正常。 2）系统设置。 3）通过信息发布系统，给停车场内各指示牌、引导牌等提供信息，指导车辆进入相关车位。

七、背景音乐及应急广播系统

1）背景音乐及应急广播系统调试要求见表10-12。

表 10-12　背景音乐及应急广播系统调试要求

序号	相关内容
1	各路传输配线要正确，不要出现短路、断路、混线等故障，接线端子编号要齐全、正确。
2	测量线与线和线与地的绝缘电阻，每一对回路的电阻进行分回路测量，广播线与线之间的电阻不小于1Ω，广播功率放大器、避雷器等的工频接地电阻不大于4Ω，公用接地系统接地电阻不大于1Ω。
3	在电源开关上做通断操作检查电源显示信号的试验，对备用电源切换装置蓄电池的输出电压进行检测，对整流充电装置进行检查测量，对系统进行模拟停电试验看备用电源是否按照要求切换。

2）背景音乐及应急广播系统调试内容见表10-13。

表 10-13　背景音乐及应急广播系统调试内容

序号	调试内容	具体内容
1	传输线路检查	广播传输线路分为室内、室外各种配线，检查时应将被检线路的接线端子从设备上断开，按照施工图、广播系统图来检查各路传输配线是否正确，是否存在短路、断路、混线等故障；接线端子编号是否齐全、正确，是否焊有接线端子。对于被发现的故障要逐一进行排除，并将接线端子重新紧固连接；各个插头、插座连线是否采用焊接，接线是否正确可靠，屏蔽层连接是否完整良好，符合要求。
2	配接检查	配接检查：按照施工图检查每个回路或扬声设备上的线间变压器配接是否正确，特别是多抽头变压器的连接端子往往容易接错，注意检查漏接、多接、变压器的初级次级接反现象；按图查对变压器型号、容量及阻抗是否匹配。
3	电源试验	对交流电源电压进行测量，电源供电线路不应出现短路、断路现象，在电源开关上做通断操作试验，检查电源显示信号；备用电源互换装置检查试验，蓄电池的输出电压测量；对整流充电装置进行检查测量；做模拟停电试验，验证电源互投装置是否能可靠工作。

八、防盗报警系统

1）防盗报警系统调试要求见表10-14。

表10-14　防盗报警系统调试要求

序号	相关内容
1	系统能按时间、区域部位任意布防或撤防。
2	系统自成网络，且有输出接口，用手动、自动方式，通过有线向外报警。
3	系统提供与视频监控系统矩阵联动硬件接口，实现报警显示及录像功能。
4	系统提供数据集成端口、协议，与安全管理系统进行集成，实现安全管理系统对入侵报警系统的自动化管理及联动控制。
5	系统以分区多层电子地图的形式显示用户位置及状态，报警自动弹出地图，并显示、记录报警部位及有关警情数据，自动生成报警日志。
6	系统能对设备运行状态和信号传输线路进行检测，及时发出故障报警并指示故障位置。

2）防盗报警系统调试内容见表10-15。

表10-15　防盗报警系统调试内容

序号	调试内容	具体内容
1	系统调试	1）探测器的盲区检测、防动物检测。 2）探测器防破坏功能检测，信号线开路、短路报警功能，电源线被剪断报警。 3）探测器灵敏度检测，现场设备接入完整率检测。 4）接线前，已布放的线缆再次进行对地与线间绝缘摇测。 5）机房设备采用专用导线将各设备进行连接，各支路导线线头压接好，设备及屏蔽应防止短路，串联电阻应焊锡并加热缩管保护。 6）压接好保护地线。接地电阻值不应大于4Ω；采用联合接地时，接地电阻值不应大于1Ω。 7）接线时按照设备接线图接线，接完再进行校对，直至确认无误。 8）分别对各报警控制器进行地址编码存储于系统主机内。 9）安装完后，对所有设备进行通电联调，检测各探测器设备的报警情况，对经常出现误报警或漏报警的探测器进行单体调整，直至漏报和误报消除。

九、无线巡更系统

1)无线巡更系统调试要求见表10-16。

表10-16 无线巡更系统调试要求

序号	相关内容
1	系统计算机主机纳入防侵防盗及紧急报警系统,出入口控制系统的共享主机。承包单位需将操作软件存入主机内,通过此软件来设定巡更站编号、巡逻路线及巡察时需要检查的事项,然后由计算机经记录器接口将已设定的上述资料传送至记录器。
2	在巡更时,保安人员利用手提巡更记录器阅读巡更站的记忆码址,记录器显示屏上应会显示巡更站检查的事项,若保安人员发现检查的事项有问题或损坏应可在巡更记录器的按钮输入指令以作记录。
3	在完成巡更后,当记录器放回记录传送器(数据通讯座)内,巡逻记录器内的资料便可直接连接到打印机或送回计算机主机内的操作软件后打印报告。报告须为中文版本。

2)电子巡更系统调试内容见表10-17。

表10-17 电子巡更系统调试内容

序号	调试内容	具体内容
1	系统调试	1)信息采集器登录及巡更人设置:在系统中添加巡更人,并分配信息采集器。软件中可通过信息芯片定义巡更人,以降低成本,软件可管理的巡更人数目不受限制。 2)设置信息钮登录及地点:在系统管理软件中添加巡更地点,并分配信息钮。软件可添加的巡更地点没有数量限制的。 3)巡更班次设置:在管理软件中设置上下班时间,可划分不同的上班时间段,方便查询。班次的设置可跨零点。 4)巡更路线设置:将巡逻的地点组织成不同的巡更路线,规定巡更人按路线进行巡逻,可更方便地进行管理。在查询时通过路线查询,对巡更人是否遗漏巡更点便一目了然。软件中可设置的巡更路线数目最大为999条。 5)查询功能:在系统中按人名、时间、巡更班次、巡更路线对巡更人工作情况进行查询,也可按多种条件组合查询。生成巡更情况总表、巡更事件表、巡更遗漏表。每月还可列出月统计报表,并可通过打印机将结果输出。

十、无线对讲系统

1）无线对讲系统调试要求见表 10-18。

表 10-18 无线对讲系统调试要求

序号	相关内容
1	本系统信号覆盖所有的楼层包括楼梯、地库、楼内电梯及大楼外。
2	电磁场覆盖面的强度须优于 150μV/m 而没有杂声及干扰，或为有关部门规定的强度。
3	信号强度质量大部分达到 5 级，语音质量应达到 4~5 级标准。
4	易升级、投资少、组网灵活、可靠性高、维护方便、性价比高。
5	符合工程所在地无线电管理办公室的信号覆盖要求。

2）无线对讲系统调试内容见表 10-19。

表 10-19 无线对讲系统调试内容

调试内容	具体内容
系统调试	1）配备良好，能提供清楚响亮的语音质量，嘈杂的环境中也能听清对讲消息。 2）设置对电量不足及时预警。 3）设置可切换射频功率：优化覆盖区并节省电池消耗。 4）调节天线功率，手持对讲机到建筑物各个区域用对讲机进行测试。使其无线对讲系统覆盖整个区域 95% 以上且不超出建筑物外 200 米。 5）调配每条天线的发射功率不超过 0.5W。

十一、门禁系统

1）门禁系统调试要求见表10-20。

表 10-20　门禁系统调试要求

序号	相关内容
1	门禁位置提供感应读卡机以控制及限制公共通行。
2	在后勤员工出入口及出入记录室处设置考勤门禁读卡机，带打卡时钟，用于员工的考勤记录和人员通行管理。
3	系统采用网络架构，所有感应读卡机通过门控制器接至门禁系统。系统应并入安全技术防范系统中。
4	门禁系统通过感应读卡机释开电动门锁以便让被授权的人通过。
5	火灾时，由消防火灾自动报警系统交接至安全技术防范系统，火警信号将通过门禁系统总线自动松开所有同一消防分区的电动门锁。
6	在出入口处应设置破玻按钮，在紧急情况下可通过敲碎破玻按钮打开电控门锁，紧急逃生。

2）门禁系统调试内容见表10-21。

表 10-21　门禁系统调试内容

序号	调试内容	具体内容
1	单点调试	1）检查接线是否正确。 2）接通电源，如有异常情况则立即断电。 3）测试内容：指示灯正常情况下红灯亮或红灯闪烁，按动开门按钮指示灯变绿；蜂鸣器正常情况下不发出声音，按动开门按钮蜂鸣器鸣叫一声；将卡靠近读卡器，蜂鸣器应鸣叫两声。 4）电控锁平常上锁，按动开门按钮时打开，维持数秒后应自动关闭。 若测试结果符合以上四项，则该点通过测试。

序号	调试内容	具体内容
2	功能测试	1）对于重要区域，可以安装闭路电视监控系统。使用感应卡片开门时，可以联动开启闭路监控人像拍摄（CCD 摄像装置），实行电子图像比对，由保安监控室比对确认后，远程放行进入。 2）发生紧急事故时，控制器联动时能自动将门关闭（可设置），临时取消开门允许，以保证该区域不被"趁虚而入""趁火打劫"。 3）紧急事故时，控制器联动时能自动将门打开（可设置），实现消防联动响应功能而放行。 4）自动报警：非授权卡片刷卡不能开门；门被非正常打开或未正常关闭，室内红外报警或烟雾报警系统会自动报警。 5）查询功能：管理部门可根据需要随时在查询系统上查询各区域门禁的详细记录，并可随时打印出来。各部门也可以根据需要，随时查询本部门员工的出入门状况。 6）紧急驱动：如楼梯门可设在紧急情况下自动开启，以便人员及时疏散，确保人身安全。
3	系统调试	1）检查网线有无短路。 2）设备号设置：与软件有关的操作请参阅软件说明书；门禁控制器的地址码设置分软设置与硬设置（注意：在整条总线上同时只能有一台门禁控制器处于设置状态）；系统认可的卡片指在系统运行正常的情况下可在系统范围内正常使用的卡片。 3）接通网络扩展器电源。 4）测试：将已登录到控制器的 IC 卡删除，应不能开锁；读卡后采集数据，检查采集到的数据是否正确；若所有门禁点的测试结果均符合以上四项，则系统通过测试。

十二、UPS 系统

在主机房内设置 UPS 电源系统，其总容量应能满足停电情况下设备至少持续运行 30 分钟。UPS 电源系统向每个弱电间提供 UPS 电源。弱电机房内及弱电竖井内应设置等电位接地端子板，所有弱电设备及金属管、屏蔽电缆均应与端子板链接保证设备有效接地。

UPS 系统调试内容见表 10-22。

表 10-22　UPS 系统调试内容

序号	调试内容	具体内容
1	自检功能	先模拟一故障，给 UPS 接入交流电，并合上市电开关，系统将进入自检状态，自检完成后，会报警该故障。
2	无电池市电开机	断开电池，接入市电，合上市电开关（这时若报电池故障可暂不理会），按开机键，稍后 UPS 指示灯由"市电""旁路"指示灯亮，转为"市电""逆变"指示灯亮。这时测量的输出电压、频率应该是稳定的，波形是正弦波。
4	市电逆变转电池逆变无间断	先让 UPS 工作在市电逆变状态，断开市电开关；UPS 自动由市电逆变状态转到电池逆变状态，指示灯相应地由"市电""逆变"指示灯亮转为"电池""逆变"指示灯亮。在此转变过程中，可以用一台计算机作为负载，以便检测在转变过程中对负载的影响。
5	转维修旁路供电	先合上旁路开关，按关机键，让 UPS 工作在市电旁路状态，再合上维修开关，并且关闭输入和旁路开关，这时输出应不断电，UPS 内部板件部分应没有电。最后合市电、旁路开关，UPS 工作在市电旁路后，再将维修开关断开，按开机键转市电逆变。在此过程中，同样也可以由一台计算机作为负载，以便检测在转变过程中是否对负载有影响。
7	主机输出转从机输出	检查主机的各项功能：系统具有年检、月检、日检、周期性自动检测应急转换功能；检查灯具的各项功能，采用巡检、常量、频闪、灭灯、改变方向等手段；对具有代表性的位置进行主机手动启动模拟疏散试验；对具有代表性的位置进行主机自动启动模拟疏散试验。
8	配合消防系统进行联合调试	主机与从机均工作在市电逆变状态，这时负载由主机输出带载，断开主机市电开关及电池开关，这时负载能正常运行，负载由从机输出带载。

十三、智能化集成系统

1）系统集成的调试是在各弱电子系统施工基本完成、调试结束后进行。

2）子系统功能检查：根据技术文件的要求，对子系统集成功能进行测试，子系统本身功能正常后进行下一步。

3) 系统软件安装：在系统集成工作站电脑上安装集成软件。

4) 子系统单点测试：验证接口软件编写或接口配置的正确性。

5) 软件编写：在系统集成工作站上建立子系统数据库。

6) 各个子系统的联动调试：在各个子系统集成在系统集成工作站上之后，针对方案要求进行联动调试。

7) 集成系统与其他智能化系统间的系统传输调试、系统协议调试。

8) 系统集成响应速度调试。

调试阶段是整个集成系统实施过程中的重点和难点。软件通信接口（网关）开发和系统调试工程师必须掌握上面提到的知识，充分熟悉和理解本项目 BMS 系统图和功能技术方案中的要求，清楚了解所要完成的任务内容。

智能化集成系统调试内容见表10-23。

表 10-23 智能化集成系统调试内容

序号	调试内容	具体内容
1	物理接口连线类型	若集成管理主机与子系统主机实现主机对主机相连，接口物理连线有两种：RS-232 串口线和网络线。若连线直接来自于子系统的控制器，则要通过转换模块转换成这两个物理接口形式，再与 BMS 主机的串口或网口相连。如子系统的总线采用 RS-485 总线，则通过 RS-485/RS-232 转换模块后接入到 BMS 主机的串口接口。
2	协议测试	1) 当现场子系统调试人员通知该子系统基本可运行时，可进入现场，检查 BMS 系统与各子系统的全部连线是否敷设好、在接线头上是否做好并接好。安装好本系统操作系统、BMS 软件、数据库服务器软件以及一些常用的测试软件，当这些准备工作做好，就可以对协议进行现场测试。 2) 启动子系统，调试人员可以用一些测试软件测试子系统上传数据或下发命令，进一步理解和确认协议。
3	软件编程、调试	1) 对子系统提供的接口协议或其他的通信方式的技术参数、使用示例等了解清楚后，就可以放心地开发接口通信网关。 2) 集成系统总体调试步骤是先完成智能化集成系统与单个子系统的连接调试，再分别逐步进行系统集成，组成较大的控制系统，最终完成整个网络系统的调试。该阶段需要子系统现场调试工程师的技术配合。

十四、机房工程

1. 机房工程调试要求

机房工程调试要求见表10-24。

表10-24 机房工程调试要求

序号	相关内容
1	安装机房直流电源线的路由、路数及布放位置应符合施工图的规定，使用导线的规格、器材绝缘强度及熔丝的规格均应符合设计要求。
2	电源线应采用整段的线料，不得在中间接头，智能化系统使用的交流电源线必须有接地保护线。
3	直流电源线成端时应连接牢固，接触良好，保证电压降指标及对地电位符合设计要求。
4	机房的每路直流馈电线连同所接的列内电源线和机架引入线两端腾空时，用500V兆欧表测试正负线间和负线对地间的绝缘电阻均不得小于1Ω。
5	智能化系统使用的交流电源线两端腾空时，用500V兆欧表测试芯线间和芯线对地间绝缘电阻均不得小于20MΩ。

2. 机房工程调试

机房工程调试内容见表10-25。

表10-25 机房工程调试

序号	调试内容	具体内容
1	机房电气系统	1）取一端点接至接地铜板采取单一回路接地，接地电阻不大于1Ω。安装机房直流电源线的路由、路数及布放位置应符合施工图的规定，使用导线（铝、铜条或塑料电源线）的规格、器材绝缘强度及熔丝的规格均应符合设计要求。电源线应采用整段的线料，不得在中间接头。 2）智能化系统使用的交流电源线必须有接地保护线。直流电源线成端时应连接牢固，接触良好，保证电压降指标及对地电位符合设计要求。机房的每路直流馈电线连同所接的列内电源线和机架引入线两端腾空时，用500V兆欧表测试正负线间和负线对地间的绝缘电阻均不得小于1Ω。智能化系统使用的交流电源线两端腾空时，用500V兆欧表测试芯线间和芯线对地间绝缘电阻均不得小于20MΩ。

序号	调试内容	具体内容
2	防雷接地系统	接线前，将已布放的线缆再次进行对地与线间绝缘摇测，绝缘电阻大于 0.5MΩ。机房设备采用专用导线将各设备进行连接，各支路导线接头压接好，设备及屏蔽线应压接好保护地线。接地电阻值不大于 1Ω。
3	UPS 测试	1）确定市电的允许负荷应大于 UPS 的输入容量，UPS 的输入容量计算公式如下：UPS 输入容量 = 额定输出容量×1.1 + 充电器功率 P2（P2 = 电池电压×电池容量×0.1）。 2）检查 UPS 输出线路（即负载线路）有无短路等故障。 3）UPS 输入接市电（3kVA 以上机型需合上后面的开关），测量 UPS 主机外接电池端口的电压是否正常（应为 UPS 所需的电池电压乘以 1.14，此项只针对长时机）。 4）市电不要断开，将已连接好的外接电池组连接到 UPS 上。 5）UPS 开机，测量输出电压是否正常。 6）断开市电，测量输出电压是否正常。 7）恢复市电输入，观察 UPS 是否回到市电供电状态。 8）接上负载，观察 UPS 的负载容量显示。

第十一章
职业能力评价

　　为了加强建筑与市政工程施工现场专业人员队伍建设，规范专业人员的职业能力评价，指导专业人员的使用与教育培训，促进科学施工，确保工程质量和安全生产，电气质量员的培训和考核要按照 JGJT250—2011《建筑与市政工程施工现场专业人员职业标准》的规定执行。下面简要介绍相关要求。

第一节　职业能力标准

一、一般规定

　　对于电气质量员的职业能力的一般规定如下：

　　1）具有中等职业（高中）教育及以上学历，并具有一定实际工作经验，身心健康。

　　2）具备必要的表达、计算、计算机应用能力。

　　3）具备下列职业素养：具有社会责任感和良好的职业操守，诚实守信，严谨务实，爱岗敬业，团结协作；遵守相关法律法规、标准和管理规定；树立"安全至上、质量第一"的理念，坚持安全生产、文明施工；具有节约资源、保护环境的意识；具有终生学习理念，不断学习新知识、新技能。

　　4）建筑与市政工程施工现场专业人员工作责任，可按下列规定分为负责和参与两个层次。负责的行为实施主体是工作任务的责任人和主要承担人。参与的行为实施主体是工作任务的次要承担人。

5）建筑与市政工程施工现场专业人员教育培训的目标要求，专业知识的认知目标要求分为了解、熟悉和掌握三个层次。"掌握"是最高水平要求，包括能记忆所列知识，并能对所列知识加以叙述和概括，同时能运用知识分析和解决实际问题。"熟悉"是次高水平要求，包括包括能记忆所列知识，并能对所列知识加以叙述和概括。"了解"是最低水平要求，其内涵是对所列知识有一定的认识和记忆。

二、质量员职业能力标准

1. 质量员的工作职责

质量员的工作职责应符合表 11-1 的规定。

表 11-1　质量员的工作职责

项次	分类	主要工作职责
1	质量计划准备	（1）参与进行施工质量策划； （2）参与制定质量管理制度；
2	材料质量控制	（3）参与材料、设备的采购； （4）负责核查进场材料、设备的质量保证资料，监督进场材料的抽样复验； （5）负责监督、跟踪施工试验，负责计量器具的符合性审查；
3	工序质量控制	（6）参与施工图会审和施工方案审查； （7）参与制定工序质量控制措施； （8）负责工序质量检查和关键工序、特殊工序的旁站检查，参与交接检验、隐蔽验收、技术复核； （9）负责检验批和分项工程的质量验收、评定，参与分部工程和单位工程的质量验收、评定；
4	质量问题处置	（10）参与制定质量通病预防和纠正措施； （11）负责监督质量缺陷的处理； （12）参与质量事故的调查、分析和处理；
5	质量资料管理	（13）负责质量检查的记录，编制质量资料； （14）负责汇总、整理、移交质量资料。

2. 质量员应具备的专业技能

质量员应具备的专业技能宜符合表11-2的规定。

表11-2　质量员应具备的专业技能

项次	分类	专业技能
1	质量计划准备	（1）能够参与编制施工项目质量计划；
2	材料质量控制	（2）能够评价材料、设备质量； （3）能够判断施工试验结果；
3	工序质量控制	（4）能够识读施工图； （5）能够确定施工质量控制点； （6）能够参与编写质量控制措施等质量控制文件，并实施质量交底； （7）能够进行工程质量检查、验收、评定；
4	质量问题处置	（8）能够识别质量缺陷，并进行分析和处理； （9）能够参与调查、分析质量事故，提出处理意见；
5	质量资料管理	（10）能够编制、收集、整理质量资料。

3. 质量员应具备专业知识

质量员应具备的专业知识，宜符合表11-3的规定。

表11-3　质量员应具备的专业知识

项次	分类	专业知识
1	通用知识	（1）熟悉国家工程建设相关法律法规； （2）熟悉工程材料的基本知识； （3）掌握施工图识读、绘制的基本知识； （4）熟悉工程施工工艺和方法； （5）熟悉工程项目管理的基本知识；
2	基础知识	（6）熟悉相关专业力学知识； （7）熟悉建筑构造、建筑结构和建筑设备的基本知识； （8）熟悉施工测量的基本知； （9）掌握抽样统计分析的基本知识；
3	岗位知识	（10）熟悉与本岗位相关的标准和管理规定； （11）掌握工程质量管理的基本知识； （12）掌握施工质量计划的内容和编制方法； （13）熟悉工程质量控制的方法； （14）了解施工试验的内容、方法和判定标准； （15）掌握工程质量问题的分析、预防及处理方法。

第二节 职业能力评价

一、一般要求

建筑与市政工程施工现场专业人员参加职业能力评价，其施工现场职业实践年限应符合表 11-4 的规定。

表 11-4　施工现场职业实践最少年限

单位：年

岗位名称	土建类本专业专科及以上学历	土建类相关专业专科及以上学历	土建类本专业中职学历	土建类相关专业中职学历	非土建类中职及以上学历
施工员、质量员、安全员、标准员、机械员	1	2	3	4	—
材料员、劳务员、资料员	1	2	3	4	4

建筑与市政工程施工现场专业人员的职业能力评价，可采取专业学历、职业经历和专业能力评价相结合的综合评价方法。其中专业能力评价采用专业能力测试方法。专业能力测试包括专业知识和专业技能测试，应重点考查运用相关专业知识和专业技能解决工程实际问题的能力。

专业知识部分应采取闭卷笔试方式；专业技能部分应以闭卷笔试方式为主，具备条件的可部分采用现场实操测试。专业知识考试时间宜为 2 小时，专业技能考试时间宜为 2.5 小时。

专业知识和专业技能考试均采取百分制，考试成绩同时合格，方为专业能力测试合格。

已通过质量员、质量员职业能力评价的专业人员，参加其他岗位的职业能力评价，可免试部分专业知识。

　　建筑与市政工程施工现场专业人员的职业能力评价，应由省级住房和城乡建设行政主管部门统一组织实施。

　　对专业能力测试合格，且专业学历和职业经历符合规定的建筑与市政工程施工现场专业人员，颁发职业能力评价合格证书。

二、专业能力测试权重

　　质量员专业能力测试权重应符合表 11-5 的规定。

表 11-5　质量员专业能力测试权重

项次	分类	评价权重
专业技能	质量计划准备	0.10
	材料质量控制	0.20
	工序质量控制	0.40
	质量问题处置	0.20
	质量资料管理	0.10
	小计	1.00
专业知识	通用知识	0.20
	基础知识	0.40
	岗位知识	0.40
	小计	1.00

参考文献

1. GB 50300—2013 建筑工程施工质量验收统一标准 [S]，2013.

2. GB 50303—2015 建筑电气工程施工质量验收规范 [S]，2015.

3. GB 50339—2013 智能建筑工程质量验收规范 [S]，2013.

4. 09BD 1—15 建筑电气通用图集 [S].

5. DB 11/T 695—2009 建筑工程资料管理规程 [S]，2009.

6. JGJT 250—2011 建筑与市政工程施工现场专业人员职业标准

7. GB 50150—2006 电气装置安装工程电气设备交接试验标准

8. 刘真祥. 质量员·设备安装 [M]. 北京：中国电力出版社，2014.

9. 江苏省建设教育协会. 质量员专业基础知识（土建施工）[M]. 北京：中国建筑工业出版社，2016.

10. 江苏省建设教育协会. 质量员专业基础知识（设备安装）[M]. 2版. 北京：中国建筑工业出版社，2016.

11. 本书编委会. 电气施工员一本通 [M]. 北京：中国建筑工业出版社，2009.